美国·亚太地区国家海洋战略研究丛书

韩国海洋战略研究

MARITIME STRATEGY OF SOUTH KOREA

上海市美国问题研究所·主编
李雪威·著

时事出版社

出版说明

党的十八大报告提出了建设海洋强国的战略目标。而为了达到这一目标，则必须依靠综合国力，建立一整套完整的海洋战略。自从海洋向人类展示其作为海上通道的魅力之时，海洋也自然成为连接国与国之间的一个重要桥梁，也成为了外交的重要舞台，海上纷争的战场。因此，在建立海洋战略的同时，对于周边地区各国的海洋战略，我们也必须加以明察。只有这样，才能够从容应对，才能建立我们自己更为完整的海洋战略体系。出于这样的目的，上海市美国问题研究所策划了一套《美国·亚太地区国家海洋战略丛书》，通过汇集多方之力，力求完成这一目标。

我所策划的这套丛书共计八本，全面展示了美国、俄罗斯、日本、韩国、越南、菲律宾、印度以及澳大利亚这八个国家的海洋安全战略、海洋管理战略、海洋经济战略、海洋环保战略、海洋教科文战略以及海洋国际政治与外交战略等，一方面促进了我们对周边各国具有更全面的认识，另一方面也可以对制定我国的海洋战略起到重要的借鉴作用。

该丛书自策划之始，便抱着严谨的学术态度，汇集各个专家多次召开学术会议，从撰写提纲到充实内容，都数易其稿。随着时间的推移，根据新问题、新情况的出现，不断追踪充实，力求与时俱进。对此，我所还遍访相关专家，力求寻找参加编撰的最佳人选，聘请了上海社会科学院金永明研究员、国家海洋局于保华与李双建研究员、解放军国际关系学院成汉平教授与宋德星教授、华东师范大学国际关系与地区发展研究院肖辉忠博士和韩冬涛博士、上海交通大学薛桂芳教授、上海外国语大学廉德瑰教授、上海政法学院朱新山教授、吉林大学李雪威教授等高校和科研机构的专家分别撰稿。历时两年多时间终于得以全部完成。书稿完成之后，我所还聘请了冯绍雷、于向东、张家栋等著名专家进行严格评审，力求做到尽善尽美。

自从本丛书策划和编撰开始之时，便受到了来自各界的支持和帮助，上海市社会科学界联合会、上海社会科学院出版社等单位对本丛书给予了巨大的帮助，国防大学战略研究所前所长杨毅海军少将为本丛书撰写了总序，对此我们表示由衷的感谢。

对于本丛书的编撰，我所常务所长胡华筹划策划、亲力亲为；朱慧、叶君、龙菲组织协调，落实安排；汪道、李奕昕和章謇先后承担联络工作，确保该丛书出版的顺利进行。虽然在出版过程中遇到了很多未曾预料的问题，但经过不懈的努力，将这套丛书展示在了读者的面前。当然，由于本丛书难免还存在各种不足之处，我们真诚地希望各位读者和专家给予指正，提出宝贵的意见。

最后，我们要特别感谢时事出版社苏绣芳副社长以及各位编辑，正是他们的悉心努力，这套丛书才能够得以顺利出版。

上海市美国问题研究所

2016年8月26日

总 序

中国正处在发展的历史新起点，正在进入由大向强发展的关键阶段。我国发展仍然处于可以大有作为的重要战略机遇期，但战略机遇期内涵发生深刻变化，我国发展既面临许多有利条件，也面临不少风险挑战。

随着综合国力的增强和国际影响力的上升，我国的战略回旋空间和面临的压力同步上升。各种安全挑战中的"内忧外患联动效应"突出，我们维护国家安全利益与发展利益的"两难选择"特征增加了我们运筹国家安全的难度。在实现社会主义小康社会的冲刺阶段，避免跌入"中等收入陷阱"和"修昔底德陷阱"，是我们内政与外交的两个重大课题。

对内，统筹好经济"调结构、稳增长与防风险"三者之间的关系，确保我国经济持久、健康发展是一项重要而艰巨的工作。在新常态下，我国经济发展表现出速度变化、结构优化、动力转化三大特点，增长速度从高速转向中高速，发展方式从规模速度型转向质量效率型，经济结构调整要从增量扩能为主转向调整存量、做优增量并举，发展动力要从主要依靠资源和低成本劳动力等要素投入转向创新驱动。当前，我国经济社会发生深刻变化，改革进入攻坚期和深水区，社会矛盾多发叠加，面临各种可以预见和难以预见的安全风险挑战。

对外，我国和平发展与民族复兴给外部世界特别是给美国等西方国家带来的冲击处于一个激烈的相互磨合和相互适应阶段，各国对华政策也处在一个变化路口，并且可塑性比较强的阶段。中国的外部安全环境继续呈现双重压力状态，即：美国对我国的战略防范和周边部分国家对我国的恐惧与担忧。这双重压力"相互借重，复合交汇"，在涉及与我国利益冲突问题上一拍即合，对我们形成"同步压力"。

我们运筹国家安全正面临着两大矛盾：第一，我们国家迅速扩展的安全和发展利益和有限的保卫手段之间的矛盾；第二，增强保护国家利益手段的迫切性与日益增长的外部制约因素之间的矛盾。

我国经济发展，对外贸易额的增长以及能源供应都对海上运输产生了越来越大的依赖，海上航道的安全已经成为国家安全的重要环节，它不但涉及经济安全，也是国家整体安全的重要组成部分。然而，我国对海上航道的需求的不断上升，与我国海上防卫力量的不足形成了鲜明的反差。

我国外部安全环境，来自陆地方向的大规模军事入侵基本上可以排除，但是来自海洋方向的安全挑战日益增多。美国推进亚太战略"再平衡"，强化在我国周边地区，特别是海洋方向的军事力量部署和活动强度，对我国的周边安全环境形成了巨大压力。

无论是维护国家安全，还是发展经济，经略海洋都已经在战略上形成了刚性需求。党的十八大提出了"建设海洋强国"的战略目标，把经略海洋作为推进中华民族伟大复兴事业的重要组成部分与途径之一。建设海洋强国的内涵丰富，包括提高海洋资源开发能力、海洋运输能力、海洋执法能力、海洋防卫能力，发展海洋经济，保护海洋生态环境，坚决维护国家海洋权益，把我们国家建设成一个世界性的海洋强国。

中国地缘上是一个陆海复合型的国家，虽然在古代曾经有过丰富多彩的海上实践，早在西方的"大航海时代"开始以前，郑和就率领过举世无双的庞大船队远航到了非洲，古代的海上丝绸之路也曾经连接到了欧洲。但是，进入近现代以后，由于传统的观念落后和其他综合因素，中国却不幸地沦落为一个海洋弱国，饱受西方列强的欺凌。在我国从来没有像现在如此接近民族复兴梦想的今天，作为一个世界国家整体面向海洋，这在中华民族的历史上还是第一次，它对世界的冲击是可想而知的。

古希腊著名历史学家修昔底德认为，当一个崛起的大国与既有的统治霸主竞争时，双方面临的危险多数以战争而告终。对于大海，中国还是一个后发的国家，然而，中国建设海洋强国的步伐速度之飞快、规模之宏大，免不了引起一些国家心理上的危机感，他们既无法阻止，又不可抗拒，更难以适应。

19世纪末、20世纪初著名的地缘政治学家，美国海军军官、历史学家，《海权论》的作者阿尔弗雷德·塞耶·马汉（Alfred Thayer Mahan）通过对十七八世纪重商主义和帝国主义时期的海上强国英国历史的大量研究，提出了关于美国海军政策、海军战略、海军战术的一系列基本原则。马汉《海权论》的核心观点是，海洋是世界的中心；谁控制了世界核心的咽喉航道、运河和航线；谁就掌握了世界经济和能源运输之门；谁掌握了世界经济和能源之门，谁就掌握了世界各国的经济和安全命脉；谁掌握了世界各国的经济和安全命脉，谁就（变相）控制了全世界。马汉学说在美国被捧为金科玉律，尤其在两次世界大战之间的20多年中已经构成了美国军事战略的灵魂。马汉的海权论在西方，乃至世界的影响依然巨大。

马汉通过对17世纪和18世纪的英国历史进行推导，设定了六项他表示普遍适用、永恒不变的"影响海权的一般条件"：(1) 地理位置；(2) 自然构造；(3) 领土范围；(4) 人口数量；(5) 民族性格；(6) 政府的特征和政策。

现代海权更是一个复杂的体系，虽然马汉的六大要素依然发挥着作用，但是对这其中第六个要素，也就是政府的特征和政策则更有进一步拓展的必要。我们不妨根据其功能将其分为"硬件"和"软件"两大部分。其中"硬件"包含海军、海洋管理体制和机构、海洋产业和海洋科技实力等构成海权的客观物质要素；而"软件"则包括海洋管理法律制度、海洋价值观和海洋意识，这些非物质因素在海权的发展和维系方面则具有不可替代的独特作用。

各国的海洋战略也正是通过这几大要素辐射而出的，而且随着进入了21世纪，在这国际政治多极化、经济全球化、军事信息化的时代，海洋战略更是具有崭新的色彩。

以往排他性海上霸权逐渐让位于功能更复杂和更国际化的当代海权观念。这一当代海权观念新颖和核心的特点是，海上力量已无力追求单极的全球霸权与秩序，相对于日益崛起的太空和空天复合力量，海权的黄金时代已经成为历史。即使对于拥有绝对海军优势的国家，在国际政策中，单纯利用海权优势也不可能实现自身的利益。这些国家即使有能力轻易获得海上战争的胜利，其外交、经济和其他代价，也是其决定行动时不得不再三综合考虑的因素。这也与当代全球经济和政治的急遽整合趋势是一致的。

在这一背景下，在这个意义下，全球化时代的海洋战略，还加入了维护海上安全、保护海洋环境等内容，其根本目的就是保护现有经济格局的安全，维护现今给大多数国家带来利益的全球秩序的稳定。海洋战略是一个综合海洋经济、海洋政治、海洋军事、海洋法制、海洋环境等一系列因素的复杂问题。

中国奉行的是和平发展道路，而不是走历史上传统大国崛起靠军事扩张，甚至通过发动战争来实现自己战略目标的旧路。正如国家主席习近平所强调的，中国愿同各国一道，构建以合作共赢为核心的新型国际关系，以合作取代对抗，以共赢取代独占，树立建设伙伴关系新思路，开创共同发展新前景，营造共享安全新局面。

面对当今世界复杂的海上局势，中国如何更好地走向海洋、经略海洋，需要我们在战略上很好地把握，搞好战略规划与运筹。对此，我们不仅仅只是开拓出一条具有中国特色的和平发展的海上战略，同样重要的，还应当对世界各国，尤其是中国周边海上国家的海洋战略加以清晰地了解，明确地掌握。

上海市美国问题研究所将美国、日本、韩国、越南、菲律宾、澳大利亚、印度以及俄罗斯这八个国家的海上战略进行了系统的梳理。据我浅薄所知，国内至今还没有见过这样一套系列丛书。这样一套系列丛书的面世，对于今后中国如何面向大海，如何制定相应的海上战略而言，具有非常宝贵的参考价值。这样一套系列丛书的顺利出版，对于服务于建设海洋强国，对于推进中华民族伟大复兴事业都是一件值得庆贺的好事。

对于海洋战略这样复杂的问题，分国家加以考察更要花费巨大的辛劳和探索。对此，上海市美国问题研究所动员了全国的相关专家，历经多年的努力，集中全力对这套丛书进行了编撰，取得了丰硕的学术成就。

为了适应世界多极化、经济全球化、合作与竞争并存的新形势，扩大与沿线国家的利益汇合点，与相关国家共同打造政治互信、经济融合、文化包容、互联互通的利益共同体和命运共同体，实现地区各国的共同发展、共同繁荣，中国政府提出了建设"一带一路"倡议。其中，"二十一世纪海上丝绸之路"的战略规划将促进构建海上互联互通、加强海洋经济和产业合作、推进海洋非传统安全领域的全面合作，也将拓展海洋人文领域的合作。在建设"二十一世纪海上丝绸之路"的大业中，了解各国的海洋战略，更是必不可少。我相信，这套系列丛书会为照亮"二十一世纪海上丝绸之路"的拓展前程做出特殊的贡献。

《美国·亚太地区国家海洋战略研究丛书》浸透了所有参与者的辛勤劳动与心血，当广大的读者从中受益的时候，也是对为这套丛书顺利撰写、编辑、出版和发行而做出各自贡献的人们表示感谢的最好方式。

2016 年仲夏，于北京

目　录

前言 …………………………………………………………（1）

第一章　韩国海洋发展溯源 ………………………………（5）
　一、远古时期对海洋的探索与认知 ………………………（5）
　二、统一新罗和高丽王朝对海洋的经略 …………………（22）
　三、朝鲜王朝对海洋的封锁 ………………………………（43）
　四、韩国海洋意识的复兴与强化 …………………………（64）

第二章　韩国海军发展之路 ………………………………（80）
　一、韩国海军力量建设 ……………………………………（80）
　二、韩国海军作战方向选择 ………………………………（117）
　三、韩国海军海外维和行动 ………………………………（137）

第三章　韩国海洋权益争端 ………………………………（150）
　一、中韩海洋权益争端 ……………………………………（150）
　二、韩朝海洋权益争端 ……………………………………（172）
　三、韩日海洋权益争端 ……………………………………（205）

第四章　韩国海洋开发与管理 ……………………………（246）
　一、韩国海洋经济政策演变 ………………………………（246）

二、韩国海洋科学技术开发 …………………………………（279）
三、韩国海洋文化旅游与海运港口发展 ……………………（299）
四、韩国海洋管理与保护 ……………………………………（316）

参考文献 ………………………………………………………（337）

前　言

　　韩国是一个西、南、东三面环海的半岛国家，陆地面积狭小。因北部与朝鲜以军事分界线相隔，陆上"北拓"的可能性受到限制，所以走向海洋对于韩国的发展和强盛意义重大，海洋战略在韩国国家发展战略中占有极为重要的地位。

　　历史上不同时期的海洋实践活动决定了人们对海洋的认知差异、独特的海洋思想和政策选择。远古时期的航海、造船技术低下，浩瀚的海洋成为阻碍半岛与外界联系的天然屏障，朝鲜半岛居民多利用较为安全的沿岸航路开展对外交往，国家的兴衰存亡与能否掌握沿岸航路的控制权密切相关。随着航海、造船技术的发展以及海上军事力量的壮大，统一新罗和高丽王朝，积极开拓新航路，扩大海上对外贸易，这些早期的海洋实践活动孕育了朝鲜半岛初期开放的海洋思想。但当时人们尚不具备大规模开发和利用海洋的意识和能力，海洋只是半岛与外界往来的重要通道。与此同时，为抵御外来势力的海上入侵，统一新罗和高丽王朝还积极加强海洋防卫体系建设。统一新罗重视海洋防卫体系的构建，在沿岸要塞建立军镇，高丽王朝进一步巩固海洋防卫体系，强化水军训练，建造军船，设立水军基地，充分体现当时海洋防卫意识的增强。然而，伴随着王朝的更替，朝鲜王朝时期的海洋政策发生巨大的变化。当时封闭保守的海洋思想大行其道，朝鲜王朝实施空岛和海禁政策，将海洋看作是保护内陆安全的一道防线，建立起以陆地防御为主、抛弃海洋和岛屿的新海防体制。闭关锁国的朝鲜王朝逐渐走向衰弱，并最终被日本殖民统治达数十年之久。

二战结束后，韩国在朝鲜半岛南部建国。总结历史经验教训，韩国认识到选择发挥海洋的屏障作用或通道作用对于国家发展的重大影响。每当将海洋作为天然屏障、实施海洋保守政策时，国家不可避免地陷入封闭和落后；每当将海洋作为对外联系的通道、实施海洋开放政策时，国家往往能实现复兴和强盛。因此，独立后的韩国依据自身特点积极制定和完善海洋战略，走上建设海洋强国的道路。目前，韩国海洋战略已经发展成为涵盖海洋安全与经济发展，并体现建设强大海军、维护海洋权益、开发海洋科技、发展海洋产业、管理和保护海洋等海洋思想的综合发展战略，其核心目标是"以海强国"。

作为立志走向海洋的国家，加强海军建设和海军战略部署是韩国国防安全的一个重大课题。1945 年，韩国海军起步于"海防兵团"。90 年代初，韩国提出建设大洋海军的目标。"天安"舰事件之后，韩国加强沿岸防御的呼声高涨，大洋海军的提法曾一度陷入沉寂，2013 年以来，韩国在加强沿岸防御的同时重提大洋海军的目标，表明韩国海洋战略意图在于近海求稳，远洋谋拓。

美韩同盟是韩国海洋安全战略制定和实施的重要依托，韩国海军的发展与作战计划的制定和执行深受美国亚太再平衡战略及军事作战部署的影响。目前，美国提出"空海一体战"作战概念和"联合作战介入概念"（简称"两个作战概念"），陆、海、空三军力量发展和作战模式处在变化和调整之中。韩国周边邻国对"两个作战概念"的态度非常敏感，作为美国的盟友，韩国面临着是否接受和多大程度上接受"两个作战概念"的挑战，这也决定着韩国海军作战方向的变化趋势。

近年来，鉴于打击索马里海盗行动的重要性和迫切性，韩国持续向索马里海域派遣青海部队。在韩国海外派兵部队预算中，索马里海域青海部队的预算所占比重最大。青海部队的任务是严厉打击海盗行为，维持该地区的海上安全，开展护航行动，保护船员的生命及其他经济活动安全。在振兴大洋海军的背景之下，韩国青海部队持续开展打击海盗活动，出色地完成护航任务。

前　言

随着《联合国海洋法公约》的讨论、颁布和生效，世界各国海权意识不断增强，海洋邻国间的海洋领土、专属经济区等海洋争端愈演愈烈。韩国与中国没有海洋领土争端，但涉及苏岩礁（韩国称之为"离於岛"、"波浪岛"）归属和海洋专属经济区划界问题，韩国与朝鲜对朝鲜半岛西部海域"北方界线"（NLL：Northern Limit Line）和"西海五岛"①周边水域归属问题存在分歧，韩国与日本存在"独岛"（日本称"竹岛"）之争、韩日渔业协定和"东海"标记（韩国称朝鲜半岛东部海域为"东海"，一般称"日本海"）等问题。依据与周边国家海洋争端的性质及双边关系的发展态势，韩国对与中国、朝鲜、日本三国的海洋权益争端采取不同的政策，在中韩海洋权益争端上谋"和"，在韩朝海洋权益争端上求"稳"，在韩日"独岛"问题上主"守"，旨在守护韩国的海洋领土，最大限度地维护海洋权益，获取海洋资源。

合理开发和利用海洋是韩国海洋战略的重要目标。随着科学技术的进步和经济发展的需要，韩国经略海洋的意识和能力逐步深化，在开拓航路和发展海外贸易的同时，致力于海洋的开发和利用，海洋开发和利用的范围不断扩大，从海上、海中到海底，从沿岸、近海到远洋直至极地地区。韩国致力于振兴海洋产业，借助未来海洋科技开发，传统海洋产业如渔业、造船业、海上运输业、海底资源开发产业（石油、天然气）等实现产业升级，获得新的提升空间，新兴海洋产业如旅游产业、海上休闲运动产业、海洋新医药产业、再生能源产业等取得长足发展。为了实现海洋开发和利用的可持续性，韩国重视对海洋的管理和海洋环境的保护。2013年，韩国重建海洋水产部，综合管理海洋和水产业务。韩国积极完善和提升海洋安全管理体制，促进沿岸海洋空间综合管理，加强海洋污染源的综合管理体制，保护海洋生态系统，构筑绿色沿岸空间，实现人类经济活动与海洋环境保护的协调发展。

综上所述，韩国依托海洋科技开发，立足海洋安全与经济发展

---

① "西海五岛"是指位于朝鲜与韩国西海岸的五座岛屿，分别是延坪岛、隅岛、白翎岛、大青岛、小青岛。

两个层面，提升自身海军实力，寻求盟友支持，维护周边海域安全；依托美韩同盟及国际合作，谋求在太平洋、印度洋及更广阔海域的存在，确保海上通道安全，初步形成了全面拓展型海洋战略，其战略意图是最大限度地拓展和守护海洋领土，维护海洋权益，大力发展海洋科技，合理开发与利用海洋资源及开展有效的海洋管理和保护，确保未来韩国能够成为一个海洋强国。

第一章　韩国海洋发展溯源

众所周知，朝鲜半岛分裂为韩国和朝鲜两个国家始于第二次世界大战结束之后，但为了更清晰、完整地呈现韩国海洋实践活动、海洋思想发展和海洋政策调整的历史变迁，笔者在本章中将对包括分裂之前的整个朝鲜半岛的海洋发展进行回溯，并将历史上活跃在朝鲜半岛的其他势力和政权作为朝鲜半岛海洋发展的影响因素进行分析。在此基础上，阐述韩国海洋意识的复兴历程、海洋实践活动和海洋发展战略。

一、 远古时期对海洋的探索与认知

朝鲜半岛的气象、地形、地理位置等自然条件，航海、造船等技术条件以及它所置身其中的地缘环境，决定着古代朝鲜半岛海洋活动能力和范围，孕育出其独特的海洋文化，塑造了其对海洋的基本认知。远古时期朝鲜半岛居民认识和利用海洋的能力极为有限，广阔的海洋成为阻碍朝鲜半岛居民与外界沟通的天然屏障。在漫长的历史发展过程中，朝鲜半岛各方势力逐渐意识到海上对外交往（主要是对古代中国）的便利性和对自身财富增长、实力增强的重要意义，积极利用海上通道促进对外文化交流和贸易往来。与外界交往的现实需要以及自然和人文环境促成了"东亚沿岸航路"的形成，"东亚沿岸航路"成为早期朝鲜半岛居民与外界沟通的主要海上通道。为壮大自身实力、限制其他势力的发展，朝鲜半岛各方势力对"东亚沿岸航路"控制权展开激烈争夺，掌控和守护海洋的意识日渐增强，朝鲜半岛沿岸近海地区成为各方势力角斗的重要战场，沿岸航路受到不同势力的控制时而畅通无阻，时而被阻断和封锁，初期的海洋开放和海洋防卫思想在这一过程中不断孕育和发展。

（一）古代朝鲜半岛的海洋自然环境

朝鲜半岛形状狭长，北部与亚欧大陆相连，西、南、东三面被海洋环抱，西部隔黄海与中国相望，南部跨朝鲜海峡与日本列岛相连，东部面临日本海，这一自然地理位置使朝鲜半岛与海洋的关系十分密切。

与陆地相比，海洋的自然环境的特点是流动性大、不安定因素多。古代人类对于海洋的认知较少，海洋观测系统不完备，海图绘制不精确，航海技术和造船技术不发达，因而，拓展海洋生存空间的能力十分有限，海洋活动受自然环境的限制较多。史前时代朝鲜半岛就已有居民沿海而居，沿海居民顺应海流、潮汐、季风、海岸线等自然条件的变化，行舟楫之便，兴渔盐之利。

北太平洋西部海域有一股强劲的海流，即黑潮。黑潮发源于菲律宾北部地区，从南向北，经中国台湾东侧流入东海，继续北上，沿着日本列岛南部海域流向东北，最后蜿蜒东去逐渐散开，融入太平洋。这一海流的干流又形成多条支流，途经济州岛出现两条分支：一条沿朝鲜半岛西海岸北上，一条沿南海岸东流形成朝鲜海峡的朝鲜暖流。朝鲜暖流经对马岛分成东西两个水道，经东水道的海流向东，到达日本本州西海岸；经西水道的海流一条经釜山沿东海岸北上，一条向东流淌至能登半岛，与东水道汇合，沿日本本州西海岸北上，形成反旋回流，在朝鲜半岛东海岸与里曼寒流共同南下，在朝鲜半岛东南部与北上的朝鲜暖流相汇。

在日、月等天体的引潮力作用下海洋水体会产生长周期波动现象。海水的这种运动现象即为潮汐。它在铅直方向表现为潮位升降，在水平方向表现为潮流涨落。随着潮汐的变化，海洋在不同的时期和不同的海域会形成独特的水道。在古代近海沿岸航行时代，迅速发现和熟悉潮汐的运动规律，找到安全的水道对于沿岸航行和近海航行十分重要。

在朝鲜半岛西海岸，涨潮时海水流向北方，落潮时海水流向南方。朝鲜半岛东海岸受潮流涨落的影响不大。朝鲜半岛南海岸是海峡地形，涨潮时海水由东北方流向西南方，落潮时海水从西南方流向东北方。南海岸是拥有众多海湾与小岛的里亚式海岸地区，潮流的流速很快，各海域间潮流的方向偏差较大，是潮流多变的地区。例如，朝鲜半岛南部巨济岛和对马岛间的海流始终固定地向着东北方向流动，但是在涨潮时向西南流动的潮流与向东北方向流动的海流相撞，此处海水会停止流动甚至出现逆行。反之，落潮时潮流在同向海流的带动下速度会大大增加。[①] 潮流的这种复杂变化在狭窄的海峡或海湾沿岸地区对沿岸航行的影响会大幅增强，对古代朝鲜半岛西海岸和南海岸的海洋活动具有决定性的影响力。早在远古时期，朝鲜半岛海岸附近的重要水道就存在着了解潮流变化特点的海上势力，他们掌握海洋控制权，逐步发展成为政治势力，例如，汉江以南的三韩小国和日本列岛小国的形成与他们熟悉潮流动向密切相关。

风向会使海洋流向发生改变甚至产生逆流现象。东亚属于季风性气候，人类很早就利用季风展开航海活动。从春季到夏季吹南风，从中国南部海岸可以到达朝鲜半岛或日本列岛，秋季到冬季吹北风，从朝鲜半岛北部可以到达中国的中部或南部海岸。吹南风时，可以

---

① ［韩］郑镇述："古代韩日航路研究"，《STRATEGY 21》，2006 年第 16 号，第 125 页。

从日本列岛到达朝鲜半岛，吹北风时，可以从朝鲜半岛到达日本列岛南部和西部。古代中国、朝鲜半岛、日本列岛三者之间常常利用季风实现相互往来。

在远古时期航海技术和造船技术不发达，当时航海的主要模式仍是近海沿岸航行，航海者在海上主要依据陆地形状、高山等地貌特点判断方向，朝鲜半岛周边海域的特点直接影响着沿海居民对海洋进行探索的能力和范围。朝鲜半岛西南海岸线曲折，属于地形复杂的里亚式海岸，岛屿和港湾众多，航海相对安全，利于海洋活动。黄海沿岸居民很早就把海洋作为生产和生活的场所，人们聚居在从北到南分布的西朝鲜湾、南浦湾、京畿湾、南阳湾、群山湾、荣山湾等海湾地区，沿海岸而行易于与远方居民实现相互交往。黄海属于浅海，平均水深44米。黄海东西两岸距离较近，朝鲜半岛与中国间最短距离约为250千米，中间分布着大大小小的岛屿，这些港湾和岛屿发挥了航路沿线休息站的作用，因此，海上航行风险相对较小，使黄海两岸居民能够实现直接或间接接触。黄海的这种特点为朝鲜半岛海洋势力的形成提供了有利条件，并促成海洋国家的诞生。朝鲜半岛南部岛屿众多，对马岛最南端向西北约80千米是巨济岛，东南端53千米是壹岐岛，壹岐岛的位置刚好在九州和对马岛的中间。以岛屿为中间休息站，古代朝鲜半岛与日本列岛完全能够实现相互往来。朝鲜半岛东部的日本海水深且海岸线平直，岛屿和港湾较少，东西两岸距离较远，特别是冬季浪高3—4米，海上航行危险性较高。

可见，从古代东亚海流、潮流、季风等自然现象和地理环境来看，在航海技术和造船技术不发达的情况下，中国、朝鲜半岛及日本列岛之间存在着海上往来和相互交流的可能性。

（二）东亚沿岸航路的形成

1. 朝鲜半岛西南地区孕育的古代海洋文化

海洋、岛屿、江河是海洋文化发展的三大要素,[①] 朝鲜半岛具备的这些要素决定着它深受海洋文化的影响,如前所述,朝鲜半岛西海岸和南海岸水浅且港湾岛屿众多,东海岸水深且港湾岛屿较少,因此西海岸和南海岸的航海条件优于东海岸。朝鲜半岛西南海域散布着数千个岛屿,这些岛屿将浩瀚的海洋分隔成众多的"湖泊"。对于当地居民来说,海洋是他们日常生产和生活的场所。居民们乘木筏出海,抵达较近的岛屿,在此稍事休整,再驶向下一个岛屿,岛屿是他们能够不断向更远处的海洋进行探索的跳板。近海沿岸航行时代,朝鲜半岛西南海岸的居民沿岸而行,北上或东进都可以与半岛各地居民往来,继续北上可以感受到中国文化,进一步东进可以接触到日本文化,也常有异乡人从海上来访。因此,朝鲜半岛西南海岸的自然条件和地理位置最为优越,具备首先形成开放性的海洋文化的天然条件,这一海洋文化再通过贯通西南地区的荣山江向内陆地区传播,海洋、岛屿、江河共同构成这一地区海洋文化形成和传播的网络,朝鲜半岛西南地区重要的历史地位在朝鲜半岛探索和开拓海洋的活动中不断得以彰显。而东海岸的居民则受到上述条件的限制对海洋重要性的认识形成较晚。

朝鲜半岛西南地区人口众多,物产丰富,海洋文化盛行。支石墓是与海洋文化相关的遗迹,主要分布在欧洲、非洲、亚洲的陆地沿海地区。支石墓在亚洲分布在印度南部、印度尼西亚、马来西亚、中国的浙江地区和辽东半岛、朝鲜半岛、日本九州地区。支石墓在朝鲜半岛主要分布在沿海地区和大同江、汉江、锦江、荣山江、蟾

[①] ［韩］姜凤龙:《刻在海洋上的韩国史》,韩尔媒体出版社,2005年版,第26页。

津江、洛东江等沿江地区。朝鲜半岛支石墓分布密度很高，特别是高敞以南的全南地区发现约 2 万多个支石墓。支石墓在西南地区的密集分布表明在青铜器时代这里聚集着大量从事海洋活动的居民，并且物产充足，能够为密集的人口提供足够的物质保障，是朝鲜半岛海上势力孕育、成长的摇篮和主要活动舞台。3 世纪到 6 世纪，朝鲜半岛西南海域一带集中分布着瓮棺古坟，这一独特的大型古坟是西南海域海洋势力的遗迹，表明荣山江流域曾经存在着海洋势力，并形成独立的古代社会，他们以西南海域和荣山江为通道，与朝鲜半岛其他势力集团、古代中国和日本列岛实现交往。

2. 不同文明间交流的驱动

古代早期朝鲜半岛对外交往大体上有两条通道：一条是陆路；一条是沿岸水路。古代中国从东汉末期至隋朝统一的近 400 百年时间里，除西晋有过短暂的统一外，一直陷入分裂割据状态；朝鲜半岛在新罗统一之前也一直是政治动荡、政权林立，致使中原王朝与朝鲜半岛的陆路交通难以保持畅通无阻，海洋遂成为核心文明与边缘文明双向流动的重要通道，特别是连接中国与朝鲜半岛的黄海在古代东亚海洋秩序建设过程中具有重要意义。据考古发现，见证朝鲜半岛对外交往的支石墓等历史遗迹和诸多出土文物并未集中分布在江河的上游地区，而是分布在江河下游和沿海地区，表明海洋是朝鲜半岛对外交往的重要通道。

朝鲜半岛西南地区位于通向中国和日本的沿岸航路的交汇处，是东亚文化交流和贸易往来的重要交通要塞。古代东亚地区各国的社会生产力处在不同的发展阶段，民族众多，创造了农耕文化、草原游牧文化、山林狩猎文化、海洋文化等各具特色的文化，这种经济发展水平的差异性和民族、文化的多样性使东亚各地区间存在互通有无的可能性。古代东亚文明的核心在中国中原地区，先进生产技术和先进文化由这里向周边地区扩散和传播，农耕技术、铁器制造技术、儒教、佛教、汉字等主要是从中国传入朝鲜半岛，再经朝鲜半岛向日本列岛第次传播。朝鲜半岛和日本列岛等周边小国则向中国遣使朝贡，建立政治交往，学习先进文化和技术，实现贸易往来。在陆路交通受阻的情况下，与中国历代王朝交往的需求也成为朝鲜半岛和日本列岛走向海洋的重要驱动力。

随着古代东亚地区核心文明与边缘文明生生不息的双向流动，逐步在黄海沿岸地区形成固定的航路。《三国志·魏书·倭人传》记载了沿岸航路的大致路线："从郡至倭，循海岸水行，历韩国，乍南乍东，到其北岸狗邪韩国，七千馀里，始度一海，千馀里至对马国。"[①] 文中所述航路的路线是：郡（带方郡）—韩国—南行—东行—狗邪韩国—大海—对马国—倭。《隋书·东夷·倭国传》也记载了从登州渡海到朝鲜半岛百济，再南下至日本的航路："明年（608年）上遣文林郎斐清使于倭国，度百济，行至竹岛，南望耽罗国（济州岛），经都斯麻国（对马岛），……又东至一支国，又至竹斯国（筑紫，现博多）……"[②]《新唐书》卷四三下《地理志》详细记载了唐人贾耽所说的登州路。这条路线是："登州东北海行，过大谢岛、龟歆岛、末岛、乌湖岛三百里。北渡乌湖海，至马石山东之都里镇二百里。东傍海壖，过青泥浦、桃花浦、杏花浦、石人汪、橐驼湾、乌骨江八百里。乃南傍海壖，过乌牧岛、贝江口、椒岛，得新罗西北之长口镇。又过秦王石桥、麻田岛、古寺岛、得物岛，千里至鸭渌江唐恩浦口。"文中记述了从山东半岛登州出发，经辽东半岛、鸭绿江口、大同江口，至黄海南道（长口镇）的沿岸航路，由此可经海路或陆路到达唐恩浦。韩国学者因这一沿岸航路途经老铁山水道称其为"老铁山水道航路"，[③] 亦称"北部沿岸航路"，[④] 又

---

① 《三国志》卷三〇·魏书三〇·东夷·倭。
② 《隋书》卷八一·列传第四六·东夷·倭国。
③ ［韩］孙兑铉：《韩国海运史》，Withstory 出版社，2011 年版，第 24 页。
④ ［韩］权悳永："新罗遣唐使的罗唐间往来航路考察"，《历史学报》，1996 年第 149 卷，第 13 页。

称"西海北部沿岸航路"。① 日本学者称其为沿岸航路、沿海航路、辽东沿海路。② 中国学者称其为"北路航线""北路北线"。③

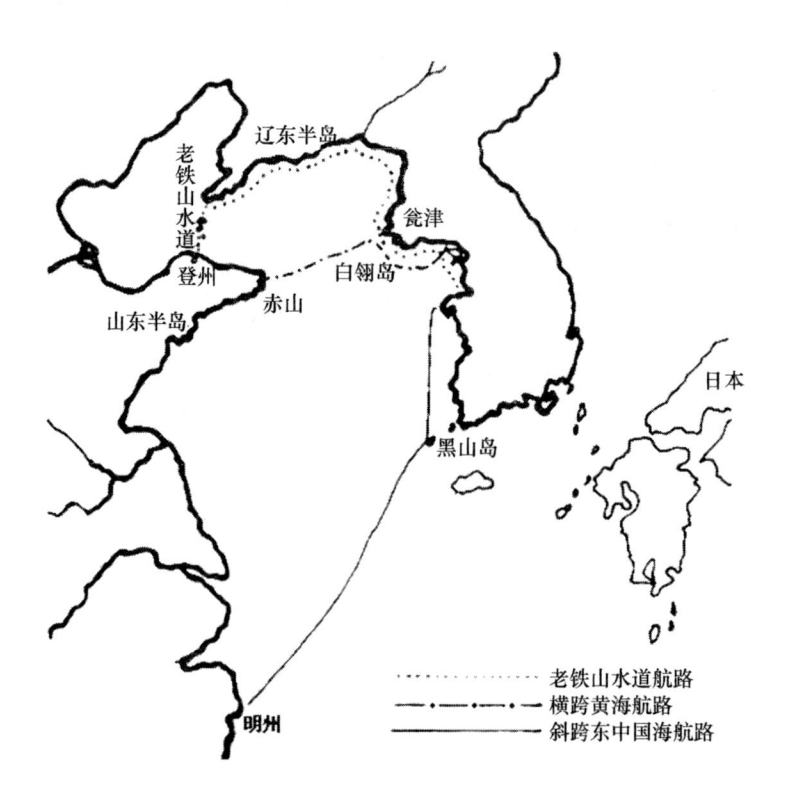

图1—1 古代中国与朝鲜半岛间航路与贸易④

在朝鲜半岛与日本列岛之间形成三条主要航路：一条是经全罗道多道海到达九州西北部（松浦、平户方面）的航路；一条是从庆

---

① [韩]郑镇述："对张保皋时代航海技术和韩中航路的研究"，《张保皋与未来对话》，海军士官学校海洋研究所，2002年版，第209页。
② [日]今西龙：《新罗史研究》，近泽书店，1933年版，第345—366页。[日]内藤隽辅：《朝鲜史研究》，东洋史研究会，1961年版，第369—478页。
③ 陈炎："东海丝绸之路和中外文化交流"，《史学月刊》，1991年第1期，第102页。孙光圻："8—9世纪新罗与唐的海洋交通"，《海交史研究》，1997年第1期，第37页。孙泓："东北亚海上交通道路的形成和发展"，《深圳大学学报》，2010年第5期，第132页。
④ [韩]孙兑铉：《韩国海运史》，Withstory出版社，2011年，第26页。

尚道经日本本州西部海岸到达山阴地区的航路；一条是经庆尚道南端对马岛、壹岐岛到达北九州的航路，即由朝鲜半岛西海岸到达南海岸东部，再经丽水、露梁水道、泗川勒岛、统营弥勒岛南岸、见乃梁、巨济岛北岸、加德岛北岸、洛东江河口、釜山多大浦、对马岛北岸（佐护、佐须奈、大浦、鳄浦、丰浦）、对马岛西海岸、豆酘湾（浅海湾—小船越—三浦湾）、壹歧岛，到达九州北部东松浦半岛。① 后驶入濑户内海，经大阪的难波津，到达飞鸟、奈良等地。②"东亚沿岸航路"是在航海技术和造船技术不发达的情况下，航海者规避远洋航海的危险，沿岸而行的迂回航路。虽然沿岸航路绕行大、航程长，耗时多，但安全系数较高。因此，它不仅是连接朝鲜半岛南北的重要通道，也是北上到达中国、南下到达日本列岛的重要通道，当时东亚各国间的政治、军事、经济、文化等诸多海洋活动都是通过这一核心通道实现的。

据《史记·秦始皇本纪》《史记·淮南衡山列传》记载，公元前3世纪，徐福受秦始皇派遣出海寻找不老草到达朝鲜半岛和日本列岛走的就是这条水路。公元前2世纪初，准王被卫满所逼率众沿朝鲜半岛西海岸南迁，寻求避难所时选择了这条水路。当时古朝鲜已经积累了丰富的沿岸航行经验，船舶数量达到一定规模，水军也具有一定战斗力。汉武帝从水路出兵攻打卫满朝鲜利用的是这一条水路。古朝鲜灭亡后，乐浪郡、带方郡与朝鲜半岛、日本列岛开展贸易往来利用的是这一条水路。乐浪、带方郡主被驱逐后，百济通过这一水路重建东亚贸易体系。王仁去日本传播先进文化时也是通过这一水路。据考古发现，明刀币和五铢钱等古代中国货币、各类工具、武器、陶器等出土文物和支石墓等古迹都是沿黄海沿岸环状分布的，表明"东亚沿岸航路"的沿岸地区已经形成了共同的经济圈

---

① ［韩］郑镇述："古代韩日航路研究"，《STRATEGY 21》，2006年第16号，第152页。
② ［韩］孙兑铉：《韩国海运史》，Withstory出版社，2011年版，第23页。［韩］郑镇述：《韩国海洋史（古代篇）》，京仁文化社，2009年版，第112页。

和文化圈。

（三）沿岸航路控制权争夺与海洋意识变化

在近海沿岸航行时代，朝鲜半岛是"东亚沿岸航路"的交通要塞，是中国与日本列岛文明传播链的中间环节，在大陆与岛屿交往中发挥重要的引桥作用。古代朝鲜半岛能否在东亚地区实现贸易和文化交流的顺畅循环取决于朝鲜半岛各方势力是否具备开放性的海洋意识。新罗实现统一之前，古代朝鲜半岛正处在国家孕育、形成、发展和扩张时期，多方势力活跃，政权林立，尚未形成统一王权。这些各据一方的势力或政权或早或迟都认识到海洋是通向核心文明的重要通道，认识到掌握沿岸航路控制权对于自身政权兴衰存亡的重大意义——得之制人，失之制于人，控制海洋的意识日渐增强。政权的更迭和政权间的激烈争夺导致朝鲜半岛沿岸航路控制权几度易手，航路或通畅或阻塞，海上贸易等海洋活动随之发生变化，时而兴盛，时而萎缩。

1. 3 世纪前的沿岸航路

史前时代，朝鲜半岛就已有居民沿海而居。济州岛从旧石器时代就已有人类居住，白翎岛也发现新石器时代人类居住的痕迹。古朝鲜对外贸易非常频繁，据《管子》记载，早在春秋战国时期，古朝鲜就与山东半岛的商业大国齐国进行"文皮"贸易，当时山东半岛东南端荣成市石岛镇的斥山是"文皮"贸易集散地。在古朝鲜沿海沿江地区发现大量古代中国的明刀钱和五铢钱等货币，表明海路可能是当时贸易活动的重要通道。

公元前194年，燕人卫满赶走古朝鲜准王，占领王险城，在大同江下游平壤一带建立卫满朝鲜。卫满朝鲜以武力征服周边地区，拓展疆土，与中国中央政权西汉、朝鲜半岛南部三韩势力和日本列岛开展海上贸易。从当时的航海能力和社会发展阶段来看，朝鲜半岛南部势力和日本列岛势力还不具备横渡黄海直接与中国西汉进行贸易的能力，因此必须沿着黄海沿岸北上经过卫满朝鲜势力范围。燕人卫满占据朝鲜半岛北部后，控制了海上交通要塞，切断沿岸航路，阻止西汉王朝与朝鲜半岛南部的三韩和日本列岛的直接贸易，充当中介垄断海上贸易，并劫掠过往商船，从中牟取暴利。卫满朝鲜势力迅速壮大，渐渐不迎合西汉王朝的威势，不仅阻断沿岸航路，还向北骚扰西汉辽东诸城，引起西汉王朝强烈不满。

汉武帝时期，西汉王朝进一步加强中央集权，为控制海洋建立起中央政府的水军，并派 10 万水军统一东瓯、闽越、南越等沿海地区，打通沿海航路，由中央政府控制并发展海洋经济，开辟海上丝绸之路，通过海路与印度、东南亚等国家开展贸易，将纺织品出口到罗马，国内经济和对外贸易都得到长足发展，国力迅速提高。为保持沿岸航路畅通，公元前 109 年，汉武帝派水、陆两军讨伐卫满朝鲜，于公元前 108 年消灭卫满朝鲜。卫满朝鲜坚持与汉朝对抗一年，足见控制沿岸航路和垄断中介贸易对其国家实力增长的作用。

卫满朝鲜灭亡后，沿岸航路的障碍得以清除，东亚海上贸易再获生机。西汉王朝就地设立乐浪郡、玄菟郡、真番郡、临屯郡 4 个郡，到东汉末年四郡合并为乐浪郡、带方郡。乐浪郡、带方郡作为海上贸易中心，主导着中国、朝鲜半岛和日本列岛间的海上贸易，海洋成为东亚地区贸易和文化交流的重要通道。3 世纪，随着沿岸航路贸易进入活跃时期，东亚国家间不只是进行单纯贸易，而是发展起有组织的贸易关系，中国的货币就是当时贸易的结算手段，以黄海为媒介的东亚贸易圈和文化圈迅速形成，频繁地对外贸易活动催生各方势力开放海洋意识的萌芽和发展。

2. 百济与高句丽对沿岸航路的争夺

4 世纪上半叶，随着乐浪郡、带方郡的没落，乐浪、带方贸易体系瓦解。4 世纪下半叶，朝鲜半岛的海上贸易主导权转移到汉江下游地区兴起的百济手中。近肖古王时期，百济势力得到迅速发展，达到鼎盛时期。369年，百济向南消灭了残存的马韩部落。此后，百济挺进伽倻地区，继而与倭国开展直接贸易，形成百济—伽倻—倭贸易通道①。371年，百济在战争中杀死了高句丽故国原王，占领平壤城。通过与高句丽的战争向北扩展了疆土，夺得朝鲜半岛沿岸航路控制权。为了拓展海上贸易，百济在沿岸航路沿线的辽西郡和晋平郡、②庆南海岸地区（伽倻的卓淳国）、西南海岸地区（海南古县里和白浦湾一带）、③以及日本列岛设立了海运中心，这些海运中心相互连结成海洋运输网络，④百济通过这一海洋网络、凭借海外贸易迅速崛起。

4世纪末，南下的高句丽与北进的百济展开激烈争夺。391年，高句丽广开土王掌权后，正式展开对百济的反击战。396年，广开土王动用骑兵、步兵、水兵对百济发起进攻，派出水兵主要目的是为了从根本上动摇百济的海外贸易体系。为抵御高句丽的南下，百济加强与倭国联盟。397年，百济阿莘王将太子作为人质送到倭国，以获取倭国信任。399年，百济和倭国联军共同攻打新罗。404年，百济和倭国联军从水路攻打高句丽的势力范围带方地区。这些都是百济为抵抗高句丽进攻，恢复海上贸易秩序所作出的努力。

进入5世纪，高句丽南下攻势更加强劲。百济受到高句丽的持续反击，逐步走向衰退。倭国因此质疑百济的能力，试图从百济主

---

① ［韩］李贤惠："4世纪加耶社会的贸易体系变化"，《韩国古代史研究》，1988年第1辑，第173页。

② 据《宋书》《梁书》记载，百济略有辽西、晋平二郡。《宋书》卷九七·列传第五七·东夷·百济，《梁书》卷五四·列传第四八·东夷·百济。但学界对于辽西郡、晋平郡的具体位置存在争议，有在今辽河以西之说，也有在今大同江一带之说，均在沿岸航路沿线地带。

③ 乐浪郡、带方郡贸易体系时期，伽倻地区的狗邪韩国是海运中心，百济贸易体系时期将海运中心改为伽倻的卓淳国。［韩］李贤惠："4世纪加耶社会的贸易体系变化"，《韩国古代史研究》，1988年第1辑，第174页。乐浪郡、带方郡贸易体系时期，荣山江一带海运基地是在海南郡谷里，后郡谷里势力反对百济，百济将海运基地改为郡谷里附近的古县里和白浦湾一带。［韩］姜凤龙："古代东亚沿岸航路和荣山江、洛东江流域的动向"，《东西文化》，2010年第36辑，第30—31页。

④ ［韩］姜凤龙：《刻在海洋上的韩国史》，韩尔媒体出版社，2005年版，第52页。

导下的海外贸易体系中脱离出来，与中国南朝进行直接贸易。倭王向中国南朝派遣使臣，希望获得南朝对自身存在的承认。对于倭国的独自行动，百济一边加以牵制，一边采取包容的态度，以团结一切周边力量共同抵御高句丽的南进攻势。403年至405年，百济赠倭王百济工女，派遣王族弓月君和阿直岐、王仁等学者赴倭，409年，向倭国派遣使者，尽最大努力维持与倭国的联盟，以期共同对抗高句丽。417年，高句丽给倭国下达具有威胁性的文书，要求倭国清算与百济的关系，尽早归到高句丽麾下，倭王大怒断然拒绝。418年，百济向倭国派遣使臣，赠送10匹白锦，再次确认双方的结盟关系，坚定共同抵抗高句丽的决心。

为压制百济北进，高句丽将军事重心南移。427年，高句丽迁都至大同江下游的平壤，宣布正式大举南进，这表明高句丽将其扩张的方向从中国辽河以东地区转移至朝鲜半岛。此举令伽倻、倭国、新罗都对高句丽的南进政策感到恐惧。百济抓住这一契机，劝说各国结成"反高句丽联盟"。428年，百济毗有王派遣姐姐新齐都媛等人赴倭国，强化双边关系。429年、430年、440年，百济向南朝宋派遣使臣，谋求建立联盟。433年、434年连续向曾经的敌国新罗派遣使臣，新罗讷祗王派使臣回访，与百济结盟。毗有王之后的盖卤王进一步强化"反高句丽联盟"。461年，盖卤王派遣自己的兄弟昆支赴倭国，劝说倭国加入"反高句丽联盟"。472年，盖卤王向中国北朝的北魏上书，痛陈高句丽切断沿岸航路、无法派遣朝贡使节的事实，请求派兵攻打高句丽。

475年，高句丽占领沿岸航路的要塞——汉江流域的汉城，沿岸航路被切断，东亚海上贸易进一步萎缩，百济、中国南北朝、倭国的经济都因此受到冲击。汉城失守后，百济将首都迁至锦江流域的熊津（今公州）。在争夺沿岸航路控近几年的同时，继续尝试开辟跨越黄海航路，以实现与中国的往来。484年，中国南朝新兴国家南齐为了牵制北朝的北魏，册封高句丽长寿王为骠骑大将军。百济东城王遂派遣使臣赴南齐改善关系,但屡遭高句丽的阻挠。百济转而强化与新罗的结盟,485年,百济向新罗派遣使臣改善关系,493年,百济与新罗联姻。

501年,百济武宁王即位,首先向倭国派遣使者。504年,派遣麻那君赴倭,次年派遣儿子斯我君赴倭,积极加强与倭国关系。509年,倭国派遣使臣回访,此后两国间使臣、学者的往来越来越频繁。508年,百济首次与耽罗(今济州岛)建立友好关系,首先实现了南部沿岸航路完全正常化。521年,武宁王取得中国南朝梁的支持,被封为"镇东大将军"。梁将倭国降格为"镇东将军",表示承认百济的领导地位,并指定百济为唯一的贸易伙伴。538年,百济再次迁都至更为靠近海洋的泗沘(今扶馀),努力维护在朝鲜半岛西南海岸的霸权地位。武宁王实现振兴百济的梦想,之后的圣王继续谋求巩固百济的地位,但却面临新罗的挑战。

3. 新罗海洋意识的增强

新罗久居朝鲜半岛东南部,由于航海技术和造船技术不发达,还不具备跨越南部海域到达西部海域的能力,加之百济与新罗存在竞争关系,千方百计阻止新罗的海上活动和对外往来。新罗主要利用东部沿岸航路、东部横渡航路、南部航路(跨越朝鲜海峡的航路)与朝鲜半岛西北势力、东部沿海势力、倭国实现往来。4世纪上半叶乐浪、带方贸易体系瓦解后,东亚沿岸航路贸易一度萧条,这一变化推动了倭与新罗的贸易往来。321年,倭与新罗首次实现直接交往,开辟了高句丽—新罗—倭的贸易通道。[①] 4世纪下半叶,以百济为中心形成百济—伽倻—倭贸易体系,与新罗形成海上贸易竞争态势。4世纪末,百济、伽倻、倭国结成共同战线,对新罗形成围攻之势。新罗积极向外突围,逐步从远离东亚沿岸航路的边缘地带

---

① [韩]李贤惠:"4世纪加耶社会的贸易体系变化",《韩国古代史研究》,1988年第1辑,第168—169页。

向东亚沿岸航路要塞地区挺进。在长期抵抗倭国进攻过程中，新罗的海洋活动能力不断得以增强，而百济与高句丽的冲突，又使新罗迎来走向海洋的契机。

392 年，新罗讷祗王的父亲奈勿王为阻止高句丽南下扩张，将堂弟实圣遣往高句丽作为人质，以求平安。399 年，百济、伽倻和倭国联合攻打新罗，新罗以己之力难以抵挡，遂向高句丽寻求庇护。401 年，实圣重返新罗，次年，登上王位。实圣王将奈勿王的儿子美斯欣作为人质送往倭国，意图与倭国建立友好关系，谋求转变对高句丽一边倒的外交关系，并利用百济与倭国的嫌隙开展对外关系布局。但是，新罗向倭国派遣美斯欣并未取得预期效果。倭国依然支持百济，不热衷与新罗改善关系。实圣王继位 4 年时，倭军再次入侵新罗，攻击庆州的明活城。第二年，又入侵新罗沿海地区。为抵制倭军不断发动的海上进攻，408 年，实圣王计划攻打倭军安营扎寨的对马岛。当时新罗政治和军事能力不足，不具备开展海上作战的能力，因此，攻打对马岛时新罗向高句丽请求军事援助。为表明一如既往接受高句丽保护的态度，实圣王于 412 年将奈勿王的另一个儿子卜好作为人质送往高句丽。

417 年，新罗讷祗王推翻实圣王登上王位。次年，派遣朴堤上赴高句丽和倭国，救出卜好和美斯欣，彻底清除实圣王遗留的外交负担。高句丽向南迁都到大同江流域后，百济积极组建"反高句丽联盟"，此时，新罗日渐感受到高句丽强劲南进势头的威胁，意欲单方面摆脱与高句丽的从属关系，准备开辟独立自主的外交路线。在百济使臣数次来访之后，新罗讷祗王与百济结盟，共同抵御高句丽的南下攻势。讷祗王时期，倭军再次入侵，甚至于 444 年将首都金城包围 10 天。459 年，倭军出动百艘船只入侵，包围月城，接着攻打梁山，绑架大量人口。新罗认为频遭倭军攻击最根本原因是新罗的海上战斗力不够强大，因此，新罗积极强化水军建设，加设海防重镇。463 年，慈悲王沿海设立两个城镇。493 年，照知王预见到倭

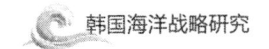

军入侵的危机，紧急设立临海镇和长岭镇。①

  6世纪，新罗从朝鲜半岛东、南、西三面向海洋大举扩张，占领郁陵岛、吞并伽倻、控制汉江流域，势力迅速增长。新罗与高句丽在朝鲜半岛东部海域的中部沿岸地区展开激烈交锋，在这一过程中，郁陵岛的战略地位凸显出来。郁陵岛位于朝鲜半岛东海岸与日本列岛的中间地带，在航海时是确定自己位置和航路方向的重要标志。朝鲜半岛东部海域各条航路都直接或间接经过郁陵岛海域。504年，新罗新兴建12城，部分建设在兴海和三陟等东部沿岸地区。505年，新罗在三陟地区设立悉直州，由异斯夫担任军主（新罗时期各州军队首脑，后改为总管、都督）。512年，异斯夫担任江陵地区的军主，成功征服位于郁陵岛的于山国。如果郁陵岛地区对新罗采取敌对政策或被高句丽征服，真兴王在全力推行北进政策之时就难以保证中部沿岸地区的安全，且总是唯恐背后受敌，不敢放手北进。532年，真兴王收复金官伽倻，控制了洛东江河口的金海一带的沿岸航路要塞，全面吸收了伽倻的海洋文化，取得飞跃发展。在征服于山国、收复金官伽倻之后，新罗大体控制了东部海域中、南部局势，开始全力夺取汉江流域。551年，新罗和百济同时向高句丽发起进攻。百济军队直击汉江下游，收复旧时首都汉城。新罗军队向北占领从竹岭到铁岭的十个郡。高句丽因内战国力衰退，不敌百济与新罗联合攻击而大败。战胜高句丽后，新罗与百济的矛盾开始凸显出来。虽然新罗的海洋意识相对薄弱，但新罗也认识到与东亚中心国家中国实现往来的重要舞台是黄海海域，朝鲜半岛中部肥沃的汉江流域是沿岸航路时代具有重要战略意义的交通要塞，真兴王并不甘心拱手相让于百济。553年，新罗在今天的利川地区设立南川州，将准备向汉江流域进发的军队驻屯于此。554年，真兴王断然对汉江流域发起闪电攻击，百济圣王战死，新罗占领汉江流域

---

① ［韩］尹明喆：《韩国海洋史》，学研文化社，2008年版，第150页。

的汉城。新罗夺取汉江流域后，疆域到达黄海沿岸，改变了通过高句丽与中国接触的状态，实现与中国直接往来，为日后新罗统一朝鲜半岛创造有利条件。

此后，新罗进一步对外扩张。556年，占领元山湾地区。557年，真兴王设立北汉山州，在此驻扎军队守护汉江下游地区，为其日后扩张打下良好基础。560年，真兴王吞并咸安地区的阿罗伽倻，562年，异斯夫突袭并消灭高灵地区的大伽倻，565年，完全吞并伽倻，使疆土扩大至洛东江流域。561年，新罗在伽倻昌宁设立昌宁碑，568年，真兴王亲自巡访西北和东北的三个地方，分别设立北汉山碑巡狩碑、磨云岭巡狩碑和黄草岭巡狩碑，对外明确宣称这些是新罗的土地。

7世纪，百济转而与高句丽联手抵制新罗扩张。新罗真兴王去世后，高句丽和百济逐步对新罗展开大反击。新罗善德王继位后，国内外形势发生很大变化。以上臣为首的大多数新罗贵族对女王的继位公然表示不满，新罗国内政治势力分裂为相互对立的反王派和亲王派，高句丽和百济对新罗依然虎视眈眈，新罗陷入内忧外患的境地。642年，新罗遭受密集进攻。首先百济攻破新罗西部边界的40多城，号称固若金汤的著名要塞大耶城也沦陷。高句丽和百济封锁海路，新罗陷入孤立的境地。为打破高句丽和百济的封锁，642年，善德女王派遣金春秋赴高句丽请援，但高句丽却将其作为人质扣押，要求新罗返还占领的土地。647年，逃离高句丽的金春秋又赴倭国求援，但倭国与百济早已结盟，拒绝帮助新罗。新罗最后将希望寄托于唐朝，这也促使新罗决心放弃沿岸航路，尝试开辟横渡黄海的新航路。648年，金春秋突破高句丽和百济的海上封锁线到达唐朝，获得唐太宗提供军事援助的承诺，实现了唐罗结盟。唐罗结盟迎来开通黄海横渡航路、重新构建东亚海洋秩序的新契机。

二、 统一新罗和高丽王朝对海洋的经略

古代早期活跃在朝鲜半岛的各方势力围绕沿岸航路的争夺引发东亚地区大战，继而导致地区秩序的重建，海洋在这一过程中的作用得到进一步强化。7世纪上半叶，唐罗结成军事联盟，唐军横渡黄海作战，正式开通黄海横渡航路。然而，7世纪中后期，新罗却进入到东亚国际关系中比较孤立的时期。663年，新罗在白江口海战中攻破支持百济的倭国。之后，倭国将国号变更为现在的日本，公然表示对新罗露骨的敌对意识。唐朝与新罗因争夺势力范围，关系恶化直至爆发战争。新罗文武王在与唐朝开战的同时，曾4次派遣谢罪使团赴唐试图改善关系未果。674年，唐高宗与新罗文武王彻底决裂，扶植文武王的弟弟金仁问为新罗君主，并派兵攻打新罗。698年，黄海北岸渤海国兴起，建国后渤海国迅速南下，与积极北上的新罗形成对峙状态。与此同时，南部积极备战新罗的日本与渤海国结成政治、军事联盟，共同攻打新罗。新罗为对抗渤海国强化北部地区的防御，从此进入与渤海国长达60多年的对立时期。[1]

进入8世纪，东亚各国关系开始缓和。唐朝与新罗实现和解，735年，唐朝承认了新罗对朝鲜半岛大同江以南领土的控制。新罗与日本虽然关系敌对，但官方正式关系并未中断。668年—779年间，新罗派遣日本使47次，日本派遣新罗使24次。703年，日本圣德王曾向新罗派遣204人的大规模使节团。日本白凤文化时期，新罗向日本派遣14次访学僧人。[2] 随着黄海沿岸政治局势的稳定，东

---

[1] [韩]韩圭哲："渤海的对外关系"，《韩国史》，1994年第10卷，第100页。
[2] [韩]尹明喆：《张保皋时代的海洋活动和东亚地中海》，学研文化社，2002年版，第26、37页。

亚各国海上往来日益活跃，新的海洋秩序逐步建立起来。新罗统一朝鲜半岛大同江以南的地区，朝鲜半岛开始进入到统一新罗—高丽时代的全盛时期。在这几百年的时间里，朝鲜半岛虽然有过王朝的没落和短暂的分裂，但对海洋的认识却在不断地深化，经略海洋的意识不断提高。

（一）航路开辟与开放的海洋意识

统一新罗——高丽时期，朝鲜半岛走向海洋的愿望更加强烈，积极开辟新航路，海洋活动范围不断扩大，海上贸易活跃，人文交流频繁，对于形成开放的海洋意识产生积极促进作用。

1. 统一新罗的主要航路

8世纪开始，随着东亚各国关系的缓和，各国间交往开始活跃起来。当时唐朝是东亚中心，统一新罗主要与唐朝进行政治往来、贸易流通和文化交流，由于经陆地北上的通道受到渤海国的阻碍，海洋成为统一新罗与唐朝往来的主要通道。统一新罗的海洋活动非常活跃，除了东部海域的北部以外（当时被渤海国控制），广泛活动在东亚各个海域，形成多条航路，其中黄海海域最多。这些航路有些已经成为统一新罗对外交往的日常化通道，如东亚沿岸航路、黄海中部横渡航路等等，但是黄海南部斜渡航路、东中国海（东海）斜渡航路，在当时航海和造船技术下，能否成为日常化航路还存在争议。

东亚沿岸航路。东亚沿岸航路古已有之，是航海安全系数较高的航路。渤海国建立后，迅速建立起强大水军，控制了鸭绿江口沿岸地区，并向近海地区延伸。新罗与渤海国长期处于敌对状态，在渤海国存在的200多年时间里，新罗与渤海国只交涉过两次（渤海文王时期的790年和渤海定王时期的812年，新罗文圣王和新罗宪德王分别向渤海国派遣使节）。① 渤海国海洋活动能力很强，新罗不可能利用黄海北部沿岸航路，即使利用近海航路也是非常危险的。② 所以这条航路都是唐朝船只和一般民间商船在使用。

黄海中部横渡航路。黄海中部横渡航路是从朝鲜半岛中部的京畿湾一带的各港口横渡黄海到达山东半岛各港口的航路。7 世纪，新罗为摆脱沿岸航路被封锁的牵制，决心放弃沿岸航路，开辟横渡黄海的新航路，唐罗结盟促成这一航路的开辟。但战后唐罗关系出现恶化，航线开拓也陷入停滞状态。进入 8 世纪，黄海中部横渡航路才开始活跃起来，成为统一新罗时期利用最多的航路，高丽王朝前期也广泛利用这一航路。黄海中部横渡航路分为两条：其一是从京畿湾到达山东半岛东部或北部的航路。其二是从京畿湾南部地区如南阳湾、锦江河口流域出发，直接横渡黄海到达登州或南部的青岛湾等几个港口的航路。此外，从山东半岛到达朝鲜半岛南部清海镇地区的直线航路也是张保皋的船队频繁利用的航路。

黄海南部斜渡航路。黄海南部斜渡航路是从全罗北道附近海岸出发，斜渡黄海到达江苏连云港和浙江宁波、舟山群岛等地区的航路。全罗北道海岸地区的锦江、万顷江和东津江交汇形成重要港口，是古代连接朝鲜半岛南北的重要交通要塞，也是朝鲜半岛接受跨越黄海传播而至的中国南方文化的重要窗口。

东中国海（东海）斜渡航路。这条航路是浙江明州港（宁波）、舟山群岛地区与朝鲜半岛西南地区黑山岛之间的航路。荣山江自古就是朝鲜半岛海洋文化传播的主要通道，也是新罗末期海上势力成长和发展的根据地。③ 从荣山江口的会津、南部的清海镇、海南、康

---

① ［韩］尹明喆:《韩国海洋史》，学研文化社，2008 年版，第 249 页。
② ［韩］尹明喆:"渤海的海洋活动和东亚的秩序再编"，《高句丽研究》，1998 年第 6 卷，第 481 页。
③ ［韩］李海準:"黑山岛文化的背景和性格"，《岛屿文化》，1988 年第 6 卷，第 14 页。

津等港口出发，经过黑山岛，斜渡南下到达扬子江口地区。①

朝鲜半岛东部横渡航路。这条航路是从庆州的外港蔚山、甘浦、浦项等朝鲜半岛东南部海岸出发到达日本列岛本州山阴地区鸟取县的但马、伯耆，岛根县的出云、隐岐，山口县的长门等地，再沿近海沿岸航路向北到达福井县的郭贺地区，向南到达九州地区。从海洋环境来看，这是新罗早期便开始使用的航路。庆尚南道的蔚山和浦项地区与出云地区都位于北纬35度附近，两地间主要有两个航路：其一，从朝鲜半岛东岸出发，沿里曼寒流南下至北纬35度附近与对马暖流汇合，顺着海流可直接到达出云地区；其二，从朝鲜半岛东岸出发，经隐岐，到达岛根或因幡海岸。②

朝鲜半岛南部航路。这条航路是从朝鲜半岛南部任何地方出发，经对马岛或其他途经地区到达九州北部的航路。掌管对外交往和贸易的太宰府就设在九州北部。一般认为洛东江口地区是这一航路的交通要塞。古代伽倻势力控制洛东江地区，主要利用这一航路与日本往来。带方、百济的沿岸航路贸易通道也都是到达伽倻地区，再经对马岛西海岸、壹岐岛到达九州北部。新罗吞并伽倻后夺取航路控制权，成为新罗驶往日本列岛距离最近、安全系数最高的航路。③9世纪新罗商人、张保皋派遣的回易使等都广泛利用这一航路。还有一条航路从朝鲜半岛东南部的牟辰地区出发，经对马岛东海岸、远瀛（冲岛）、中瀛（大岛），到达筑前的宗像，是朝鲜半岛东南部势力与倭往来的通道。据考古发现，公元前后2—3世纪的铜矛在九州北部博多湾沿岸出土最多，其次是对马岛、筑后、丰后，而壹岐岛、松浦地区较少，证明经对马岛东海岸的航路已经开通。④

---

① ［韩］权悳永：《古代韩中外交史》，一潮阁，1997年版，第190—191页。
② ［日］中田勋：《古代韩日航路考》，仓文社，1956年版，第123—127页。
③ ［韩］尹明喆："从海洋条件理解古代韩日关系史"，《日本学》，1995年第14卷，第84页。
④ ［日］木宫泰彦：《日支交通史（上卷）》，金刺芳流堂，1926年版，第1—30页。

2. 高丽的主要航路

高丽是海洋势力为主导建立的国家，海上活动能力很强。高丽国内地方与地方、地方与中央之间大部分靠海路与内河水路连接，对外则在统一新罗的基础上进一步拓展航路，凭借众多的航路，广泛活跃在黄海、朝鲜半岛南部海域、东部海域。从海洋环境来看，高丽对外交往的主要对象国是中国，当时著名的港口主要有山东的登州、浙江的明州港、福建的泉州港、高丽的礼成港（礼成港是进出首都开京的港口）等等。

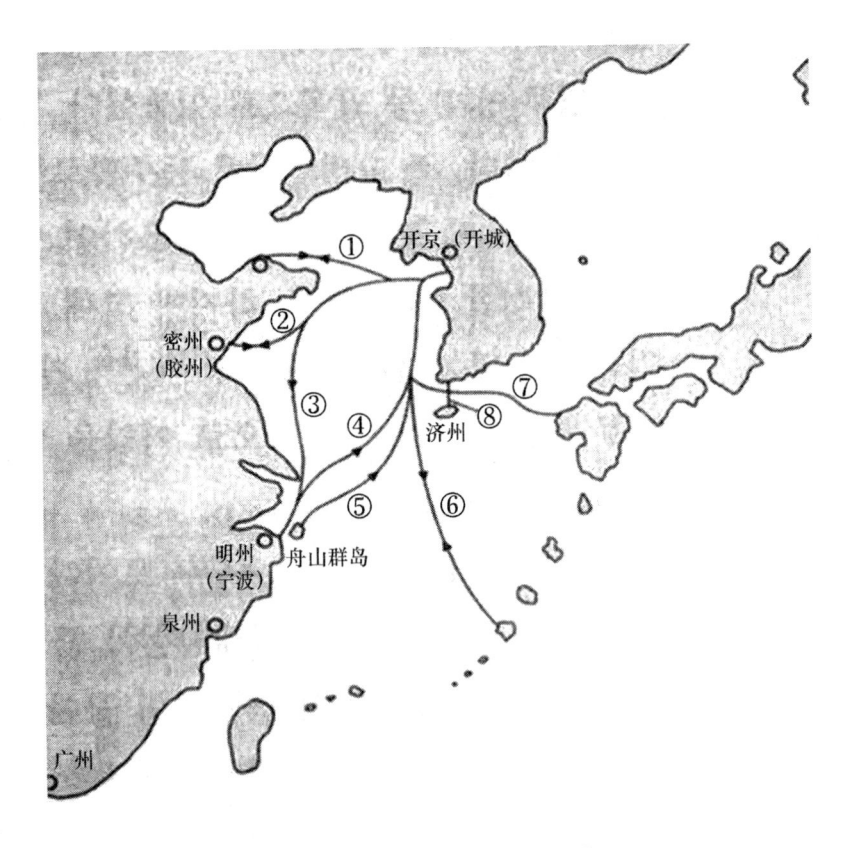

图 1—2　高丽时期的对外航路[①]

注：⑤是 1997 年东亚地中海号航路

---

① ［韩］尹明喆：《韩国海洋史》，学研文化社，2008 年版，第 307 页。

高丽时期主要利用的航路有黄海中部横渡航路、黄海斜渡航路、东中国海（东海）斜渡航路、琉球航路和日本航路。

黄海中部横渡航路主要分为两个航路：高丽前期主要利用的是①开京—碧澜渡—瓮津—登州的航路；高丽前期至上半叶主要利用的是②开京—碧澜渡—瓮津—胶州湾（密州）的航路。

黄海斜渡航路是指③开京—碧澜渡—黄海斜渡—浙江明州（宁波）的航路，高丽中期以后较多利用这一航路。

东中国海（东海）斜渡航路是指④宁波—普陀岛—黑山岛—仁川—碧澜渡—开京的航路。随着宋朝政治经济中心南移，高丽与宋朝之间的往来较多利用这一航路。

琉球航路是⑥开京—济州岛—琉球的航路。

日本航路是⑦开京—朝鲜半岛西南海域—对马岛—九州的航路。

此外，高丽也利用⑧耽津—济州、朝鲜半岛东部横渡航路、朝鲜半岛南部航路包括巨济岛—对马岛—九州的航路。

3. 与"南海路"对接

8世纪以后，随着黄海中部横渡航路、黄海南部斜渡航路、东中国海（东海）斜渡航路，还有沿岸航路的广泛使用，东亚的诸多航路与"南海路"衔接起来，与世界航路连成一体。

当时起始于古代中国，连接亚洲、非洲和欧洲的古代商业贸易路线——丝绸之路已经在对外贸易中发挥重要作用。狭义的丝绸之路一般指陆上丝绸之路。广义上讲又分为陆上丝绸之路和海上丝绸之路即"南海路"。"南海路"西起罗马东到中国东南海岸一带，是从地中海、红海，经阿拉伯海到达印度洋和西太平洋的东西方文化交流和贸易往来的海上通道。绸缎是陆上丝绸之路的流通商品，海上丝绸之路流通陶瓷器皿和香料。因此，"南海路"又被称为"陶瓷路"或"香料路"。[1] 丝绸之路不仅是中国联系东西方的"国道"，

---

[1] ［韩］郑守一：《新罗西域交流史》，檀国大学出版社，1992年版，第490页。

也是整个古代东亚经济及文化交流的国际通道。与"南海路"对接等海洋航路的拓展是张保皋兴起的一个重要背景。

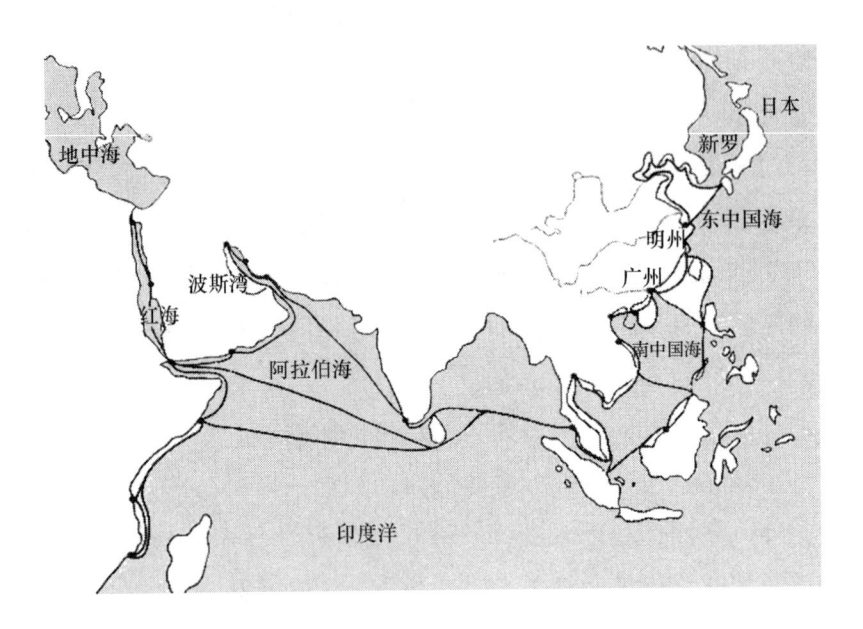

图1—3　9世纪的海上丝绸之路（南海路）①

（二）海外贸易意识得到强化

1. 新罗的海外贸易

（1）进一步拓展海外贸易

在7世纪东亚地区大战过程中，唐朝苏定方将军于660年带领大规模水军船队，离开山东半岛横渡黄海，途径德积岛，在今天的锦江河口的尾资津登陆。横渡黄海作战的威力非常大，一方面，唐罗联军获得胜利，为百济而战的倭军也在东津江河口的白江口海战中被击退。另一方面，唐朝水军实力强大，敢于横渡黄海作战，试探了利用黄海中部横渡航路的可能性。7世纪末，新罗实现了统一，

---

① ［韩］姜凤龙：《刻在海洋上的韩国史》，韩尔媒体出版社，2005年版，第96页。

但在统一过程中新罗与倭国和唐朝都有过交锋。尽管战争已经结束，但东亚的冷战气流仍持续蔓延，新罗重新陷入国际孤立状态。唐、新罗、日本之间政治、军事关系紧张，一时间航线开拓与和平的贸易活动都陷入停滞状态。进入8世纪，东亚关系开始解冻，实现以唐朝为中心的势力均衡，各国从军事对立转向谋求和平与开展贸易等经济合作，贸易成为东亚秩序变迁的重要动力。唐朝实行开放的政策，大量的外国人在中国长安或扬州等地居住，有的从事贸易活动，有的入朝为官，唐朝成为东亚人员往来、文化交流和物流与贸易的中心。新罗北部是渤海国，双方关系对立，新罗陆路被封锁，对外交往通道主要是海路。黄海中部横渡航路在战争期间正式开通，东亚海上贸易开始迎来全盛时期，这一时期的东亚唐、新、日之间海上贸易规模是沿岸航路时代无法比拟的。

8世纪中期，"安史之乱"使陆上丝绸之路中断，安西都护府陷入混乱。"南海路"成为东西方文化交流和贸易往来的主要通道。波斯人和大食人（阿拉伯人），还有印度人、东南亚人等通过"南海路"来到中国东南海岸的扬州和广州等地，大大促进了东西方的文化交流和贸易往来。随着海外贸易的增多，714年，唐玄宗在广州成立对海运进出境的专职管理机构——市舶司，管理不断扩大的对外贸易业务。当时在唐新罗人聚居在广州、泉州、扬州等地，与来访的波斯人和大食人（阿拉伯人）频繁接触，贸易活动非常活跃。新罗以中国为中介可以进口到遥远的地中海和波斯的商品。[①] 生活在中国的外国人还按照不同国别形成各自特殊的聚居区即"蕃坊"，选出都蕃长实行自治。在唐新罗人在扬州北部的大运河边、淮河边、山东半岛一带建立自治区即新罗坊或新罗村，通过东亚的各种航路在中国东海岸边、新罗和日本等地从事东西方文化交流和贸易往来

---

① ［韩］郑守一：《新罗西域交流史》，檀国大学出版社，1992年版，第337页。

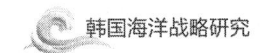

的中介活动，将"南海路"的东段延伸至新罗和日本。①

（2）政府贸易的盛衰

朝贡是朝鲜半岛与日本列岛国家与古代中国交往的主要形式。随着时代变迁，朝贡从当初的政治、外交性质向政府贸易性质转变，形成朝贡、回赐等形式的政府贸易。唐朝、新罗和日本三国都实行皇帝或国王为中心的中央集权国家体制，三国间的贸易在国家强有力的管理和控制之下主要以政府贸易的形式展开。新罗统一前，朝贡贸易政治色彩更浓。新罗统一后，为了民生安定和提高国民生活水平，朝贡贸易的目的是学习中国文化，满足新罗人对中国奢侈品需求的迅速增长，政府贸易的性质更加浓厚。当时新罗是中国和日本贸易的中介国。新罗从政府贸易中获得巨大的利润，是政府贸易的极大受益者，这也成为新罗达到政治和文化全盛期的重要原因。

唐朝、新罗、日本以朝贡贸易为主要形式的政府间物物交换贸易曾一度非常活跃。新罗政府贸易的从事者是遣唐使和遣日本使。新罗的遣唐使一方面在唐朝开展外交活动，另一方面在获得唐朝许可的情况下购买珍贵的"唐物"，带回新罗。这些"唐物"一部分供新罗人消费，另一部分同"新罗物"一起通过遣日本使出口到日本。

当时日本将"唐物"和"新罗物"统称为"新罗物"。日本对"新罗物"进行管理的机构是大藏省。大藏省针对"新罗物"购买者制作一种叫做"买新罗物解"的购买申请书。写清预购商品的品名，和作为交换的与之价格相当的绸缎制品的种类和分量，登记年月日，求购者的名字等。可见，日本政府对海外贸易的控制是非常严格的。唐朝和新罗对海外贸易管理也是非常严格。例如为了保证边境地区的稳定和海外贸易发展，唐朝编撰《唐律疏议·卫禁律》，严令禁止边境地区与外国人私自进行贸易活动，"共化外人私相交

---

① ［韩］姜凤龙：《刻在海洋上的韩国史》，韩尔媒体出版社，2005年版，第98页。

易，若取与者，一尺徒二年半，三匹加一等；十五匹加役流；私与禁兵器者，准盗论。"被允许的私家之物也不准在边境地区贸易，"若私家之物，禁约不合度关而私度者，（坐赃论）减三等。"以此巩固政府贸易体制，保持对民间私自购买需求进行强力控制的皇权（王权）专制，惟恐叛乱势力趁政府贸易权力弱化之际，通过民间贸易壮大自己势力。事实上，8世纪，东亚三国的皇权（王权）都非常强大。但是8世纪后期开始，东亚三国都出现皇权（王权）瓦解的征兆，政府贸易逐步丧失主导地位。

唐朝的皇权在755年受到节度使安禄山的挑战。随着农业生产力发展均田制崩溃，商品流通经济快速发展，唐朝对地方的统治权力急速弱化。新罗8世纪后期贵族叛乱频繁，出现持续的王位争夺战和地方势力加速摆脱政府的倾向。日本8世纪后期王室外戚势力得势，在地方出现庄园，豪族势力抬头。东亚三国的政府权力被严重弱化，政府贸易逐步走向衰退，私人贸易随之兴起。原有的海洋秩序开始崩塌，海盗集团横行，海外贸易环境恶化，东亚海上贸易再次乌云笼罩。

对地方丧失统治力的唐朝再难以支撑政府贸易，采取将贸易权委托给得力的地方蕃帅的权宜之计。例如，以山东半岛为中心兴起的平卢淄青的蕃帅李正己势力获得与渤海和新罗贸易的委任。然而，这些势力趁机壮大自己，继而威胁到唐朝政权的稳定。唐朝发动战争讨伐这些危险势力，并为此大规模招募军队。张保皋和郑年也在唐朝应征入伍，参与抗击叛军势力的战斗。

（3）民间贸易的兴起

唐朝最初禁止朝贡贸易以外的民间贸易存在，随着时代变迁，朝贡贸易的形式和范围不断扩大，开始出现附带贸易，即使节团个人可与对方政府及百姓进行贸易。8世纪后期，唐、新、日三国都出现了纲纪废弛、国家统治弱化、政权不稳定的局面，地方政府持续表现出离心倾向，国家主导的政府与政府间贸易开始衰退，以往政府禁止的民间贸易开始兴起，个人运营的私人船队逐渐成为东亚贸易活动的主体，贸易体制也因此发生变化。9世纪中叶，国际海上贸易非常活跃，在东亚地区，新罗民间贸易得到迅速发展，以张保皋为代表的在唐新罗人广泛活跃在黄海、东海水域，积极开展唐、罗、日之间的海上贸易。此后，兴盛的民间贸易历经后三国时代，一直延续到高丽中叶。

黄海西岸分布着大量的在唐新罗人，在唐新罗人沿大运河定居，从掌握内陆物流体系和运河经济入手，在运河周边和海岸等水路交通要塞设立新罗坊、新罗所、新罗村。这些地区是水路交通要塞，石岛（赤山）、文登（乳山浦）、连云（宿城村）、楚州，扬子江流域的扬州、苏州，浙江的宁波、舟山群岛、黄岩等通往新罗和日本的港口城市都分布在这一地区。[①] 在唐新罗人的贸易商社集中分布在山东半岛南海岸一带到淮河下游一带，是促进黄海东西两岸频繁往来的重要民间组织。

8世纪末，张保皋来到唐朝，随唐朝军队转战十几年。824年，为了让在唐新罗人能有个精神依托，张保皋征得唐朝政府的同意，在新罗人聚居的赤山浦修建法华院，这一寺院成为新罗人往返大唐的驿站和文化活动中心。828年，张保皋回国，奏请兴德王批准，在他的家乡莞岛建立清海镇，管理清海镇附近的海洋、岛屿、沿岸地区。张保皋以清海镇为中心，集结在唐新罗人，广交日本九州地区的友好势力，开辟海运商业贸易网络，将海上丝绸之路——"南海路"延伸至朝鲜半岛和日本列岛。除了进行直接或间接贸易外，张保皋还经营造船业和出租船只、水手、艄工等业务。新罗的造船术比较先进，日本在对外交往中常常利用新罗船只。随着船只、水手等出租业务的开展，新罗先进的造船术和航海术也广为传播。

---

① [韩] 金文经：" 7—10 世纪新罗和江南的文化交流"，《中国的江南社会和韩中交往》，集文堂，1997 年版，第146—147 页。"9—11 世纪新罗人和江南"，《张保皋和清海镇》，慧庵出版社，1996 年版。

回国后，张保皋通过登州的张泳和楚州的刘慎言等远距离领导在唐新罗人社会组织。张保皋经常派遣卖物使率领贸易船队赴唐朝，利用在唐新罗人社会关系网，开展贸易活动。839年6月27日，张保皋派两艘贸易船到达赤山浦，担当清海镇兵马使的崔晕代表贸易船履行卖物使的职责，这表明清海镇是军产复合体制。崔晕代表张保皋激励管理赤山法华院的张泳，走访中国东海岸乳山浦、海州、楚州、扬州等山东半岛到江南地方的主要港口，这些港口都有大量的新罗人聚居于此。崔晕进行贸易活动过程中，在唐新罗人是重要的人力资源，除了贸易活动外他还负责对这些人进行管理，在往来于山东半岛赤山浦和扬州主要港口的过程中，他直接普查了新罗人社会的状况。依据崔晕从赤山浦出发再回到赤山浦的行程可见，这里是张保皋在唐新罗人社会管理中心和贸易基地。张保皋还在莞岛象皇峰、济州岛河源洞建法华院，与山东半岛赤山法华院互为海运贸易联络点，形成以清海镇为大本营，以赤山（荣成石岛镇）、登州（山东蓬莱）、莱州（山东莱州）、泗州（安徽泗县）、楚州（江苏淮安）、扬州（江苏扬州）、明州（浙江宁波）、泉州（福建泉州）及日本九州为基地的海运商业贸易网络。

张保皋向唐派遣卖物使、向日本派遣回易使开展贸易活动。回易使主要以筑前大津（指现在的博多港）为通道进出日本。张保皋曾在824年访问筑前国时与当时担任国守的须井宫等人会面，通过直接谈判签订了贸易条约。日本人对张保皋的回易使带来的贵重物品购买欲望非常强烈，因而导致商品紧缺，价格暴涨。以往日本法律严格规定，依据身份有差别地使用生活用品，但随着日本人对外来商品的热望，日本社会奢侈之风蔓延，这种身份制度开始出现崩溃的迹象。

2. 高丽海外贸易

（1）高丽的海外政府贸易

高丽王朝与海洋渊源颇深。高丽建国者太祖王建出身海上势力，在弓裔麾下担任水军将军职务。918年，王建起兵反弓裔，建立高丽，最终于936年统一朝鲜。早在后三国时代末期，新罗、后百济、高丽就与分裂为五代十国的中国多个王朝如南部的吴越国、北部的后唐、契丹，以及日本开展贸易活动。例如，924年7月，高丽商船到达后唐管辖的山东半岛北部的登州进行贸易，10月，赴青州（山东）进行贸易。

960年，北宋建立。962年，高丽派出第一个官方使节赴北宋，开启通商贸易往来。[①]但是随着北宋政治主导势力和北方势力的变化，双方贸易几经周折。979年，北宋彻底消灭后蜀、南汉、南唐、北汉诸割据政权，实现局部统一。宋太祖赵匡胤实施积极的海洋政策，重视海上贸易。971年，北宋在广州设立专门从事贸易的市舶司，之后在江南福建的泉州，浙江的杭州和明州，山东的密州等主要港口城市接连设立市舶司，为开展海上贸易奠定制度基础。

但是日本的状况完全不同。9世纪后期，王族的外戚藤原一家独占摄关职位，开启代替天王行使中央统治权的摄关政治时代。藤原逐个镇压反对摄关政治的海上势力之后，直到12世纪前期的20年时间里一直掌握政权。摄关政治的集权者们持续镇压海上残余势力，作为镇压的一种手段，采取禁止海外贸易的海禁政策。因此，10—11世纪，东亚海上贸易的主体是北宋和高丽。

10世纪，契丹建立的辽对北宋和高丽构成压迫和威胁，阻碍了北宋和高丽海上贸易的开展。907年，契丹建立了政权，成为中国北方一个强大势力。916年，契丹族首领耶律阿保机创建契丹国。926年，灭亡渤海，就此南下占领燕云十六州，威胁北宋和高丽。947年，太宗耶律德光改国号为辽，建立中国北方统一政权。辽南侵气势汹汹，北宋和高丽在辽的军事威胁下分别签订屈辱条约。1004年，北宋以每年赠送白银10万两、绸缎20万匹为条件，与辽

[①]《高丽史》卷二·光宗十三年。

签订屈辱条约。高丽也遭受辽三次侵袭，于1009年与辽签订条约，臣服于辽，使用辽的年号。此后，北宋与高丽关系陷入互不信任状态，北宋的"旧法党"保守政客们把高丽的使臣和商人看作是辽的间谍，指责他们从北宋获取财富赠与敌国辽的通敌行为。其中主张禁止与高丽开展贸易和断绝与高丽关系等极端态度的大有人在。北宋11世纪前期的50多年间（1012—1068年）与高丽使节往来中断，直到1068年神宗即位。神宗即位后，远离保守的"旧法党"政客，启用进步的"新法党"革新派人士，对内开展大规模变法革新运动，对外恢复建国之初的开放状态。1069年，北宋向高丽派遣泉州出身的海商黄慎等人，试探实现关系正常化。1070年，高丽向北宋派遣民官侍郎金悌等110多人，直到1073年，高丽再次派遣使节来北宋，两国之间高丽"朝贡"、北宋"赐物"的商品交换再次恢复到以前的水平。此外，北宋与高丽两国政府都公开鼓励使节团的贸易活动。据《高丽图经》记载："高丽故事，每入使至，则聚为大市。罗列百货，丹漆绘帛，皆务华好。而金银器用，悉王府之物，及时铺陈。"[1] 可见，高丽来访外国使节团的贸易活动非常活跃。这种贸易的活动是对以"朝贡""赐物"形式进行的政府贸易的一种补充。

当时，北宋为抵御辽之威胁与高丽结成联盟，重视对高丽贸易，给予高丽使节相当高的待遇。北宋将山东半岛南端密州的板桥镇（胶县）作为贸易港口，设立市舶司。1074年之后，因登州——礼成江口航路经常受到辽国的威胁，北宋转而利用明州——礼成江口航路，将商业中心南移，在广州、杭州、泉州、明州等地都设立"市舶司"。1078年，北宋在舟山群岛的明州（宁波）入口镇海建设迎接高丽使臣的迎宾馆，1117年，在宁波建设高丽使馆。高丽也在首都开京设立"客馆"，接待外国使节和商人。例如，"曰清州、曰忠州、曰四店、曰利宾。皆所以待中国之商旅"，"迎恩馆""仁恩

---

[1] 《高丽图经》卷第三·贸易。

馆"接待契丹使节,"迎仙馆"、"灵隐馆"接待狄人、女真人,"兴威馆"接待医官等等。①

高丽与北宋政府贸易规模庞大。普通容纳100至300名使臣的都是政府贸易船。1078年,北宋向高丽出口超过100个品种的6000件商品,高丽也向北宋出口数量相当的商品。高丽向北宋积极朝贡的原因是在经济上、文化上能获得巨大的利益,而北宋在朝贡贸易中得到的经济上的利益往往却是非常微薄,甚至成为国家的一种负担,从而引起一些政府官吏的强烈反对,要求限制与高丽的交往。如当时礼部尚书苏轼曾对北宋与高丽贸易的危害进行深刻地批判。苏东坡认为北宋进口的都是些装饰品等非必需的商品,而进口这些商品的费用都是百姓的血汗。他曾上奏疏曰:"熙宁(1068—1077年)以来,高丽人屡入朝贡,至元丰(1078—1085年)之末十六七年间,馆待赐予之费,不可胜数,两浙、淮南、京东之路,筑城造船,建立亭馆,调发农工,侵渔商贾,所在骚然,公私告病,朝廷无丝毫之益,而夷虏获不赀之利。……自二圣嗣位,高丽数年不至,淮、浙、京东吏民有息肩之喜,……若朝廷待之稍重,则贪心复启,朝贡纷然,必为无穷之患。"②

12世纪,女真族兴起建立金,灭辽,北宋向南迁移,与高丽关系再一次受到冲击。但两国的关系马上重新恢复正常,两国间的交流频率和贸易规模都保持在很高的水平上,特别是民间贸易未受到国际形势和政治动向的影响而得到空前的发展。1206年,蒙古统一中国北部建立元朝。元朝打通与高丽的陆路交通,并恢复从山东登州至朝鲜半岛的航路,这两条路线都比从明州至朝鲜半岛的距离近,商人自然舍南取北。加之元朝限制高丽与北宋之间的往来,因此,高丽与中国的海上贸易出现"北盛南衰"的局面。

---

① 《高丽图经》卷第二十七·客馆。
② 《东坡全集》卷三二·奏议三十。

(2) 高丽的海外民间贸易

11 至 12 世纪，北宋与高丽之间的民间贸易也有了很大的发展。尽管 11 世纪前期北宋与高丽的正式外交关系中断长达 50 多年（1012—1068）。但在此期间，两国以民间为中心开展的海上贸易却几乎未受到不利影响，从显宗时代（在位期间 1010 年—1031 年）起民间贸易就开始盛行。

宋商是北宋与高丽海上贸易的重要力量，据《高丽史》统计，在 1012 年至 1278 年间，宋商到高丽活动共计 129 次，共计 5000 多人次。值得注意的是，在两国的外交关系中断的时期，宋商的海上贸易活动非但没有萎缩，反而大批的宋商频繁地往来于北宋与高丽之间，甚至长期居住在高丽，12 世纪中叶达到高潮，对两国之间经济、文化的交流作出了巨大的贡献，对动荡的政治关系也起到调解作用，宋商黄慎就曾在两国关系恢复过程中发挥重要媒介作用。据《宋史》记载，高丽"王城有华人数百，多闽人，因贾舶至者，密试其所能，诱以禄任，或强留之终身"。1055 年 2 月"寒食日"，高丽政府在与北宋中断正式外交关系的情况下以国家名义设宴招待宋商，"飨宋叶德宠等八十七人于娱宾馆，黄拯等一百五人于迎宾馆，黄助等四十八人于清河馆。"① 表明高丽政府对宋商的极大重视。明州、泉州距离高丽较近，有大批宋商和高丽商人来往于明州、泉州与高丽之间从事贸易活动，对两国的经济和文化交流起到巨大促进作用。北宋向高丽出口的商品主要有：绫绢、锦罗、白绢、金银器、礼服、瓷器、玉器、马匹、鞍具、玳瑁、药材、茶、酒、书籍、乐器、蜡烛、钱币、孔雀、鹦鹉等。北宋的各种书籍、绘画、乐器等也随着两国商人（包括官方使节）的往来大量传入高丽，大大地影响了高丽的文化和艺术的发展。例如，高丽的雕版印刷术的发展就曾受到宋版的影响，著名的高丽翡色青瓷也是在新罗陶瓷工业发展

---

① 《高丽史》卷五·显宗二、十五、十六年；卷六·靖宗六年。

的基础上受到中国越窑、汝窑的影响制作而成的。高丽对北宋出口的商品大约有：金、银、铜、人参、茯苓、松子、毛皮类、黄漆、硫磺、绫罗、苎布、麻布、马匹、鞍具、袍、褥、香油、文席、扇子、白纸、毛笔、墨等。其中山西、笔、墨等文化用品，在当时非常受欢迎。高丽的折叠扇及高丽墨等在北宋非常受欢迎，徐兢曾说："白折扇……藏于怀袖之间。其用甚便。"苏轼也曾赞叹说："高丽白松扇，展之广尺余，合之止两指。"① 还称赞高丽墨不下南唐李廷珪。

宋商向高丽出口的商品中还有香药、沉香、犀角、象牙等南亚和西亚的特产。因为当时北宋与这些地区国家之间的贸易活动非常频繁，"大食"（阿拉伯）"三佛齐"等国的大批商人经常往来于广州、泉州、明州等地，运来了大量的特产商品。宋商则再把它们出口到高丽，从事中转贸易。这一时期大食国（阿拉伯）商人们也组织大规模商团直接到高丽进行贸易活动。据《高丽史》记载，11世纪前半叶，数以百计的大食（阿拉伯）商人先后三次到高丽，运来"水银、龙齿、占城香、没药、大苏木"等特产，换取高丽的"金箔"等物品。② 1024年9月，悦罗慈等100人来访，带来地方特产。第二年9月，夏诜罗慈等100人来访，带来地方特产。1040年11月，保那盍等来访，带来水银、龙齿、占城香、没药、大苏木等物品。高丽国王命令有司重重答谢，赠送大量锦帛。这些商人沿着被称为海上丝绸之路的"南海路"到达中国海域，进行第一次贸易，再横渡黄海到达高丽，开展贸易活动。事实上，与大食国人（阿拉伯人）的交流可以追溯到新罗时代。庆州挂陵前的外国武人石像和《乐学轨范》中画成外国人的新罗处容的画像等都留下了他们的痕迹。可见，大食国人（阿拉伯人）通过海洋直接与新罗和高丽贸易，

---

① 《高丽图经》卷第二十九·供张二·白折扇。
② 《高丽史》卷五·显宗二、十五、十六年；卷六·靖宗六年。

也有人留下来与当地人一起生活。

此外,高丽还向当时禁闭海洋门户、限制海外贸易的日本派遣使节。937年,高丽统一朝鲜半岛之初即向日本派遣使臣开展贸易,遭到日本拒绝。此后,高丽数次派遣使臣都遭到拒绝。直到11世纪50年代,双方才开始开展贸易活动。1056年10月,藤原朝臣赖忠等30人作为国使从金海访问高丽,1073年7月,商人王则贞和松永年等42人访问高丽,带去螺钿鞍桥、刀、镜匣、梳子、书桌、画屏、香炉等物品。1118年,宋徽宗要求与日本通交,遭到日本拒绝,这与日本和高丽活跃的贸易往来形成鲜明对比。高丽通过与北宋及大食国(阿拉伯)的直接或间接贸易拥有丰富多样的商品,比起与距离较远的北宋进行直接贸易,日本更倾向于选择近处的高丽作为贸易平台。

(三)海洋防卫意识

1. 统一新罗对日防卫意识

7世纪东亚地区大战后,新罗进入东亚国际关系中比较孤立的时期。675年,唐罗完全断绝外交关系,南方日本的侵袭更令新罗忧虑,当务之急是防范和应对日本的入侵。完成统一大业后,新罗文武王积极加强东南部的海洋防卫。首先在甘浦东海岸建设护国寺庙——镇国寺,希望运用佛教的威力防止日本的入侵。681年,文武王临终之时表示自己要化作"东海"的护国龙守护国家的和平。神文王即位即遵照文武王遗言,将其安葬在镇国寺附近的大王岩下。神文王牢记文武王遗志,倾全国之力,巩固海洋防卫,甘浦沿岸的大王岩、感恩寺和利见台都是记录神文王努力护海事迹的遗址。682年,镇国寺完工。为缅怀文武王的恩惠,神文王将其改称为感恩寺,并在感恩寺金堂台阶的右侧设置一个洞穴,以便化身为护国龙的文武王能够自由进出。这就将大王岩和感恩寺连成一体,将龙神信仰与佛教信仰结合起来，意在最大限度地宣传海洋防卫和护国的理念。

感恩寺建成后683年，龙文武王与天神金庾信共献万波熄笛宝物与神文王的神话传播开来，借宣扬对神物的信仰强化神武王统治的正统性，同时唤起民众对海洋防卫的关心。

此后，新罗更加重视海洋防卫体系的建设。经感恩寺前流向大王岩的大钟川发源于吐含山和含月山，新罗在这两座山各自建造石窟庵和骨窟庵两个石窟寺院，并将两个寺院与感恩寺相互连接，通过佛教力量极力宣传海洋防卫理念。

722年，兴德王在王京南部建造关门城，进一步强化对日本的海洋防卫。但日本并未停止对新罗的入侵，日本入侵新罗的目的从政治、军事目的向经济目的转化，即开通中断的物流通道以摆脱经济衰落。8世纪之后，随着东亚政治和经济交流再度活跃，海上贸易取得飞跃发展，新罗与日本隔海对抗的军事紧张状态才开始得到缓解。①

2. 张保皋平定西南海盗

张保皋在唐转战十几年，所见"遍中国以新罗人为奴婢"。在新罗沿海一带，海盗活动猖獗，经常抢掠人口卖到唐朝为奴，在唐新罗人也备受海盗困扰。事实上，当时海盗引发的非法海上势力的掠夺行为甚至上升为外交问题。例如，新罗通过宿卫王子金长廉向唐朝请求打击海盗掠卖新罗人的行为。816年，唐朝发布禁止买卖新罗人做奴隶的禁令。但对新罗人的买卖屡禁不止。824年，张保皋毅然辞掉武宁军小将之职，决心回国荡平海盗。828年，张保皋回到新罗，向新罗兴德王建议在其家乡莞岛设立清海镇。

清海镇的建立意味着新罗朝廷承认张保皋对西南海域一带拥有军事权和行政权。清海镇与几乎同期设立的其他军镇如728年设立的浿江镇、829年设立的唐城镇、844年设立的穴口镇有所不同。从

---

① ［韩］姜凤龙：《刻在海洋上的韩国史》，韩尔媒体出版社，2005年版，第93—94页。

所设军镇的名称来看，其他军镇都是以地名冠名，而莞岛原名并不叫清海而叫助音岛，清海是张保皋为在莞岛设镇而起的，主要体现自己荡平海盗、将海洋清理干净的抱负。从职务称呼来看也存在差异，浿江镇首领最初被称为"头上大监"，新罗末期改称为"都护"，穴口镇被称为"镇头"，而清海镇则被称为"大使"。唐朝藩镇节度使的别称为"大使"，清海镇有可能是受此影响，这也意味着清海镇是类似唐朝藩镇的独立势力集团。

张保皋以清海镇为大本营，集结西南海地区的势力，招募10000岛民组成一支熟悉岛屿之间的航路且英勇善战的军队，向以群岛为基地的海盗发起了进攻，并对海盗采取分化瓦解政策，最终荡平多股海盗势力，杜绝海盗掠卖新罗人口的现象。

841年，张保皋被暗杀，西南海地区的海洋势力失去了核心，各自开展小规模的海上活动。9世纪末，西南海地区兴起的海上豪族势力以押海岛的能昌为中心再次开始集结。新罗朝廷为了镇压和统治西南海地区海上势力，成立"西南海防水军"。能昌、甄萱、王建等在西南海地区围绕着海上霸权展开激烈决战。结果王建在竞争中取得胜利，建立了高丽王朝。

3. 高丽海洋防卫活动

高丽建国与水军的活动密切相关。高丽太祖王建号称"百船将军""海军大将"，他利用水军打赢几场大战，于918年建立高丽王朝。海洋活动能力强大的水军在攻打新罗、后百济的战役中取得决定性胜利，高丽于936年统一朝鲜半岛。高丽实行开放的海洋政策，同时注重训练水军，高丽水军担负着开展正式海战和巩固海洋防卫体系等任务，同时在保护使臣船和贸易船通行方面也发挥重要作用。

自937年开始高丽数次向日本派遣使臣要求通商，日本屡次拒绝高丽要求，同时强化对马岛与九州地区的警戒。997年，高丽再次遭到日本拒绝后，派军船500多艘进攻九州，威逼日本。渤海国灭亡后，朝鲜半岛北部地区出现政治真空，自11世纪开始女真海盗在高丽海岸一带活动猖獗。1005年，女真海盗出海劫掠，入侵江原道安逸一带的登州。1011年，女真海盗乘100余艘船南犯庆州，第二年在庆尚道海岸登陆掳掠。1015年，女真海盗再次出动20余艘船只进犯。1018年，郁陵岛遭到女真海盗入侵称降。此后，女真海盗活动范围日渐扩大。1019年，日本本土历史上第一次受到来自大陆的大规模的武力威胁，女真海盗入侵对马岛、壹岐岛，九州北部海岸地带的博多，之后离九州西去，再侵高丽。高丽水军对海盗船进行扫荡，返还被掳掠的日本岛民，与日本关系有所改善，女真海盗则元气大伤，无复侵扰。

为防范海盗入侵，高丽强化水军训练，建造军船，巩固海洋防卫体系。此外，高丽在各处建立水军基地，代表性的是在元兴镇（咸镜南道的定平）和镇明镇（元山）设立的船兵都部署。在所属部队镇和戍设置水军，并针对东部海域的海洋环境和讨伐女真海盗的目标打造适合的军船，如戈船、剑船等。

13世纪，东亚秩序发生急剧变化，蒙古族登上历史舞台，建立元朝，积极对外扩张。从1231年至1273年，元朝对高丽发动了9次战争。1232年初，为了抵御不习水战的元朝军队的入侵，高丽被迫采取"海岛入保政策"，[①]临时迁都到距离陆地较近（利于漕运和战略物资运输）、周边水势复杂、外部势力难以接近的江华岛。而且江华岛比开京更便于与宋朝联合共同抗元。元朝意识到不切断海上航路，很难推翻江华岛的高丽政府。1254年，元军开始攻击高丽沿岸作为海洋要道的岛屿，意图粉碎高丽的防卫体系，掌握战略物资通道，破坏漕运体系。1254年元军占领葛岛，1255年，占领槽岛。1256年6月，元军的总司令官车罗夫亲自率领70余艘大规模舰队进攻西南海战略要地押海岛。高丽动用300余艘船只，押海岛居民奋起炮击，打退元朝大军。押海岛大规模攻击失败后，元军继续在岛

---

① ［韩］尹龙爀：《高丽对蒙抗战史研究》，一志社，1991年版。

屿沿岸地区进行小规模袭扰，例如攻打牙山湾、艾岛、神威岛、昌麟岛等等。

1270年5月，高丽还都开城，向元朝称臣，并命令解散抗元势力三别抄。1270年6月，三别抄军首领裴仲孙等拥立王室庶族承化侯温为高丽王，撤离江华岛，于8月到达珍岛。三别抄以珍岛龙藏寺为中心，利用周围的地势建起大规模的山城，即龙藏山城。从江华岛向珍岛转移过程中，三别抄掌握了西海岛屿和沿海地区的控制权，并以与元朝平等的正统高丽王朝自居，直至1274年灭亡。高丽能够足足抵御元军入侵40多年、三别抄势力迁移到珍岛和济州岛继续抵抗元朝势力，与高丽强大的海洋实力密不可分。此后，为抵御日本的侵扰，高丽积极建设骑船军，在海岸地区加强海洋防卫体系建设；并与元朝建立联盟，在丽元联军抗日过程中，高丽的造船术和水军作战能力也都得到充分体现。

三、 朝鲜王朝对海洋的封锁

朝鲜王朝将海洋视为与外界隔离的天然屏障，采取海禁和空岛政策，与高丽王朝时期积极经略海洋的意识和活跃的海上贸易相比，朝鲜王朝时期的海洋活动大为萎缩，海洋意识趋向淡薄。

朝鲜王朝重视农业发展，宣扬"农者天下之大本"，形成以农业为中心的社会文化，禁止海上活动，倾力推进对陆地的开发。朝鲜王朝对内实行中央集权制，推崇程朱理学，等级秩序森严。以农业为中心的社会文化和严格的等级秩序赋予朝鲜王朝稳定的特性。两班官僚为了巩固和扩大对朝鲜社会的统治，把自己与土地牢牢捆绑在一起，人员流动的自由受到极大限制。被固定在土地上的农民也缺少对新生活的认知，丧失追求新生活的渴求。在这种社会氛围之下，变动性较大的商业、渔业和海上对外贸易等活动都是不被朝鲜社会所接受的。朝鲜王朝对外推崇与明朝的从属关系，明朝实行海禁政策，朝鲜王朝随之局限于通过陆路与明朝往来，从前曾经兴盛的航路和港口纷纷衰退。

在不断巩固政权的过程中，朝鲜社会轻视甚至鄙视海洋的风气得到助长，人们普遍认为岛屿是生存环境恶劣的空间。朝鲜王朝前期实行严格的空岛政策，后期随着空岛政策发生变化，岛屿被当作是流放重罪犯的目的地，虽然也有人登岛生活，但在岛屿上生活的人和乘船出海的人仍被鄙称为"岛贼""船贼"，从人们对岛屿极端排斥的态度可见空岛和海禁政策对朝鲜社会的深刻影响。受到以陆地为中心的文化的影响，朝鲜王朝陷入到封闭、以自我为中心、僵化的文化氛围当中，它所实施的闭关锁国政策正是抛弃海洋的产物。

（一）朝鲜王朝的空岛和海禁政策

1. 朝鲜王朝空岛政策出台背景

（1）高丽王朝末期的空岛措施

空岛措施是高丽王朝末期首次采取的将居住在岛屿上的居民全部转移到陆地、全部清空岛屿的极端性措施。关于其原因文献中比较一致的说法是因倭寇入侵为保护岛屿居民而采取的措施。据《高丽史》记载，可确认的倭寇首次对高丽的入侵是在1223年（高宗10年）掳掠朝鲜金州。在之后的4年中，倭寇的小规模入侵行为时有发生。1227年，高丽政府向日本派遣使臣，提出严正抗议。日本方面回信对倭寇的侵略行为致歉，并提出双方建立友好通商关系的请求。此后30多年中再无倭寇出没的记录，倭寇入侵行为就此销声匿迹。[1] 这也表明当时高丽王朝海洋势力强大，对倭寇有压倒性的优

---

[1] ［韩］罗钟宇：“红巾军与倭国”，《韩国史》1994年第20卷，第395—398页。

势。1260年，小规模、零散的倭寇入侵行为再次出现。至日本南北朝时期南朝溃兵败将多流亡海上为寇，倭寇势力迅速扩张，1350年后，侵略的频度和规模都大大增加。据统计，从1323年—1422年约百年时间里，倭寇侵扰朝鲜382次。[①]为防御倭寇入侵，高丽王朝开始实施空岛措施。首次记录高丽王朝末期空岛措施的是朝鲜王朝时期编纂的地理书籍《新增东国舆地胜览》，其中提及实施空岛措施的岛屿主要有南海岛、巨济岛、珍岛、押海岛、长山岛、黑山岛等等。一些岛屿的空岛化时间也有具体记载，如巨济岛是1271年、[②] 珍岛是1350年、[③] 南海岛是1351年—1374年，[④] 其他岛屿未有明确记载。[⑤]

也有学者认为高丽王朝末期空岛措施的背景与三别抄势力有关。空岛措施实际上的发端是对抵抗元朝的海上势力进行镇压而采取的措施。1231年，元朝开始集中对高丽发起攻击，国王和王室迁都江华岛。为征服江华岛高丽政府，元朝1256年开始攻打岛屿。1258年，高丽崔氏被推翻，国王臣服于元朝。西南地区的海上势力三别抄不服元朝统治，发动抗元战争。1270年5月，高丽政府迁都开京。三别抄势力不支持高丽政府"出陆还都（开京还都）"的做法，高丽政府要求三别抄解散，双方关系破裂，三别抄势力南下。三别抄势力从江华岛到珍岛再转移到济州岛的3年期间，以珍岛为根据地公开另立高丽政府。1273年5月，元朝占领济州岛，三别抄势力抗蒙战争失败。三别抄被彻底镇压之后，西南海地区帮助和支持三别抄的海上势力都被打上非法势力的烙印，遭到丽元联军的强力打击。被空岛化的岛屿很多已经设立了郡县，是传统海上势力的重要根据

---

① ［日］笠原一男：《日本史研究》，山川出版社，1975年版，第141页。
② 《新增东国舆地胜览》卷三二，巨济县·建置沿革。
③ 《新增东国舆地胜览》卷三七，珍岛郡·建置沿革。
④ 《新增东国舆地胜览》卷三一，南海县·建置沿革。
⑤ 《新增东国舆地胜览》卷三五，罗州·古迹。

地，高丽政府希望通过清空岛屿的方式来彻底根除海上势力。更为重要的是，随着倭寇再次兴起，高丽政府非常担心西南海上势力与倭寇的联手。①

可见，空岛措施的施行正是基于对三别抄势力和倭寇两个变数的考虑。然而，空岛化之后，高丽王朝强大的海上势力受到致命打击，曾经作为高丽王朝支柱的海洋势力呈现出空白状态，因活跃的海上活动而兴盛的高丽王朝暮气沉沉，走向衰败。倭寇则以空荡荡的岛屿为跳板，大举兴风作浪。

（2）明朝海禁政策的影响

海禁政策是明朝为消灭江南地区海上反叛势力、打击海盗及走私而采取的闭关锁国性质的基本国策。受到倭寇入侵的不只是朝鲜，明朝也频受其扰，对此明朝采取的是海禁政策。1369年3月，倭寇在山东、江浙、广东一带掳掠。朱元璋遣使赴日本交涉，要求征西将军怀梁亲王镇压倭寇。但怀梁亲王却将明使杀害，此后倭寇活动更加猖獗。怀梁亲王还派兵暗助左丞相胡惟庸谋反，1387年，谋反事件败露，朱元璋愤而断绝与日本贸易，对日本"闭绝贡路"，实行海禁政策，剿杀倭寇。明朝海禁时期，朝贡和政府贸易是对外贸易的主要方式。朝鲜王朝通过陆路遵守明朝确立的朝贡体制，积极迎合明朝的海禁政策。而海洋是日本与明朝、朝鲜开展贸易活动的唯一通道，因此，海禁政策受到冲击最大的是日本。明朝的海禁政策另一个主要目的是遏制江浙一带集结的海上势力对明朝政权的威胁。这与高丽王朝末期空岛措施镇压西南海地区海上势力和倭寇入侵的原因是相似的。朝鲜王朝继承高丽王朝末期的空岛措施，追随明朝的海禁政策，两者相互作用导致朝鲜王朝走上了闭关锁国的道路。

2. 空岛和海禁政策的实施

---

① ［韩］姜凤龙："韩国海洋史的转变：从海洋时代走向海禁时代"，《岛屿文化》2002年第20辑，第41页。

朝鲜王朝建立之后，进一步全面强化空岛措施，将其从"措施"提升为国家"政策"，即空岛政策，规定未经官方允许私闯岛屿者将根据法律获得受刑 100 杖的处罚，甚至有人主张将躲避或藏匿于岛屿的人定刑为叛国罪，以强化管理效能。朝鲜王朝实施空岛政策的目的与高丽王朝末期截然不同。朝鲜时期的海洋已经处于衰退状态，靠海谋生的海洋人口数量大为减少，对他们进行警戒和镇压没有太多意义。此时实施空岛政策更多地是为了体现朝鲜朝廷将所有居民都置于国王的控制和保护之下的统治理念。对于朝鲜王朝来说，岛屿只是观念上作为朝鲜领土的存在，原则上不是国王所要控制和保护的对象，也排除在行政编制之外。因此，居民进入岛屿意味着脱离国王统治权的控制范围，会受到逃离罪或叛国罪等相应的惩罚。朝鲜王朝的空岛政策一方面是继承和发展了高丽王朝末期的空岛措施，另一方面是追随明朝海禁政策的结果。强力推行空岛和海禁政策，使朝鲜王朝海外贸易大规模萎缩，海上活动进入停滞时期。

倭寇的入侵直接导致明朝和朝鲜王朝采取海禁政策，而海禁政策又反过来抑制了日本的对明、对朝贸易的开展，日本被孤立于东亚贸易体系之外。一部分日本人充当倭寇以非法掳掠的方式满足对外贸易的需求，而当时东亚地区缺乏能够遏制倭寇肆虐的海上势力。以前主导海上贸易、起到缓冲作用的岛屿和沿岸地区的海上势力遭到明朝和朝鲜王朝海禁政策的镇压，威力大大衰退，以至于丧失抵御倭寇的能力，他们中的一些人甚至沦落为海盗。可见，倭寇的泛滥具有其复杂的历史背景。

海禁时期，朝鲜王朝的海洋防卫意识发生很大变化。为抵御越发猖獗的倭寇，朝鲜太祖年间（1392 年—1398 年）一方面增强沿岸水军力量，另一方面在沿岸地区筑起城墙，建立烽燧制。太祖在位期间，倭寇慑于其威名，不敢骚扰朝鲜。太祖去世后，倭寇再度兴起。于是太宗年间（1400 年—1418 年）以沿岸水军镇和烽燧制为基础积极构建新海防体制。新海防体制即抛弃海洋和岛屿，以陆地防御为主、以空岛和海禁为政策基调的海防体制。不在岛屿设置防御设施表明朝鲜朝廷抛弃岛屿和海洋、死守陆地的意图。朝鲜凭借新海防体制有力地抵御了倭寇的入侵，但是对于倭寇以岛屿为跳板的间歇性袭扰却束手无策。

新海防体制所体现的海洋防卫意识与统一新罗和高丽王朝时期的海洋防卫意识大不相同。统一新罗时期建成的感恩寺、张保皋设立的清海镇、高丽王朝时期在元兴镇（咸镜南道的定平）和镇明镇（元山）设立的水军基地等，这些海防措施实施的目的是以陆地为基地，加强对沿岸地区、广阔海域的防卫能力，保持海上贸易航路畅通，为海上活动提供坚实的保障。其范围既包括陆地，也包括附近岛屿和海洋。而朝鲜王朝时期的海防体制却将岛屿和海洋排除在外，只局限于保护陆地安全，充分体现其对岛屿、海洋漠不关心的封闭和落后的海洋意识。

1419年初，约50多艘倭寇船入侵朝鲜。世宗大王决心主动进攻，荡平倭患。6月，又有190多艘倭寇船准备进犯朝鲜。为了将倭寇的势力连根拔除，世宗大王决定趁倭寇尚未准备好，主动向倭寇的根据地——对马岛发起进攻。6月19日，在朝鲜三军都体察使李从茂的指挥下，227艘兵船分别承载1.7万兵力向巨济岛进发，开始讨伐对马岛。讨伐军重创倭寇的根据地，救出很多俘虏。倭寇首领被迫投降，保证不再骚扰朝鲜。李从茂接受了他的投降，于7月3日返回巨济岛。李从茂的对马岛讨伐是朝鲜历史上唯一一次主动进攻日本。此后，朝鲜王朝的"海禁时代"正式拉开帷幕。通过陆路向明朝派遣使臣，成为明朝的朝贡属国，在文化上以"小中华"（中华第二）自居，认为海洋对面的其他国家的居民统统都是野蛮人。至此，朝鲜王朝在文化上陷入自闭主义，在政策上标榜锁国主义，但排斥海洋的态度也使其失去了通过海洋获得文化多样性的机会。①

(二) 海禁政策的持续和强化

朝鲜王朝为固守海禁政策，不仅构建新的海防体制，还通过允许限制性的贸易活动、甚至诉诸武力等方式抵御海上外来入侵行为。从采取措施来看，整体上趋向保守。

1. 倭乱与朝鲜对日贸易萎缩

对马岛位于日本和朝鲜之间，是日本和朝鲜贸易的重要中介。对马岛几无可耕之地，其获利的重要来源是利用自己优势地理位置发展对朝贸易。1419年李从茂讨伐对马岛后，为了减少倭寇的入侵，世宗时期朝鲜采取各种怀柔政策，重点是赋予对马岛的岛主特殊权限，建立起限定通商体制。限定通商体制不是抛弃海禁政策，而是通过限定最小化的通商窗口，更好地维持和强化海禁政策。但是这种对日限定通商政策与日本尽可能扩大对朝贸易的需求无疑是冲突的。

朝鲜朝廷对与日本通商者制定多重限制政策。例如，朝鲜朝廷给通商有功之臣或希望与朝鲜贸易的日本人颁发图书，即授图书制度；给日本通商负责人发送书契；给马岛岛主颁发身份证明书——行状、渡航证明书——路引、文引等；为控制在近海捕鱼的日本人，制定了捕鱼、收税规定；将日本人能够进出的港口限定在三浦，即釜山浦（今釜山镇）、荠浦或乃而浦（今镇海市熊川洞）、盐浦（今蔚山）等等。通过一系列努力，朝鲜王朝逐步确立起对日通商体制，使倭寇势力迅速转变成两国间和平的通商者，并将他们的往来纳入到制度框架之下，以期系统地进行控制。

1443年，朝鲜王朝和日本的不同利益得到调和，签订《癸亥条

---

① [韩] 姜凤龙：《刻在海洋上的韩国史》，韩尔媒体出版社，2005年版，第237页。

约》。《契亥条约》有两个要点：第一，每年赏赐对马岛主200石米和豆（岁赐米豆）。第二，对马岛主每年可以派遣50艘商船（岁遣船），如果发生意外事故，在已经确定的数量之外可以加派特送船。《契亥条约》是朝鲜王朝前期对日通商体制的基本条约，日后朝日间订立的条约都将其作为蓝本。

成宗时期以来，朝鲜王朝更加严格控制对日贸易。特别是燕山君时期边防管理者强横无理对待日本人的事件频发，日本人的不满渐渐增多。其中燕山君时期日船的海盗行为和居住在三浦的日本人放火事件之后，朝鲜朝廷对日本人的控制进一步强化，日本的掳掠行为也随之增加。1510年，朝鲜军队误杀4名"恒居倭人"（长期居住在朝鲜的日本人），荠浦、富山浦、熊川三地的"恒居倭人"在对马岛主的带领下发动暴乱，暴乱以朝鲜胜利而告终，史称"三浦倭乱"。三浦倭乱导致三浦倭馆关闭，致使朝日断交。1512年，经对马岛主多次交涉，朝鲜与日本签订《壬申条约》。《壬申条约》规定，不允许倭人在三浦居住，同意再开荠浦一港同日本贸易。对马岛主的岁遣船从原来的50艘减少到25艘，岁赐米豆从原来的200石减少到50石。与三浦倭乱之前的条约相比，三浦倭乱之后，朝鲜王朝更加严格控制对日通商，贸易规模大幅度减少。对马岛主不断派遣使臣要求增加岁遣船的数量，最终朝鲜朝廷同意增加5艘，共计30艘。

1544年，日船20余艘分乘200多名对马岛民侵袭蛇梁津（今庆尚南道统营郡蛇梁面），爆发蛇梁津倭乱。与三浦倭乱相比，蛇梁津倭乱带有无组织的掳掠性质，朝鲜朝廷借此采取与对马岛断绝通商的措施。此后，幕府三番五次请求通商，在对马岛主的恳请下，3年后的1547年签订《丁未条约》，再次允许通商。《丁未条约》比《壬申条约》对通商的限制更加严厉，并明确规定违反条约应受的处罚。虽然朝日勉强重启通商，但两国关系却是如履薄冰。

16世纪中期，日本国内统治势力室町幕府实力衰弱，无力阻止倭寇的侵略行为，倭寇趁机摆脱其控制，在明朝和朝鲜王朝的沿岸地区肆意侵略和掳掠。蛇梁津倭乱之后到明宗末年，倭寇入侵30次，其中给朝鲜王朝造成最大冲击的是1555年的乙卯倭乱。乙卯倭乱之后，朝鲜朝廷对倭寇更加强硬，设立备边司（朝鲜时期处理军务的官衙），强化对日贸易活动的管理，对对马岛主的贸易限制更加严格。

2. 海战与海禁政策的持续

1590年，丰臣秀吉结束了日本从1467年应仁之乱起长达一百多年的战国时代，统一日本列岛。为了平息国内武士对土地分封不均的不满，开始积极准备对外发动战争，获得更多土地。此时，朝鲜王朝已"人不知兵二百余年"，长期的和平导致武备松弛，全国300多郡县大多数没有设防。而朝鲜国内政治日趋腐败，党同伐异，相互倾轧。1591年3月，日本派使臣僧侣玄苏通告朝鲜王朝一年以后日本将"假道入明"。6月，对马岛主宗义智到达釜山浦再次通告说，如果朝鲜不配合日本远征明朝，就首先攻打朝鲜。但长期的和平使朝鲜执政者对日本的通告半信半疑，他们对海洋漠不关心到无知的程度，认为日本无法渡过茫茫大海，战争不可能发生。这种安逸的思想一度在朝野蔓延，应对战争的准备被一拖再拖。1592年3月，日本丰臣秀吉派十几万大军进犯朝鲜。4月14日，从釜山浦登陆，20天后的5月3日占领汉阳，60天后的6月13日渡过大同江占领平壤。在朝鲜国王的请求下，明朝出兵援助，开始了长达7年的援朝抗日战争，这就是朝鲜历史上的万历朝鲜战争，也称壬辰倭乱、壬辰卫国战争等等。

日军登陆以后，全罗左水使李舜臣率领水军展开一连串的反击，并获得明朝的援助，逐渐在海战中掌握了主动权。李舜臣是1591年2月13日担任全罗左水使，任职后首先巡视防踏镇、蛇渡镇、吕岛镇、钵浦镇、鹿岛镇等5个镇，严明纲纪，宣布对抗民者施以重罚。1592年3月下旬，李舜臣将左水营前的铁锁架设完毕，4月11日，龟船建造完成，此时距离日军进攻釜山浦不过几日。5月4日，李舜臣首次统率75艘战船驶出全罗南道丽水港，准备对日军发动进攻，在玉浦码头遭遇日军50艘战船。依照日军的经验，朝鲜水军一见到日军接近便会弃船而逃。因此，这股日军大意轻敌，在接近全罗左水营的过程中，还顺便登陆掠夺和杀害平民百姓。5月7日，朝鲜水军突袭日军，日军被杀个措手不及，折损26艘战船。5月7日下午，李舜臣在合浦（昌原市龟山面南浦里）海面又歼敌5艘战船，2天后在赤珍浦（统营市光道面赤德洞）海面再歼敌7艘，凯旋丽水。玉浦海战是壬辰战争爆发以来，朝鲜军队的首场大捷，极大振奋了朝鲜军民抗敌的决心，朝鲜水军控制了这片海域，从此日军向朝鲜半岛输送兵力和粮食辎重遭遇阻力。

1592年5月27日，日军向庆尚南道的泗川发动进攻，李舜臣获得消息后，第二次率军出征，5月29日，在泗川海湾遭遇12艘日船。李舜臣假意撤退诱敌追击，结果日军中计出动战船，李舜臣下令迎击，12艘日船全军覆没。这次战役之后，日军再不敢主动进攻，转而采取防御和偷袭的方法。

6月2日，李舜臣率领朝鲜水军主动出击，两面包抄并全歼在唐浦港内停泊的21艘日船。6月4日，李舜臣与全罗右水使李亿祺会师，并于6月5日清晨共同率领51艘战船，进攻固城唐项浦海湾内的26艘日船，歼灭25艘，故意放走一艘。当晚，这艘自认劫后余生的日船接载岸上日军，计划于6月6日凌晨逃走，朝鲜水军设下埋伏，歼灭该艘日船。6月7日，朝鲜水军再度出击，全歼栗浦的7艘日船。唐浦海战、固城海战和栗浦海战使日本水军受到沉重打击。

然而日军并未放弃，而是决心重新集结兵力，与朝鲜水军决一死战。7月7日，两军在闲山岛附近水域展开决战，朝鲜水军全歼61艘日船，赢得闲山岛大捷。闲山岛海战成为万历朝鲜战争中的转折点，朝鲜重新控制南部海岸一带，日军只剩下釜山这一运输军事物资的桥头堡。8月24日，朝鲜166艘战船从全罗左水营集结出发，

25日与右水营集合组成联合舰队，29日到达洛东江下游。9月1日凌晨，朝鲜联合舰队向加德岛进发，沿途在花樽龟尾击破敌船5艘、多大浦8艘、西平浦9艘、绝影岛2艘，共24艘敌船，到达釜山浦（釜山市沙下区多大洞）。10月，日朝双方在釜山浦展开日军第一次入侵后的最后一场海战，停泊在釜山浦码头附近的日船多达470艘，且做好防卫准备，双方水军激烈对战，均损失惨重。1593年7月，为在庆尚道阻断敌船的通行，李舜臣将水营从丽水迁至韩山。此后，双方进行几场小规模的登陆战，如熊浦海战（1593年3月3日—4月3日）、唐项浦第2次海战（1594年3月4日）、长门浦海战（1594年9月29日）等代表性海战。

李舜臣封锁对马海峡和朝鲜海岸，切断日军的补给线，加上朝明联军的陆路攻势，丰臣秀吉被迫派使节赴北京城议和，被中国封为日本国王，双方停战。1597年1月，丰臣秀吉施反间计诬陷李舜臣。得知反间计成功后，立刻于2月21日，再度下令集结力量，3月日军再次入侵朝鲜。朝鲜首先向明朝请求援助，6月初，5万多明军入朝分布在南原、星州、全州、忠州等陆上交通要塞。然而在8月的漆川梁海战中，朝鲜水军几乎全军覆没，只剩下12艘战船。大敌当前，朝鲜国王被迫重新启用李舜臣为三道水军统制使。李舜臣利用鸣梁海峡特殊的地理特征，以12艘战船击退日军300多艘战船，消灭日军8000多人，鸣梁海战大获全胜，彻底摧毁日军的海上攻势。1598年9月，丰臣秀吉病逝，日军计划全面撤退。李舜臣与中国将领邓子龙发动了万历朝鲜战争的最后一场海战——露梁海战，朝明联军焚烧并击沉日军战船500余艘，击毙日军上万人，给日军歼灭性的打击。[1]

万历朝鲜战争以朝明联军成功抵抗日军侵略而结束，将士们保家卫国、浴血奋战的爱国主义精神令人感叹。然而战争的胜利并未

---

[1] ［韩］尹明喆：《韩国海洋史》，学研出版社，2008年版，第369—371页。

改变朝鲜闭关锁国的状态,反而客观上巩固了朝鲜宣宗的统治,他所推行的海禁政策也得到进一步强化。

3. 消极的与日和平谈判

日本侵略朝鲜引发的万历朝鲜战争将朝鲜、明朝与日本都卷入战争之中。这场战争对三个国家产生深刻的影响,中国实现了明朝和清朝的权力交替,日本开启了德川幕府时代,而作为这场惨烈战争主战场的朝鲜依旧维持战前的宣宗政权。

日本新集权者德川家康掌握大权后,急需与朝鲜恢复外交关系。1600 年,德川家康断然从朝鲜撤军,并授意对马岛主宗义智出面与朝鲜进行和平谈判。① 朝鲜对日本怀有强烈的愤慨和极度的不信任,断然拒绝了日本的请求。宗义智先后三次向朝鲜派遣的使臣,或被拘留或被处死,无一返还。但对于日本三番五次的请求,朝鲜渐渐出现松动,1604 年 9 月,朝鲜向日本派遣探贼使——松云大师,探听日本的具体情况,以判断是否恢复外交关系。从探贼使这一称呼可见朝鲜朝廷对日本的蔑视和不信任的态度。松云大师在对马岛受到玄苏和尚的热情接待,同意回国与朝鲜宣宗商议会晤德川家康一事。4 个月后,松云大师第二次到达对马岛,准备会晤德川家康。当时朝鲜和日本互相鄙视,朝鲜认为是自己将中华文化传给日本,所以代表文明,日本则是蛮夷。而日本认为真正的文明在明朝,朝鲜只不过是个通道,也是蛮夷。在这种思维定式之下,德川家康虽然急于和朝鲜建交,但为了在朝鲜使节面前夸耀自己的权威,让朝鲜人空等了很久才正式接见。1605 年 3 月,松云大师终于得以与德川家康会面,确认日本不再侵略朝鲜的事实,日朝间的和平谈判取得初步成果。

早在 1404 年朝鲜与日本建立外交关系时起,朝鲜就向日本派遣

---

① 对马岛几无可耕之地,主要在朝鲜和日本间作中转贸易获利。因此,当初对马岛先后两代岛主宗义调和宗义智都极力反对丰臣秀吉与朝鲜开战。日本和朝鲜开战断交后,对马岛赖以生存的贸易路线被切断,面临巨大的生存危机。因此,宗义智是当时全日本最期盼日朝复交的人。

通信使，日本向朝鲜派遣日本国王使，解决朝鲜国王与日本幕府将军之间的外交问题。万历朝鲜战争之前朝鲜总共派使节 65 次，日本总共派使节 5000 次。当时朝鲜派遣使节的目的主要是要求根除倭寇，日本派遣使节的目的主要是扩大通商实现经济需求。因此在使节派遣方面朝鲜态度消极，日本则态度积极。日本尽可能多地向朝鲜派遣使节，积极邀请朝鲜派遣通信使，并倾尽国力举行盛大接待仪式。1607 年，朝鲜朝廷派出了一支强大的使节团，前往江户庆祝德川幕府二代将军秀忠的继位。当时派遣使节团的正式名称为"回答兼刷还使"，主要任务是对日本方面恢复外交请求的"回答"和解决万历朝鲜战争时被日本抓获的大量朝鲜俘虏的索还问题。1617 年和 1624 年朝鲜再次派遣"回答兼刷还使"，都受到日本隆重的接待。

1636 年，第四次派遣的使节团不再只局限于"回答"和"刷还"，还参加庆祝幕府将军就职等活动，具有促进善邻友好关系的通信使的特征，是真正意义上的朝鲜通信使。此后，朝鲜向日本派遣使节 63 次，日本向朝鲜派遣使节 696 次。朝鲜对派遣通信使的态度仍不积极，只是对日本强烈要求通商的消极回应。朝鲜通信使的使节们访问日本各地，留下数万书画和诗文等作品，这些文化活动受到当地日本人的热烈欢迎。日本通过朝鲜通信使获得对先进文化的体验，并与来日的朝鲜通信使相呼应向朝鲜回派使节团，促进通商活动，获得实际利益。

日本对外通商的积极性不只局限于朝鲜。从 16 世纪中叶开始，日本与葡萄牙进行贸易往来，之后陆续与西班牙、荷兰、英国等欧洲国家开展贸易活动，欧洲传教士随之到达日本。16 世纪末 17 世纪初，基督教信徒达 50 万名。万历朝鲜战争中发挥威力的鸟枪也是模仿葡萄牙火绳枪并将其实用化的结果。由此可以猜想到欧洲文化和商品对日本的影响力。日本幕府认为传播基督教是欧洲领土扩张的一种手段，因而对基督教进行镇压，采取锁国政策。但日本幕府并未完全禁止与欧洲的贸易，只允许与宗教无关的荷兰开展通商活动，并限定从长崎和平户入港。与日本相比，朝鲜的锁国政策更加彻底。尽管日本与欧洲开展贸易，但对于朝鲜来说这是不可想象的。朝鲜不关心欧洲世界的存在，只信奉"尊华攘夷"，完全推崇与明朝的关系。朝鲜对日本开展贸易的态度消极也是出于这一原因。历经万历朝鲜战争后，朝鲜宣宗政权更加稳固，朝鲜丧失了从封闭的锁国政策转向开放的通商政策的机会，朝鲜通信使的派遣也遵循锁国政策的基调，是被动的、消极的。

朝鲜王朝从建国之初就关闭海洋门户，实行海禁政策和锁国政策。欧洲15—16世纪结束地中海时代，正式开始进军大西洋的大航海时代。当时中国与日本均采取有限开放政策，明成祖朱棣就曾于1405年至1433年间，派郑和7下西洋，日本也与荷兰等有限的欧洲国家开展贸易，但朝鲜王朝仍固守极端的海禁和锁国政策。经历日本的海洋侵略战争之后，倭寇侵略行为仍时有发生，朝鲜索性将海洋看作是危险的空间，禁止海上活动。朝鲜王朝虽然知道欧洲文化与商品具有优秀的一面，但还是认为他们是野蛮人，最终也未向欧洲开放。对于从海上来访的中国船只朝鲜王朝也不予理睬，甚至称之为"荒唐船"。当时世界已经开始进入海洋开放时代，朝鲜王朝严格的海禁政策使之沦为东亚三国中唯一一个完全封闭的国家。

4. 空岛政策的变化

朝鲜王朝前期海洋政策是空岛政策和海禁政策，通过彻底的封锁海洋推行闭关锁国政策。太宗至世宗年间，朝鲜设立了水军镇，构建新海洋防卫体系。但新海洋防卫的理念是抛弃岛屿和海洋，死守陆地，不断强化海禁政策。万历朝鲜战争后，朝鲜海禁和空岛政策基调仍未改变，抛弃岛屿和海洋的朝鲜防卫体系面临严重的问题。尽管实行强力的空岛政策，但是并不是所有岛屿的居民都无法生活。例如，济州岛最初是排除在空岛政策之外的，朝鲜王朝在济州岛设立三个编制：济州牧、旌义县、大静县，派遣地方官进行管理。江华岛等规模较大的、距离陆地较近的岛屿也有很多人不顾国家禁令入岛生活。维持空岛政策事实上是放弃国家对岛屿的控制权，偷偷生活在遥远岛屿的居民被看作是企图摆脱朝廷控制的非法滞留者。这些岛屿居民不仅是国家问罪的对象，也常受到倭寇的袭击，有的岛屿甚至变成倭寇的巢穴。为扭转这种不利状况，朝鲜朝廷也有人提出废弃空岛政策，主张在较大的岛屿设立郡县，承认居民居住合法性，在岛屿也设立类似沿岸地区的水军镇，以保护岛屿安全。但这一主张最终未被采纳，朝鲜王朝前期基本上严格执行空岛政策。

朝鲜王朝后期出现了空岛政策变化的契机。废弃空岛政策在岛屿设立水军镇的正式讨论始于肃宗年间，但是这种岛屿政策变化在万历朝鲜战争之后的宣宗时期就已显露端倪。1598年击退日本军队后，朝鲜仍时常受到倭寇的侵扰。倭寇海上入侵路线主要有两条：第一，五岛—三岛—青山岛—古今岛—加里浦；第二，对马岛—莲花岛、欲知岛—弥助岛、防踏镇。1600年1月，左议政李恒福针对倭寇以岛屿为跳板入侵的方式提出守护岛屿的主张。当时动摇朝鲜王朝海洋政策的不只是倭寇，中国的"荒唐船"（指海盗）也常常接近朝鲜西部海域，引起朝鲜的警觉。例如，1601年，全罗道观察使李弘老上疏说他目击到"荒唐船"在泗水岛和楸子岛等地出没，认为漕运的线路可能面临威胁（朝鲜王朝时期全罗道和平安道等地的粮食和租税经海上的"漕运"送往汉城）。依据《备边司誊录》，"荒唐船"在17世纪后期至18世纪更加猖獗。作为防范倭寇和"荒唐船"的对策，朝鲜国内对加强控制岛屿的讨论更为具体化，在岛屿设镇也步入实践阶段。

朝鲜王朝前期主要于1487年设立珍岛的南桃浦镇、1522年设立莞岛加里浦镇，其余大部分水军镇都是17世纪后期肃宗年间开始设立的。肃宗年间设立水军镇的岛屿主要有猬岛、古今岛、青山岛、黑山岛、古突出岛、薪智岛等等。朝鲜朝廷在水军镇驻扎军队，依据军队的不同规模分别派遣佥使、万户、别将等指挥官。他们除了履行守护岛屿等军事职责外，还兼任行政领导职务。朝鲜王朝后期允许居民在岛屿居住，在岛屿设立水军镇，意味着废止了空岛政策。以前通过非法途径进入岛屿生活的岛民被认定为合法居民，作为被海上侵略势力掠夺的受害者，岛民可以获得朝鲜朝廷的军事保护。

入岛合法化后，大量在陆地上生活贫困的人口移居岛屿，导致岛屿的人口急剧增加。水军镇的军队指挥官佥使不再只是单纯的军队指挥官，而是兼任控制和管理岛屿居民的职责。这些指挥官利用对岛民的管理权，大肆搜刮民财。水军镇的设立虽然使岛民获得了合法居民的地位，享有国家规定的义务和权利，但也无法摆脱佥使等指挥官的搜刮和国家繁重杂税的缴纳。岛民的疾苦不只这些，有权势者还以强迫的手段驱使岛民围海造田。朝鲜王朝后期，岛屿地区的围海造田工作都是源于岛民的艰辛付出。但围海造田的土地所有权并不属于岛民，而是经有权势者之手，最终演化为王室的私有土地。此外，设立水军镇后，岛屿产生新的功能，即充当犯人的流放地。以往朝廷都是将重刑犯流放到偏僻、边远的地区，那里虽然艰苦，但能够维持生活，流放地还设有监视罪犯的国家军事行政机构。但朝鲜王朝前期的空岛政策导致居民难以在岛上生存，也无法设置国家行政机构，因此，岛屿当时未被当作流放地。但是朝鲜王朝后期水军镇设立后，岛屿具备了设置国家行政机构的条件，开始被当作流放地。肃宗年间首次向岛屿流放罪犯时，所有人都认为这是"极其残酷的处罚"，主要是受岛屿是"人们无法生存的土地"这一认识的深刻影响。这种认识持续了很长时间，朝鲜蔑视岛屿和岛民的思想非常严重。

朝鲜王朝后期空岛政策的变化并未削弱和取消海禁政策，事实上设立水军镇反而更加强化了海禁政策。沿岸岛屿是倭寇等海上侵略势力进犯朝鲜的跳板，朝鲜朝廷在此驻军，本来目的就是为了有效阻止侵略势力接近朝鲜沿岸地区，加强海上封锁。

（三）海禁政策的最后固守与瓦解

1. 海洋通商论的兴起与幻灭

17世纪被派遣到明朝的朝鲜使节将从西洋传到明朝的西洋文化和商品引入朝鲜，但朝鲜朝廷坚持"朝鲜中华意识"，并不关心西洋文化，也没有与西洋人通商的想法。当时提出关心西洋文化，认为有与西洋通商必要性的都是民间实学派知识分子，而并未上升到国家政策层面。到了18世纪这一情况发生很大变化，英祖（1694年—1776年在位）、正祖（1777年—1800年在位）统治时期，朝鲜政界产生新的政治势力，政治风气焕然一新，对西洋文化的关心开始自然而然地扩散，海洋通商论也得到强有力的支持。

1770年，英祖重新评价朝鲜实学派创始人柳馨远，将其著作《磻溪随录》印刷发行。实学派南人蔡济恭也被提拔为宰相，牵制保守派势力，倡导进步的政治改革。蔡济恭果断实行"辛亥通共"措施，打破以前的禁令，允许小商人或小商品生产者的商业行为。此外，还实行一系列促进国内物资流通和政府贸易的措施。

正祖在此基础上更前进一步。他实行抄启文臣制度，在奎章阁提拔大量新官员。再派这些新提拔的官员出使中国江苏、浙江等地，了解到中国江南地区通过与西洋和日本文化交流和贸易往来实现繁荣的事实，认为朝鲜也应当参与到东亚贸易圈当中，为此首先强调要恢复废弃的海上航路，提高船舶制造技术。他们对西洋的技术、文化、宗教即西学非常关注，对天主教特别感兴趣，主张邀请西洋神父到朝鲜传教，让满载西洋商品的船只来朝贸易，呼吁朝鲜朝廷放弃长期固守的海禁政策，实施对外开放的通商政策。

正祖信奉儒学，崇尚程朱理学，并不支持天主教的传播。1785年，正祖以担心天主教将导致传统儒教秩序陷入混乱为由，将天主教宣布为邪教组织，并下达禁令。正祖年间曾发生了一系列逮捕天主教徒的事件，但并未演变为大规模的搜捕与镇压行动，因此，天主教处于不断发展之中。到1794年朝鲜天主教徒从4000名增加到一万多名，发展迅速。①

1762年，朝鲜发生思悼世子（庄献世子）被英祖活活饿死的事件，即壬午祸变。壬午祸变使朝廷分裂为"时派"和"辟派"。朝中同情庄献世子的为时派，支持英祖的为辟派。1776年，庄献世子之子朝鲜正祖继位，时辟党争更加激烈。1800年，正祖过世，年幼的纯祖即位，辟派终于掌权，朝鲜国内时派与辟派的政治斗争开始表面化，政治斗争爆发的突破口是天主教问题。1801年，朝鲜发生迫害天主教徒的事件，即"辛酉邪狱"。"辛酉邪狱"是朝鲜半岛历史上首次全面镇压天主教的政治运动，是辟派以铲除天主教为名义对时派进行的打击报复。随着政治权力的更替，以正祖为强大后盾积极实践海洋通商论的新势力被彻底摧毁，西洋的科学、技术等一切事物及思想遭到全面封锁和弹压，西学胎死腹中，极大地阻碍了朝鲜近代化的进程。

2. 海禁政策的最后固守

朝鲜王朝建立后，强力推行闭关锁国政策，经历严酷的历史考验。如果说倭寇的入侵和16世纪后期的大量倭乱的发生是考验的预演，那么19世纪后期开始蜂拥而至的帝国主义势力的入侵和朝鲜国家主权丧失是考验的终结。19世纪前期，当东亚国家固守锁国政策局限于方寸一隅之时，世界已发生巨大的变化。英、法、美、俄等国在工业革命的刺激下，大肆对外扩张，企图在全球范围内争夺原料产地和倾销市场，以满足国内经济发展的需要。1840年，英国发动鸦片战争，打开中国的国门，1854年，美国在黑船事件后迫使日本门户开放。朝鲜成为东亚地区唯一没有打开国门的"隐士王国"。早在18世纪末开始，西方船舶就频繁出没于朝鲜沿岸地区，朝鲜人

---

① ［韩］姜凤龙：《刻在海洋上的韩国史》，韩尔媒体出版社，2005年版，第314页。

怀着好奇、警戒的心情关注这些陌生船只的动向,称其为"异样船"。19世纪40年代,徘徊在朝鲜沿海地区的"异样船"大部分是英国和法国的军舰或商船,他们测量沿海航道、提出通商要求、就迫害天主教的行为向朝鲜朝廷施加压力。到了19世纪50年代,俄罗斯和美国的军舰和捕鲸船开始在朝鲜沿海地区出没。当时朝鲜国内外戚专权,朝野一片混乱。朝鲜朝廷未对"异样船"采取有效对策,只是下达海岸警戒令,禁止一般普通百姓与西洋人接触,当地的官吏或中央派遣的民情官可以接触西洋人,但规定与西洋人贸易是非法的行为,禁止与西洋人进行走私贸易。

在当时的势道政治下,朝鲜政局动荡,天主教成为朝鲜政治斗争的牺牲品。1839年,宪宗的外戚丰壤赵氏大肆捕杀天主教徒,发动了"已亥邪狱",趁机打压安东金氏和开放派(主要是潘南朴氏)的势力。"已亥邪狱"过程中,包括3名法国神父在内的50多人被斩首,60多人死于狱中。针对3名神父被斩首事件,法国于1846年、1847年两次向朝鲜出动军舰,引发严重的外交争端。1863年,哲宗去世后,李昰应之嫡第二子李载晃被选入宫中继承王位,是为高宗。高宗即位时年仅12岁,不能亲理政务,由李昰应辅助政务,号兴宣大院君,事实上掌握朝鲜政权。大院君对内实行新政改革,对外曾试图联合英法牵制俄国。在其执政初期,出于与英法建立联盟的考虑,对天主教采取比较宽容的态度。但是国内新政改革需要儒士们的支持,于是大院君重申天主教为"邪教",大力镇压天主教徒,这一态度变化表明当时的国内政治改革任务要比联合英法牵制俄国更为紧迫。1866年2月,朝鲜爆发"丙寅邪狱",杀死9名法国籍神父。此后全国对天主教的镇压长达7年,期间牺牲的神父达8000多人。[①]"丙寅邪狱"后,大院君在对外政策上极端排斥西方,采取闭关自守的锁国政策。

---

① 《韩国天主教年鉴》,韩国天主教中央协会,1956年版,第244页。

"丙寅邪狱"给觊觎朝鲜已久的法国以极好的借口,法国决定以此为契机大举入侵朝鲜,打开朝鲜的国门。早在18世纪80年代,法国远东探险队就闯入朝鲜济州岛和郁陵岛,测量朝鲜南部沿海航道。19世纪30年代,法国天主教传教士潜入朝鲜传教。1839年,朝鲜发生"己亥邪狱",8年后,法国以此事件中法国传教士被杀为借口,准备武装侵略朝鲜,但因军舰触礁而作罢。19世纪50年代,法国商船出没济州岛一带,法国士兵也曾公然入侵朝鲜海岸地区,烧杀抢掠。1866年10月,法国入侵朝鲜的"丙寅洋扰"(法国舰队侵犯江华岛的事件)全面爆发。法国占领江华岛,逼迫朝鲜对遇害法国传教士进行赔偿、惩办带头镇压天主教的官员以及派出全权代表与法国谈判并缔结通商条约。但朝鲜人民并未丧失斗志,奋勇抵抗,"丙寅洋扰"最终以法国失败、朝鲜胜利而告终。然而经历这次战争后朝鲜并未有所觉醒,主动对外开放,跟上世界潮流,反而更坚定了大院君实行锁国政策的决心。他曾在"丙寅洋扰"期间书写下"洋夷侵犯,非战则和,主和卖国"这十二个大字,以表心迹。经过了"丙寅洋扰"之后,朝鲜锁国攘夷的气势进一步高涨。[1]

继法国入侵朝鲜的"丙寅洋扰"之后,1871年5月,美国为了追究1866年"舍门将军号事件"的责任及以武力胁迫朝鲜打开国门,发动了"辛未洋扰"(美国军舰侵入江华岛的事件)。[2] 早在19世纪30年代,美国就对朝鲜产生兴趣,考虑与朝鲜贸易的可能性。1845年2月,美国众议院议员、海军委员会负责人普拉特向众议院提交"开放朝鲜案",但因美墨战争爆发而被搁置。1852年,一艘美国商船首次出现在朝鲜半岛,停泊在东莱府的龙塘浦。但朝鲜实行闭关锁国政策,大院君摄政后,锁国政策进一步强化,坚持与朝鲜通商的美国最终于1871年发动"辛未洋扰"。在朝鲜军民的顽强

---

[1] [韩]金源模:"丙寅洋扰、辛未洋扰和朝鲜的应对",《海洋帝国的侵略和近代朝鲜的海洋政策》,韩国海洋战略研究所,2000年版,第28页。

[2] [韩]金源模:《近代韩美关系史》,哲学与现实出版社,1992年版,第357页。

抵抗下，美军撤退到海上，与朝鲜朝廷通信要求其打开国门。为表明坚决抵抗美国入侵的决心，大院君下令将他在"丙寅洋扰"期间书写的"洋夷侵犯，非战则和，主和卖国，戒我万年子孙"的字样刻在石碑上，称为"斥和碑"，竖立在汉城的大街小巷，排外情绪达到顶峰。"辛未洋扰"的胜利体现了朝鲜捍卫主权和尊严的决心，但朝鲜落后的锁国政策得到空前强化，朝鲜民族再次丧失自主开放的历史机遇。

3. 被迫开港

17世纪以来，日本和朝鲜通过通信使和岁遣船实现有限交往。1868年明治政府成立后，希望朝鲜打开国门，扩大日朝通商。但当时朝鲜厉行锁国政策，又发生书契相持、倭馆拦出等事件，日朝关系一度非常紧张，以武力打开朝鲜国门的"征韩论"在日本迅速蔓延开来。[①]但当时明治政府忙于应对内政及与中、俄的外交纠纷，无暇兼顾朝鲜。直至1874年日本征台结束后，才腾出精力解决朝鲜问题。此时朝鲜国内政局发生变动，1873年，高宗亲政，大院君下台，而闵妃事实上掌握朝鲜政权。闵妃倾向开放国门，但下台后的大院君仍积极参与朝政，主张闭关锁国，朝鲜内部斗争十分激烈。在这种情况下，日朝秘密和谈进展不大。为尽快打开朝鲜国门，1875年9月，日本对朝鲜展开炮舰外交，发动"云扬号事件"。1876年2月，朝鲜与日本签订不平等的《朝日修好条规》，即《江华岛条约》。《江华岛条约》是近代朝鲜和外国签订的第一个不平等条约，它意味着朝鲜从1392年建国开始实行的海禁和锁国政策的瓦解和被迫门户开放，成为朝鲜沦为半殖民地、殖民地的起点。根据《江华岛条约》第四款，1876年，朝鲜首先开放釜山港。此后，1880年，开放元山港，1883年，开放仁川港。

1882年4月，朝鲜和美国签订了《朝美修好通商条约》，美国

---

① [韩]李炫熙：《征韩论的背景与影响》，大旺社，1986年版，第45—55页。

成为欧美列强中第一个打开朝鲜国门的国家,标志着朝鲜最终全面开放门户。此后,英国(1883年)、德国(1883年)、法国(1884年)、意大利(1884年)、俄国(1886年)、奥匈帝国(1892年)、丹麦(1902年)、比利时(1902年)等国接踵而至,与朝鲜签订类似条约,严重破坏了朝鲜的主权。但门户开放客观上也使朝鲜开始接触西方先进科技和文化,促进了朝鲜民族意识的觉醒。

此后,朝鲜在开化与保守之间徘徊,成为帝国主义势力扩张时代的牺牲品。1894年甲午战争后,日本胁迫中国签订《马关条约》,条约规定中国承认朝鲜"完全无缺之独立自主",实际上是让中国承认日本对朝鲜的控制。1897年,朝鲜国王高宗李熙在日本的挑唆下将国名改为"大韩帝国"。1904年—1905年日俄战争后,两国签订《朴茨茅斯和约》,日本将俄国势力驱逐出朝鲜半岛。1905年11月,在日本的威逼之下,日韩签订《乙巳保护条约》,日本控制了朝鲜外交权。1907年7月,日本强迫高宗退位,纯宗继位,签订不平等的《丁未七条约》,朝鲜高级官吏任免等内政大权完全落入到日本手中。1910年8月,朝鲜被迫签订《日韩合并条约》,沦为日本殖民地。长期的闭关锁国使朝鲜国力日渐衰弱,最终在中、日、俄、美等国势力的此消彼长与残酷的竞争中丧失了国家主权。

四、韩国海洋意识的复兴与强化

(一)韩国对开放海洋意识的重塑

二战后,朝鲜半岛摆脱了日本殖民统治,但却陷入南北分裂的状态。1948年,朝鲜半岛北部建立起"朝鲜民主主义人民共和国",南部成立了"大韩民国"。分裂之初,韩朝双方都试图主导朝鲜半岛统一，最终在1950年6月25日爆发朝鲜战争。9月15日，以美军为首的联合国军在仁川登陆，开始大规模反攻。10月25日，中国人民志愿军应朝鲜请求赴朝，与朝鲜并肩作战，战事陷入胶着状态。1951年7月10日，中华人民共和国和朝鲜方面与联合国军的美国代表开始停战谈判，经过多次谈判后，终于在1953年7月27日签署《朝鲜停战协定》。《朝鲜停战协定》在朝鲜半岛北纬38度附近划定了一条军事分界线，在陆上将韩朝双方分开。1953年8月30日，美国联合国军总司令马克·韦恩·克拉克（Mark W. Clark）"单方面"划定了一条海上分界线，即"北方界线"（NLL：Northern Limit Line），用以在海上隔离韩朝双方。停战后，韩朝分别依据自身的条件进行国家建设。朝鲜陆地南部被美韩军事封锁，海上也几乎全部在美军强大的海军和空军的控制之下，朝鲜没有足够的军事力量向南突破重围，于是选择面向大陆的发展方向，加强与意识形态相同的陆上邻国中国和苏联的关系。军事分界线的分隔使韩国无法实现在陆地上的"北拓"，这反而促使独立后的韩国迎来了走向海洋的新契机。

韩国对海洋的认识和实践随着国内外政策的调整而不断发生着变化。建国之后，韩国国内政治局势动荡，军事政变接二连三，难以顾及对外事务，始终未能制定出明确的对外战略。20世纪60年代初，朴正熙通过军事政变夺取韩国政权。他以强有力的军事手段实现了国内政治局势稳定，继而提出"贸易立国"的口号，实行外向型经济发展战略，这意味着韩国正式启动海洋开放政策。当时受到东西方两大阵营对峙的影响，韩国与意识形态对立的中国尚未能实现相互承认，致使韩国丧失了历史上与中国海上往来的传统，未能面向黄海打开大门。在与中国贸易中断的情况下，韩国将主要贸易对象国确定为日本和美国，因而，韩国的大规模工业园区和大型港湾设施都主要集中在东南海岸。20世纪90年代，韩国国内政治由威权主义向政治民主化转型。在对外关系上，中韩实现了关系正常化，于1992年8月24日建交，两国间的贸易规模以几何级数迅速增长，人员往来与文化交流日益频繁。与中国实现关系正常化后，韩国海洋战略的重心从倾向东部、东南海域，迅速向西部、西南海域平衡，实现了东、南、西三大海域全面均衡发展。

随着冷战的结束，世界步入急速开放的时代。政治壁垒的打破使东北亚以及全球的海洋贸易步入一个全新的时期。1982年12月10日，《联合国海洋法公约》颁布，1994年11月16日，正式生效。《联合国海洋法公约》引发世界各国对海洋问题的重视，海洋被视为"第二领土"，21世纪亦被称为"海洋世纪"。历史上，朝鲜王朝时期，海洋被看作是天然屏障，以陆地为中心的封闭的历史形成了鄙视海洋的风气。如今，面对开放的海洋时代的到来，韩国政府积极行动，带领国民反省消极的海禁政策，强调对统一新罗—高丽时期海洋开放思想的研究，开发开拓海洋的张保皋、守护海洋的李舜臣等历史人物的历史能量，重视海洋文化遗迹的发掘、保存、复原，形成生动的海洋史教育资料，意图再次唤起国民对海洋的关心，倡导国民树立亲近海洋的思想，培养国民开放、积极进取的精神品质，并努力探索迈向海洋与保护海洋两相兼顾的有效途径。

（二）韩国对开发利用海洋意识的强化

1. 韩国发展海洋经济的条件

韩国是半岛国家，位于亚洲大陆东北部朝鲜半岛南部。韩国东、西、南三面环海，管辖海域面积44.3万平方千米，专属经济区和大陆架面积为34.5万平方千米，海岸线长12733千米，3358个岛屿，海洋总面积是陆地面积（9.9万平方千米）的4.5倍。韩国滩涂面积居世界第五位，约2849万平方千米（是2008年韩国面积的2.5%）。东海岸是清净的海域和天然海水浴场，西海岸是广阔的滩涂，南海岸是众多海湾与小岛的里亚式海岸和美丽的多岛海。

韩国具有发展海洋渔业得天独厚的自然条件，其所在的北太平洋渔场南侧是寒流与暖流的交汇之处，适合鱼类的生存和繁殖，鱼类资源非常丰富。韩国具有专属开发权的太平洋深海地区——Clarion – Clipperton 地区（简称 CC 区）蕴藏着丰富的海底矿产资源锰结核，年开采量 300 万吨，能开采 150 年。韩国在领海和专属经济区内加紧对石油、天然气、天然气水合物的调查和研究，已发现东部海域埋藏着 8—10 亿吨天然气水合物，可供使用 30 年。西部海域潮汐能源储量约为 650 万千瓦，郁陶项等地的潮汐能约为 50—100 万千万。据推测，韩国每年海洋生态系统的经济价值约有 100 万亿韩元。[①] 随着海洋开发技术的不断提高，未来可供利用的海洋能源和渔业、矿物资源将更为丰富。

韩国所处地理位置优越，位于世界第二和第三经济大国中国与日本之间，与推动西伯利亚大型项目开发的俄罗斯远东地区邻近，是形成中的东北亚经济圈的中心。韩国实行外向型经济发展战略，99.6% 的进出口货物都通过海上运输，海洋运输及与海洋运输有关的造船等产业发达。

因此，韩国具备发展海洋经济的优越条件，海洋开发在韩国国家发展战略中占有重要地位。

2. 韩国加强传统海洋资源的开发与利用

自建国以来，韩国就对周边海域的动向颇为关注，其中一个重要原因是海洋资源开发问题。朝鲜半岛南部海域是日本暖流（黑潮）与海洋底层冷水交汇处，渔业资源特别丰富。1952 年 12 月 12 日，韩国制定了《渔业资源保护法》。20 世纪五六十年代，受到有限的科技开发水平的制约，韩国海洋资源开发重点是渔业资源，主要产业是捕捞业。70 年代，捕捞业所占比重有所下降，水产养殖业迅速发展，水产品加工业开始起步。80 年代，水产养殖业成为增长较

---

① 韩国国土海洋部：《第二次海洋水产发展基本计划》，2010 年 12 月，第 27 页。

快、获利较高的行业。90年代，水产加工业达到历史高峰，但捕捞业所占比例仍超过半数以上。为了强化水产资源开发力量和扩大水产企业进军海外，2009年，韩国制定《第一次远洋产业综合发展计划》，扩大了养殖、加工与流通等外延，积极发掘新产业，修订水产企业进军海外存在的不足。2013年12月，韩国制定《第二次远洋产业综合发展计划》，推动远洋渔业基地水产品生产与供给的专门化。例如，太平洋专门提供所罗门金枪鱼，南美专门提供秘鲁鱿鱼，非洲专门提供拉斯帕尔马斯黄姑鱼等。

更为重要的是韩国周边海域还蕴藏着数量可观的石油和天然气。20世纪70年的两次石油危机、90年代的海湾战争、最近的伊拉克战争都使国际石油供给的不确定性增多，世界范围内对石油的竞争更加激烈。如表1—1所示，韩国在世界石油进口国中排名第5位，在世界石油消费国中排名第8位。可见韩国石油对外依存度非常高，几乎全部依靠海外进口。能否实现自主石油开发直接关系到韩国的国家安全，因此，韩国在从中东等地进口石油的同时，也全力推进大陆架能源的开发。

韩国对大陆架能源的开发分为四个时期。

第一时期是20世纪60年代，陆上勘探期。1959年，韩国国立地质调查所最早在全南、海南一带进行勘探。1964年至1977年，韩国在浦项地区进行勘探，未发现石油。

第二时期是70年代，通过外国公司勘探期。1970年1月1日，政府颁布《海底矿物资源开发法》，开始正式对国内大陆架进行勘探。70年代，韩国完全依靠引进外国石油公司的资本和技术进行勘探。1976年至1981年，继续考察庆南、全南地区埋藏石油的可能性。

表1—1 2014年韩国石油供需情况表①

2014年消费量 单位：千b/d			2014年生产量 单位：千b/d			2014年纯进口量 单位：千b/d		
顺序	国家	数量	顺序	国家	数量	顺序	国家	数量
1	美国	19035	1	美国	11644	1	美国	7391
2	中国	11056	2	沙特阿拉伯	11505	2	中国	6811
3	日本	4298	3	俄罗斯	10838	3	日本	4298
4	印度	3846	4	加拿大	4292	4	印度	2951
5	巴西	3229	5	中国	4246	5	韩国	2456
6	俄罗斯	3196	6	UAE	3712	6	德国	2371
7	沙特阿拉伯	3185	7	伊朗	3614	7	法国	1615
8	韩国	2456	8	伊拉克	3285	8	新加坡	1273
9	德国	2371	9	科威特	3123	9	西班牙	1205
10	加拿大	2371	10	墨西哥	2784	10	意大利	1079
		109057			178756	纯进口量是指消费量中扣除生产量的数值 资料：BP统计2015年6月		
资料：BP统计2015年6月			资料：BP统计2015年6月					

第三时期是80—90年代，自主石油开发基础形成期。1979年3月3日，韩国石油公司成立，1983年，开始自主物理勘探石油。70年代末和80年代初，韩国全部撤销外国租矿权。80年代中期之后，韩国石油公司主导推动石油勘探。1997年，韩国确定可能有3个大规模沉积盆地蕴藏石油（西海、济州、郁陵盆地）。

第四时期是进入21世纪韩国成为产油国。1998年，韩国首次发现具有经济性的质量优良的天然气层（"东海"－1天然气）。1999年，对鲸鱼5构造的钻探进行评估，确定其经济性。2003年，确认"东海"－1油气田深层底部中油气田追加储量。2004年，韩国首次

---

① 韩国石油公司：《国内大陆架探测概要》，2015年。

开始生产天然气。2005年,确认"东海"–1油气田附近鲸鱼8构造中天然气和原油储量。2006年,确认"东海"–1油气田附近鲸鱼14构造中天然气和原油储量。目前韩国在东部海域深海地区正与外国石油公司(Woodside)共同进行勘探。

2014年9月,为了系统、有效地开发大陆架石油和天然气资源,韩国制定了《国内大陆架中长期勘探计划2014—2024》,决定首先对国内大陆架的石油系统和三个沉积盆地(郁陵、西海、济州)进行精密勘探,国内外民间企业如Woodside、Daewoo International是目前韩国国内积极推动大陆架勘探活动的主力。如表所示,截至2015年5月30日,勘测矿区面积30多万平方千米,物理勘探4840平方千米、超过12万L–km,共46孔钻井平台。(东部海域25孔,西部海域6孔,南部海域15孔)。

表1—2 韩国各矿区探测实际情况①

2015.5.30.

分类	矿区	矿区面积（平方千米）	物理探测 L–km	物理探测 km^2	钻井（孔）	投资（千美元）
东部海域	第6–1矿区	12918	21090	2161	23	259236
	6–1北部,8矿区	9922	5107	507	1	72838
	6–1中部	12918	–	–	–	20438
	6–1南部	12918	–	1086	1	26103
	6–1东部	12918	–	225	–	5787
西部海域	第1矿区	36460	8520	–	1	11405
	第2矿区/2–2矿区	39865	19114	298	4/1	21716
	第3矿区	41427	8193	–	–	4665
南部海域	第4矿区	42449	12781	–	1	4146
	第5矿区	42390	11995	–	4	9681
	第6–2矿区	11688	12786	–	3	35775

① 韩国石油公司：《国内大陆架探测现状》,2015年。

续表

分类	矿区	矿区面积（平方千米）	物理探测 L–km	km²	钻井（孔）	投资（千美元）
JDZ	韩日共同	82557	19571	563	7	11603
其他	其他（东、西海域）	–	2585			1421
	合计	306607	121742	4840	46	484814

3. 韩国重视未来海洋科技的研发

海洋的开发、利用、管理、保护与海洋科技的发展水平密切相关。随着世界经济发展水平的提高以及金砖国家等新兴产业国家对资源和能源需求的大幅增加，世界范围内出现资源和能源紧缺的现象，海洋能源、深海底资源、海洋深层水、海洋生物工程等深海开发技术日益受到重视。在海洋的开发和利用方面，韩国非常重视发挥科技的重要作用。2013年至2015年，韩国出台《海洋能源综合利用技术开发》，以促进海洋能源技术的实用化，通过新技术推动海洋能源产业升级。为实现低碳绿色增长的目标，潮汐、海流（洋流）、波浪等海洋能源技术的需要大增。继2013年10月波浪能发电站竣工之后，韩国还计划从2013年至2018年开发海水温差发电技术。为了开采深海底资源，韩国对太平洋、大西洋、印度洋进行精密勘探，独立勘探矿区包括太平洋锰结核7.5万平方千米、汤加、斐济、印度洋等地海底热液矿床3.7万平方千米。为了促进海洋矿物资源产业化，韩国制定了《开发深海矿物产业化技术2013—2015》和《深海矿物勘探开发中长期路线图2013—2014》。韩国还积极推动水产技术与生物技术的融合，培养水产综合产业，创造新增长动力。[①]在海洋生物工程领域，韩国重点培育海洋生物基础技术、海洋生物生产技术、海洋新材料开发技术、海洋生态环境保护技术等四种技

---

① 韩国海洋水产部：《2013年海洋水产部工作促进计划》，2013年4月，第13—14页。

术。[①] 为了实现海洋产业的飞跃发展，韩国加大资金投入力度，取得明显效果。例如，2008年，韩国对生物工程基础技术投资比重是3%，当时这项技术水平达到发达国家的55%，2014年，投资增加到6%，技术水平上升到发达国家的80%。[②]

在海洋保护与管理方面，海洋技术研发的迫切性更加突出。随着东北亚地区经济的发展，海上物流量激增，海洋环境污染日益严重。为减少海洋环境污染，国际海事组织（IMO）、国际港口协会（IAPH）等海运物流组织提出减少港口地区二氧化碳、硫酸物、硝酸物排放的要求，使绿色港口建设技术研发的必要性日益凸显。最近40年朝鲜半岛的海水温度上升0.9℃，海洋水面上升5.8毫米，比世界平均数值的1.8毫米上升两倍多。气候变化对海洋环境和生态系统变化应对技术的需求增加。为解决沿岸环境和滩涂遭到破坏、沿岸灾害频繁等问题，韩国迫切需要研发新的环境技术，通过海洋植物移植技术移植能够净化海洋的植物，通过自然的方式改善渔场环境和海洋环境，建设绿色渔场、绿色港湾。

4. 韩国推动海洋优势产业的发展

海洋文化旅游与海运港口产业是韩国积极推动的两大高附加值优势产业。近年来，随着收入水平的提高和业余时间的增多，国民对海洋休闲活动的需要逐步增加。为此韩国从2006年开始加大对海上旅游、海上休闲体育等资源的开发与利用和相关产业的培育。2010年，韩国年旅游收入首次突破100亿美元，2012年，月均旅游收入首次突破10亿美元。为促进旅游业的发展，2013年7月17日，朴槿惠总统主持召开韩国第1次旅游振兴扩大会议。同月，韩国公布旅游业发展方案，提出建立综合渡假村开发援助体系，以吸引大量外国游客。

---

① 韩国国土海洋部：《海洋生物工程培育基本计划》，2008年。
② 韩国国土海洋部：《海洋生物研究开发促进对策》，2009年。

韩国促进海洋文化旅游的举措有以下几个方面：第一，韩国大力兴建海洋休闲运动体验教室、海洋水上休闲运动中心，开展多种多样的海洋休闲运动体验项目，培养各种海洋休闲运动的爱好者。第二，韩国打造综合娱乐设施，建设海洋旅游主题公园，将海水浴场等沿岸地区和港口地区建设成为舒适的休闲场所，促进岛屿旅游，建设海上体验村。第三，韩国积极促进游轮产业的发展，建设游轮专用码头，为强化与国际船舶公司的竞争力，韩国允许游轮出航时申请旅游振兴基金贷款、船上赌博许可、外国从业人员多次有效签证。韩国还通过国际合作促进游轮产业发展，培育海外市场。第四，为促进海洋休闲旅游活动的发展，韩国积极完善法律制度，为游客提供各种相关政策资料和统计资料，发掘海洋历史文化资源和培养海洋意识，推动海洋休闲运动专门人才培养。

韩国为建立畅通无阻的物流体系，积极促进海运和港口的发展。第一，通过建立多边和双边海洋合作网络，支持韩国企业进军海外市场。韩国推动东亚物流信息服务网的建设，促进中、韩、日三国间的物流信息共享；加强中韩物流网络建设；促进与东盟、非洲、中南美等发展中国家的双方和多边合作计划。目前，韩国国内企业进军海外的范围集中在中国、东南亚，韩国计划将面向全球拓展市场。第二，为了减少运输费用和环境费用，韩国推动道路运输向绿色高效的沿岸航运转换。韩国通过落后沿岸船舶现代化，提高客轮等船舶的安全性和服务质量。第三，为了实现绿色海运和绿色港口的目标，韩国建立绿色船舶技术开发和实验、认证、标准化体制，开发船舶油蒸汽回收设备技术，加强对温室气体排出量大、能源消耗多的企业的管理。第四，韩国努力开发高附加值港口，在釜山新港和光阳港建设大型集装箱港口；开发各具特色的港口腹地工业园区，建立最优商业模型，吸引跨国物流企业，创造港口附加价值；积极推动将传统港口开发为绿色高附加价值港口的再开发计划。第五，韩国改革港口劳务供给体制，向直接雇佣方式转变，以提高劳动效率，开发新一代港口安全技术，建立港陆连接运输网和综合海港运营信息系统。第六，韩国还积极培养海洋技术人才，实现海洋技术人才的稳定供给。

（三）韩国守护海洋的意识

1. 韩国大力加强海军建设

韩国面临海军发展方向的选择。长期以来，针对朝鲜的军事进攻，美韩同盟中两国的防御各有侧重，韩国以地面陆军防御为主，美国以海军和空军为主。韩国海军建立并逐步壮大之后，往往依托美军的作战计划在美韩同盟中承担着相应的作战任务或制订自己的作战计划。在韩国海军发展方向的平衡问题上，韩国思路日渐清晰。2013年2月7日，海军参谋总长崔润喜发表"对未来海洋安全的威胁和韩国海军发展方向"的演说，他表示韩国海军将不再实施通过依赖美国海军对地面作战提供支援的对朝海上作战。韩国海军将尽早掌握海洋优势权，将战斗力投入到战略目标上，还应超越地理限制，积极维护国民生命和财产，保障国家繁荣昌盛。此番言论意味着韩国海军将强化对朝作战独立性，并在因"天安"舰事件爆发而停止建设大洋海军后，重新确立大洋海军的目标。表明韩国意欲实行沿岸防御与大洋海军兼顾的海军发展方向。

近年来，美军的军事作战概念发生新变化，提出"空海一体战"（ASB：Air – Sea Battle）作战概念和"联合作战介入概念"（JOAC：Joint Operational Access Concept）。作为美国的盟友，接受"两个概念"似乎是顺理成章。但事实上韩国如果全面接受"两个概念"会面临诸多挑战。尽管目前美国不明确说明，但不可否认的是"两个概念"首先针对的目标是中国，其次是朝鲜。韩国接受"两个概念"必然会遭到中国的强烈抗议，承担中韩关系恶化的风险。朝鲜、日本、俄罗斯等国也会格外警惕，采取相应军事行动。更为重要的是，美韩两国作战环境存在差异，"两个概念"并不适用于韩国对朝作战。韩国军队内部的矛盾也预示着全面接受"两个概念"不会一帆风顺。

在美韩同盟牵引下，韩国军队以阿拉伯海域为核心向阿富汗、南苏丹、索马里海岸等地投送。2009年3月13日，韩国海军青海部队首次开赴索马里，与美国在巴林的海军司令部一起，共同执行打击海盗和恐怖袭击等海洋安全作战任务，同时为经过索马里附近海域的韩国船舶护航，以及在非常时期保护韩国国民。截至到2015年2月，已经派出了18批青海部队，计划8月份派出第19批。随着韩国海军实力的逐步增强，其影响范围从朝鲜半岛周边扩大至东北亚地区直至延伸到索马里海岸，表明韩国守卫海洋的意识不再只是防卫周边海域，还要保护海上航线安全，随着韩国商船、客船、科学考察船的移动范围还将不断扩大。

2. 韩国多维度审视和应对海洋权益争端

《联合国海洋法公约》对12海里领海、24海里毗连区、200海里专属经济区等范围作了具体规定。该公约生效后，海洋邻国间的海洋领土、专属经济区等海洋权益争端开始凸显。韩国与中国、朝鲜、日本三个周边国家都存在海洋权益争端，依据海洋权益争端的性质及双边关系的发展态势，韩国采取不同的政策。

苏岩礁是黄海与东海之间的交通要道，这一海域是南上北下、东进西出船舶的必经之地，具有重要的战略价值。苏岩礁附近海域渔业资源丰富、石油和天然气资源储量大。因此，韩国在争夺苏岩礁问题上不遗余力。从法律地位上看，苏岩礁是一个海底暗礁，不是岛屿，不具有主张领海、专属经济区和大陆架的功能。所以，中韩两国之间没有海洋领土争端，只是涉及苏岩礁的归属及专属经济区划界问题。目前，苏岩礁被韩国非法占领，韩国一方面加强海军力量建设，打造济州海军基地；另一方面以美韩同盟作为支撑，大大增强与中国军事抗衡及和平谈判的底气和自信。在苏岩礁归属问题上，中国主张，苏岩礁所处海域位于中韩专属经济区主张重叠区，其归属须双方通过谈判解决。在上述基础之上，韩国选择通过和平途径维持对苏岩礁长期、和平的占领，在苏岩礁争端上谋"和"。

韩国与朝鲜对"西海五岛"周边水域归属问题也争论不休。"西海五岛"周边水域对韩朝双方都具有重要的军事战略价值，任何一方占领这一海域都会对对方首都构成直接军事威胁。这里还蕴藏着丰富的石油、水产等海洋资源。因此，韩朝对在这一海域互不相让。迄今为止，韩国主要采取三种政策：一是"以合求稳"。韩国提出建设"西海和平合作特区"构想，通称增进互信、减少敌对、实现共同繁荣。韩国认为韩朝两国属于同根同族，面临国家统一问题，通过经济合作化解纠纷，有利于维护民族感情、提高整个民族的经济实力、实现和平与繁荣。二是"以压求稳"。韩国加强海军建设，设立西北岛屿防卫司令部，提升对朝防御力度。韩国认为从韩朝海洋权益争端的起源来看，涉及美国因素的影响，注定不会一蹴而就地解决。面对朝鲜强硬立场，韩国力图保持对朝鲜的高压态势，防范朝鲜的挑衅甚至进攻，以维护半岛局势稳定。三是"以和求稳"。韩国推动朝鲜半岛由停战体制向和平体制转变，为韩朝海洋争端的解决创造条件。韩国认为在朝鲜半岛和平体制未建立起来之前，韩朝敌对的状态不会从根本上得到改变，韩国倡导和推动以美韩同盟为坚强后盾的和平体制，以实现"长治久安"。可见，韩国的三种政策在韩朝海洋权益争端上都是求"稳"。

韩国与日本存在"独岛"（日本称"竹岛"）之争。"独岛"地理位置独特，有着很高的军事战略价值和经济价值。"独岛"位于朝鲜半岛东部海域寒流和暖流交汇处，四周是一片丰饶的渔场，鱼类和贝类、海藻类水产等海洋资源十分丰富。海底还可能蕴藏着丰富的油气田，对韩日两国都具有巨大的吸引力。韩日"独岛"争端属于领土之争，这加剧了"独岛"问题的解决难度。历史上，日本曾多次侵略朝鲜半岛，特别是日本殖民统治朝鲜半岛36年，更是朝鲜民族的切肤之痛。现如今，日本右倾保守主义倾向也引发韩国高度警惕，针对日本解禁集体自卫权一事，韩国一再强调，在没有征得韩国政府同意的情况下，韩国不允许影响朝鲜半岛安全和韩国国家利益的事情发生。目前，韩国事实上占领"独岛"，但日本并未放弃对该岛的争夺，在韩日"独岛"问题上韩国主"守"。

韩国对中国、朝鲜、日本三国的政策各不相同，但其核心目标都是守护韩国的海洋领土，维护海洋权益，获取海洋资源。

3. 韩国重视海洋的管理与保护

建国至今，随着历届政府的更替和对海洋认识的不断深化，韩国海洋管理机构经历了多次改组。1948年7月，韩国制订颁布《政府组织法》，设立交通部海运局和商工部水产局。1955年2月，韩国新设海务厅，统管水产、海运、港口、造船和海洋警察业务。1961年5月16日，军事政府进行机构改革时将其解体，将水产业务划归农林部，海运业务划归交通部。1966年2月，韩国设立水产厅。1977年12月，改为海运港口厅。1976年7月，总统在国情咨文中提出实现渔业现代化目标。1992年，金泳三在竞选总统期间提出设立海洋产业部，将分散在各个部门的海洋相关业务集中，实现海洋行政一元化体制。截至1996年8月，海洋业务分散在水产厅、海洋港口厅、科学技术处、农林水产部、通商产业部、建设交通部等13个部、处、厅。8与8日，根据总统令第15135号，韩国成立了海洋水产部，海运港口厅、水产厅、建设交通部水路局、海难审判院等合并其中。

2001年3月27日，仁川机场开始启用，根据总统令第17165号，韩国设置水产品品质检测院。2001年6月30日，根据总统令第17278号，韩国将海运物流局港口运营改善科延长保留至2002年6月30日。2002年3月9日，根据海洋水产部令第220号，韩国将国立水产振兴院改名为国立水产科学院。2003年4月7日，根据总统令第17958号，韩国新设部长政策辅佐官制度。8月25日，根据总统令第18059号，韩国新设平泽地方海洋港口厅和珍岛航标综合管理所。2004年1月29日，根据总统令第18254号，韩国新设渔业指导科和国立水产品质量检查院平泽分院，对国立水产科学院研究体制进行改组，新设研究计划室和研究计划科、水产资源管理调整中心、济州水产研究所等等。3月22日，根据总统令第18328号，韩国新设政府革新业务专门部门，将行政管理担当官改为革新担当官。2005年4月15日，根据总统令第18729号，韩国将企划管理室新闻官改组为政策宣传管理室下属的宣传管理官。6月8日，根据总统令第18858号，新设辅佐财政企划官的政策企业组，将政策企业组级别从4级提升至2、3级。7月22日，根据总统令第18960号，国立水产科学院全面引进本部制，并对仁川厅进行改组。12月30日，韩国将国立水产科学院、蔚山地方海洋港口厅转换为责任运营机关。2006年3月3日，根据总统令第19369号，韩国将国立水产科学院的人力开发本部改组为独立的海洋水产人力开发院。3月29日，为适应韩美FTA的签订，根据总统令第19421号，韩国新设自由贸易对策组。12月29日，根据海洋水产部令第353号，韩国将国立水产科学院下属组织名称进行调整，并合并和新设部分机构。2007年2月5日，韩国新设海运物流本部和国际企划官。4月27日，新设海洋政策本部和海洋环境企划官。12月4日，新设港口再开发企划官、再开发企划组、再开发事业组等。2008年2月29日，韩国将海洋水产业务分散给国土海洋部和农林水产食品部，国土海洋部负责海洋政策、海运、港口、海洋环境、海洋调查、海洋资源开发、海洋科学技术研究开发和海洋安全等业务，农林水产食品部负责水产政策和渔村开发、水产品流通等业务。2013年3月23日，根据总统令第24456号，韩国重建海洋水产部，综合管理海洋和水产业务。

　　韩国海洋水产部积极加强对海洋的管理和保护。第一，建立海洋污染源的综合管理体制，减少海洋污染对生态、社会经济的影响。具体地说，韩国建立转基因生物体的安全管理体制，强化各沿岸和海域的特色管理体制，加强陆源污染物的管理，强化海洋污染源管理体制。第二，积极提高海洋生态系统管理质量，建立海洋保护地区管理体制，将滩涂为主的海洋生物栖息地等具有生态价值的地区指定为海洋保护区域，强化地区居民的自律环境管理力量，建立地区自律型海洋保护区域管理体制，建立国家海洋生态系统综合调查体制和海洋生态系统综合评价体制。第三，加强对沿岸地区的管理。为了可持续地利用河口汽水域地区，韩国开发汽水域综合管理系统。建立水产生物资源的基因银行，进行信息化管理，制定海洋生态系统入侵生物管理对策和海洋保护生物的综合管理计划，开发资源调查、评价、变动预测技术，促进沿岸海洋空间综合管理，构筑绿色沿岸空间。为加强对沿岸地区气候变化的应对，韩国开发气候变化的科学预测模型，监控和预测海平面上升，绘制海岸浸水预想图。第四，为完善和提升海洋安全管理体制，韩国制订综合计划，建立先进海事安全管理体制，通过民官分工合作宣传海洋安全文化。强化客船、渔船、集装箱等的安全管理体制和海上交通安全检查制度。为完善海上交通环境和安全设施，韩国强化海洋警察力量、海洋治安力量和沿岸海域搜索救助力量，推动功能型尖端导航系统的建立。第五，韩国还积极推动海上安全领域国际合作，构建应对海盗和恐怖活动的国际共助体制。

第二章 韩国海军发展之路

一、韩国海军力量建设

(一) 韩国海军建设的主要理论依据

1890年,阿尔弗雷德·塞耶·马汉(Alfred Thayer Mahan)出版《海权对历史的影响1660—1783》(The Influence of Sea Power upon History 1660 - 1783),提出海权(Sea Power)概念,马汉这种以控制海洋为根本目的、以舰队决战为实质内容的海权思想引起广泛而深远的影响。二战后,在科学技术的推动下,海洋政治、经济和军事斗争愈演愈烈。广大濒海国家日益重视国家海权的发展,而一国海权的运用与发展,直接受到该国海军力量及其发展水平的影响与制约。为保卫国家领土主权完整和维护国家海洋权益,濒海各国伴随着经济实力的增强,不断提高海军力量的现代化水平。

1. 关于海权的不同译法

自马汉提出海权(Sea Power)之后,这一概念便迅速流行于世。由于各国历史文化传统不同,对海权的理解也有所不同。对于 Sea Power 一词,中、日、韩三国各自译法不同,中国通常译为"海权",日本译为"海洋支配力",韩国则译为"海洋力"。

日本较早接触到马汉海权思想。1896年，日本东邦协会出版了阿尔弗雷德·马汉的代表作《海权对历史的影响》的翻译版，书名为《海上权力史论》，该书将 Sea Power 译为"海上权力"。1901年，日本海军大学认识到将 Sea Power 译为"海上权力"不够准确，于是将其译为"海上武力"，将 Command of the Sea 译为"制海权"。① 但是，第二次世界大战之后，"海洋力"一词也经常出现，② 用词始终没有统一。20世纪80年代，日本海洋国际问题研究所认为"海上武力"一词存在局限性，将 Sea Power 译为"海上支配力"比较妥当。③ 之后，"海上支配力"一词被普遍使用，也有的学者直接使用英文 Sea Power。④

中国最早是通过日本了解到马汉的海权思想的。1900年3月，日本人剑潭钓徒将日文版《海上权力史论》译成中文，刊载在日本乙未会主办的汉文月刊《亚东时报》上。因此，中国人对 Sea Power 的最初理解就是"海上权力"。1910年，中国人齐熙再次将日文版《海上权力史论》译成中文，题为《海上权力之要素》。此后，1928年、1940年两个版本都沿用这一题目。1997年8月，萧伟中、梅然将马汉著作译成《海权论》，首次将 Sea Power 译为"海权"。⑤ 1998年，安常容、成忠勤也沿用"海权"一词，将马汉著作译成《海权对历史的影响：1660—1783》。⑥ 此后，中国普遍接受将 Sea Power 译为"海权"的译法。

---

① [韩]李善镐（音）："海上势力和海战武器的发展体系"，《制海》，1981年第35号，第107页。
② [日]北村谦一译：《海上权力史论》，原书房，1982年版，第3页。
③ [韩]李善镐（音）："海上势力和海战武器的发展体系"，《制海》，1981年第35号，第107页。
④ [日]平间洋一："海洋权益与外交军事战略"，《国家安全保障》，2007年第35卷第1号，第6页。
⑤ 萧伟中、梅然：《海权论》，中国言实出版社，1997年版。
⑥ 安常容、成忠勤：《海权对历史的影响：1660—1783》，中国人民解放军出版社，1998年版。

韩国国内学界对Sea Power的讨论始于20世纪70年代。当时很多关于Sea Power的书籍被翻译成韩国语，在这一过程中，Sea Power被译成"海上力量""海上势力""海上权力"等等。这些词与"海运力""海军力"等类似的用词混在一起使用。80年代中期以后，由于"海上"一词具有局限性，"海洋力"一词开始被频繁使用。[1] 90年代"海洋力"的译法已经被普遍接受。海军本部为了实现大洋海军的目标，从1992年开始召开舰上讨论会，1996年讨论会设定的主题是"海洋力与国家经济"，可见，Sea Power译为"海洋力"已经完全是韩国固定用法。[2]

2. 对海权概念内涵的理解

马汉认为海权有狭义和广义之分。狭义的海权是指"海上力量"，"不仅包括用武力控制海洋或任何一部分的海上军事力量的发展，而且还包括一支军事舰队源于和赖以存在的贸易和海运的发展。"[3] 广义的海权"涉及了有益于使一个民族依靠海洋或利用海洋强大起来的所有事情"。[4] 确切地说，英文中的Sea Power是指"海上权力"和"海上力量"。[5] 1976年，苏联海军上将戈尔什科夫（Sergei Gorshkov）出版《国家的海权》（The Sea Power of the State），认为海权（Sea Power）包括七个方面：第一，远洋商船队；第二，捕捞船队；第三，科学考察和勘探船队；第四，利用和开发海洋的科学技术；第五，与海洋相关的各种产业；第六，海洋产业和相关科学家、工程师、技术人员；第七，利用海军的控制力。指出海权（Sea Power）是包括海洋开发力、海运力、水产力、海军力等的综合

---

[1] ［韩］林仁秀（音）："海洋战略的基本概念研究"，《海洋战略》，1995年第88号，第93—94页。
[2] 韩国海军本部：《大洋力和国家经济》，韩国海军本部，1996年版。
[3] A. T. 马汉著，安常容、成忠勤译：《海权对历史的影响（1660—1783）浅说》，北京：中国人民解放军出版社，1998年版，第29页。
[4] A. T. 马汉著，安常容、成忠勤译：《海权对历史的影响（1660—1783）浅说》，北京：中国人民解放军出版社，1998年版，第1页。
[5] 张文木："论中国海权"，《世界政治与经济》，2003年第10期，第9页。

性概念。① 1988 年，华盛顿大学政治学教授莫德尔斯（Modelski）和克莱尔蒙特研究生院国际关系学教授汤普森（Thompson）联合出版《世界政治中的海权：1494—1993》，认为海权分两部分：一是"利用和控制海洋的能力"（Use and Control of the Sea），二是"保持能够利用和控制海洋的强大海军力量（Major Naval Strength）"，即"利用海军（Naval Strength）在世界体系（Global System）当中发挥作用的能力"。② 可见，莫德尔斯（Modelski）和汤普森（Thompson）还是从狭义的海军力视角来界定海权。1993 年，海洋学者 Luc Curvers 出版《海权：环球旅行》（Sea Power: A Global Journey），认为海权不仅是海军力和海运力等利用和控制海洋的能力，还应该是保存和保护海洋的综合能力。③ 综上所述，随着时代的变迁，海权从包括海军力与海运力，到包括海军力、海运力、水产力、海洋开发力，再到包括海洋环境保护能力，其概念越来越宽泛。

  1994 年《联合国海洋法公约》生效之后，激活了世界各国对海洋重要性的认识，纷纷对海权的内涵进行探讨。中国学者认为欧美海权思想更多地侧重于力量、控制和霸权，即使是欧美一些国家在为自己的海洋权利而非权力斗争的时候，他们也更多地是从控制海洋而非从捍卫本国海洋权利的角度去看问题。④ 这一点从一些学者对马汉的海权概念的理解可以得到验证。他们认为马汉的海权有狭义和广义之分。狭义的海权是指海军力（Naval Power），具体地说，就

---

① S. Gorshkov, "The Sea Power of the State", Oxford New York: Pergamon Press, 1979. pp. 13 - 14.
② George Modelski & William Thompson, "Seapower in Global Polics: 1494 - 1993", Macmillan, 1988, p. 4.
③ Luc Cuyvers, "Sea Power: A Global Journey", US Naval Institute Press: Maryland, 1993, pp. xiii - xv.
④ 张文木："论中国海权"，《世界政治与经济》，2003 年第 10 期，第 9 页。

是指制海权（Command of the Sea）。[1] 广义的海权是海运力和海军力的结合。[2] 中国对于海权概念内涵的理解主要包括两个方面"海上力量"和"海洋权利"。[3] 中国海权的第一个含义是"海上力量"，日本将海权称为"海上支配力"，韩国将海权称为"海洋力"，中、日、韩关于"力"的含义的表述大体一致，都是指"力量""能力""影响力"。[4] 中国海权的第二个含义"海洋权利"，是指"国家主权"概念内涵的自然延伸，包括国际海洋法、联合国海洋法公约规定和国际法认可的主权国家享有的各项海洋权利。[5] 中国认为在未经联合国授权的条件下追求"海上权力"的行为是霸权行为。中国海权，确切地理解，是一种隶属于中国主权的海洋权利而非海上权力，更非海上霸权。中国海权是有限海权，其特点是它不出主权和国际海洋法确定的中国海洋权利范围，海军发展不出自卫范围。[6] 而受到西方海权概念的影响，日、韩的海权概念不包括权利、利益的表述。[7]

3. 海军的特点及类型

事实上，海军作为实现海权的"海上力量"，其重要性一直被强调。而且越是追求扩大国际性影响力的国家和经济对外依存度越高

---

[1] A. T. Mahan, "The Influence of Sea Power upon History: 1660-1783", British Library, Historical Print Editions, 2011. George Modelski & William Thompson, "Seapower in Global Polics: 1494-1993", Macmillan, 1988, p. 9.

[2] Luc Cuyvers, "Sea Power: A Global Journey", US Naval Institute Press: Maryland, 1993, p. xiii. [韩] 林仁秀（音）："海洋战略的基本概念研究"，《海洋战略》，1995年第88号，第95—101页。[韩] 金成俊（音）："对马汉的海洋力和海洋史的认识：意义与局限"，《韩国海运学会集》，1998年第26号，第348页。

[3] 张文木："论中国海权"，《世界政治与经济》，2003年第10期，第10页。史春林："20世纪90年代以来关于海权概念与内涵研究述评"，《中国海洋大学学报（社会科学版）》，2007年第2期，第7—9页。

[4] [韩] 何道炯（音）："中国海洋战略的认识基础"，《国防研究》，2102年第55卷第3号，第51页。

[5] 孙璐："中国海权内涵探讨"，《太平洋学报》，2005年第10期，第84页。

[6] 张文木："论中国海权"，《世界政治与经济》，2003年第10期，第10页。

[7] [韩] 何道炯（音）："中国海洋战略的认识基础"，《国防研究》，2102年第55卷第3号，第52页。

的国家，海军发挥作用的比重就越大。这是与陆军和空军相比海军所具有的特点决定的。

（1）海军的特点

第一，易近性。众所周知，海洋约占地球整体面积的70%，世界上60%的国家都拥有海岸。也就是说，世界上绝大多数政治、经济、社会、军事中心都邻近海洋。因此，在该国家和地区出现对国际社会安全构成威胁的争端时，比起其他军种，海军不仅能安全地独立展开行动，更可以迅速、有效地执行遏制和应对任务。

第二，机动性。在没有波涛、暴风雨等恶劣天气条件下，通常来说，在海洋上移动物理障碍较少。与陆军因河川山丘地形等天然障碍物不能自由移动不同，海军军舰凭借贯通全世界的海洋，可以日行数百海里的距离，迅速地投入到争端海域。马汉把海洋比喻成"庞大的高速公路"（A Great Highway）的理由，也由此而来。

第三，持续性。每艘军舰可以运送数十、数百名以上的士兵和大量武器装备以及执行各项任务所需要的燃料等各种物资。与陆军的野战炮和机动车辆、空军的飞机相比，可以携带更多的人力、军需物资。因此，海军军舰可以从陆地的港口，到达非常遥远的距离，执行短则数小时、数日，长则数月以上的各种任务，军舰的船身越大，这种能力越强。

第四，流动性。相比障碍物较多的陆地，海军军舰在海面上移动过程中障碍物较少，因而能够有效迎合作战所需的时间、空间，易于战斗力的集中或分散。而且可以搭载"对舰""对空""对地""反潜"导弹等多元化的武器装备，以应对各种威胁和战斗状况。发挥着平时对领海及其周边海域的警戒、海外维和行动（PKO）、危机状况的迅速应对、海上交通航路（SLOC）的保护、以及战时执行作战任务等广泛的作用。总之，海军力量的流动性包括军事态势、作战形态、任务执行的范围等等。

第五，对外象征性。海军军舰具有在全世界范围内最具移动性的特点，不仅对地理上邻近的国家，而且对距离遥远的国家，海军都是展示本国的威力和政治、经济、军事实力及意志时最有效的军事力量。19世纪西方帝国主义国家，为扩张殖民地使用过的炮舰外交手段（Gunboat Diplomacy）、世界唯一的超级大国美国在主要争端地区投入海军航空母舰战斗团（CSG：Carrier Strike Group）等都充分体现了海军的重大影响力。[①]

（2）海军类型的影响因素

目前，世界各国根据本国地缘政治条件和安全需求，建设不同类型的海军力量。各国决定建设某种类型的海军的主要影响因素如下：

第一，海洋战略思想。一个国家的海军是单纯地作为支援陆军领土防御任务的附属力量，还是作为增强国力、强化国际地位的独立的、主导力量，决定着该国将会建设何种类型的海军。一国对海军的运用与该国家的历史传统也密切相关。

第二，海军力量的规模。海军士兵的多少和军舰规模的大小，决定了该国海军力量可行动的地理范围、执行任务的类型等。海军力量的"规模"，不只是军舰的拥有数量，以排水量为标准的船身的大小也是评价海军力量规模的重要标准。因为船身越大，搭载的武器装备越多，就可以在更远的海域执行更多样化的任务。

第三，经济、产业基础。海军力量从本质上说不是一个士兵多少的数字，而是通过军舰和搭载的武器发挥出来的技术性优势赢得胜利的技术集约型军事力量。海军力量与陆军、空军等其他军种相比，个别战略要素的获取费用更加昂贵。也就是说，建设和维持相当规模的海军力量，需要巨大的资金来源、造船企业的基础以及开发尖端军事科学技术的能力。因此，各国想要建设的海军力量的类型、性质，就只能取决于该国家的经济水平、科学技术力量。

---

① 韩国海军本部：《海军基本教理》，2002年版，第8—11页。

(3) 海军的类型

目前，通用的海军力量分类标准主要有三种：地理上到达的距离；国力水平；执行任务的能力。[①]

"地理上到达的距离"是海军力量分类的最基本、最传统的标准。以此为依据，可以把主要国家的海军力量分为以下几种模式。沿岸海军：活动的范围限定在包含领海在内的领土邻近海域；地区海军（Regional Navy）：活动的范围包含周边国家的邻近海域，在特定区域的海域以内活动；大洋海军（Ocean–going Navy）：在地理上超越本国和周边特定区域，执行远海作战任务；世界海军（Global Navy）：向世界任何海域都能配置和投送力量，可以执行多样化的战斗、非战斗性任务。

"国力水平"是按照各国所拥有的有形、无形力量的大小和在国际秩序中地位等为标准进行的分类。与其他军种相比，海军力量的建设和维持相对地需要更多的财政、产业、技术性能力。海军力量的分类能够反映出该国的国力水平。以此为依据，主要国家的海军力量分为以下几类：只拥有少数沿岸警备、警戒用舰艇的弱小国家海军（Minor Power Navy）；拥有10艘以内的主力军舰和多数沿岸警备及警戒舰艇、非战斗支援舰艇的发展中国家海军（Developing Power Navy）；拥有10艘以上的主力军舰，总50—100艘以上舰艇的中等国家海军（Middle Power Navy）；拥有航空母舰、多数中、大型军舰，可以在本国区域以外的大洋长期存在的强大国家海军（Major Power Navy）；以全世界的主要海域为行动范围，可以同时应对这些海域的海上争端的超级大国海军（Superpower Navy）。

"执行任务的能力"是把该国家的海军执行的核心任务分为防御（Defence）和力量投送（Power Projection），再把海军力量按照其适用的地理范围，重新分类为沿岸、区域、世界海军。美国斯坦福大

[①] [韩] 姜永五："海洋的海军建设准备"，《海洋战略》，1996年第92期，第30—32页。

学的海军历史学教授埃里克·格罗夫（Eric Glove）就是这一分类标准的代表，他将世界主要国家的海军力量分为9种类型，参见表2—1。

表2—1 海军的类型①

	地理到达距离	国力水平	执行任务能力
海洋力量的类型	沿岸海军 地区海军 大洋海军 世界海军	弱小国家海军 发展中国家海军 中等国家海军 强大国家海军 超级大国海军	象征型海军 警察型海军 近岸领土防御型海军 近海领土防御型海军 邻近地区投送型海军 中等地区投送型海军 中等全球投送型海军 大型全球投送型海军 （一定程度的） 大型全球投送型海军 （完全的）

近年来，为持续拓展海外贸易、扩大在国际舞台上的影响力，韩国竭力建设大洋海军。大洋海军主要具有以下特征：

第一，大洋海军具有持续的远海作战执行能力。沿岸海军可以得到部署在本国的沿岸及内陆地区的多种军事支援，但是大洋海军必须具备在难以获得陆地支援的远海长期执行任务的能力。因此，大洋海军要搭载一定规模的能承受风浪和暴风雨等恶劣天气、应对水上、水中、空中立体、多元威胁的武器装备。因此，要由排水量在4000—5000吨以上的大型战斗舰、支援舰组成。

第二，大洋海军是对战争的遏制及获胜起决定性作用的、具有

---

① ［韩］姜永五："海洋的海军建设准备"，《海洋战略》，1996年第92期，第31页。

积极攻势的海军力量。沿岸海军在本国领土和邻近海域附近执行阻止敌方海军接近海岸和力量投送的消极防御任务。但与其相反，大洋海军活动范围在远海地区，在平时发挥威慑作用，挫败敌方海军海上入侵的企图，在非常时期执行作战任务，把来犯之敌拦截在领土之外，[①] 担当着具有高度机动性的"战略预备军队"的角色。

第三，大洋海军为执行联合作战提供多功能、多元化的战斗力。与陆军的坦克和野战炮、空军的飞机相比，大洋海军的大型军舰在武器装备和兵力投送能力上都更加优越。因此，不再只是传统的海上作战，在沿岸及内陆的纵深地区，支援陆军、空军执行联合作战方面也发挥核心作用。例如，通过舰炮和精密制导武器（PGM）远距离火力支援，对敌方飞机和弹道巡航导弹的区域防空，突袭登陆作战等。

第四，大洋海军是有效的外交手段。大洋海军具备长期远征远海的能力，在世界各地发挥着彰显本国实力和政治意志、甚至在紧急情况下能够直接起到保护本国利益的作用。例如，对主要国家的军舰友好访问、在争端地区保护本国国民及救助等活动。韩国从2009年开始，海军青海部队在索马里亚丁湾持续参加扫荡海盗的作战行动。

（二）韩国海军发展的历史沿革

1. 20世纪40年代末韩国海军的初建

二战结束后，为了遏制苏联和"共产主义的扩张"，美国外交政策重心放在欧洲，相继推出"马歇尔计划"，建立北约，并重新武装西德。战后初期，美国在亚洲实施防御性战略，韩国在这一战略中

[①] [韩] 安广秀（音）、[韩] 任广赫（音）："安保环境的变化提出海军机动部队的必要性"，《周刊国防论坛》，2009年第1286号，第8页。

的地位并不重要。因此，美国未与韩国建立军事同盟，在韩国海军初建过程中，美国也没承担更多的义务。

1945年8月21日，为了守护刚刚光复的国家海防，孙元一、郑兢谟等率领30多名将士组成"海事队"。① 此后，孙元一将"海事队"与"朝鲜海事保国团"合并，改称为"朝鲜海事协会"。11月11日，在首尔安国洞表勋殿创立由70多人组成的"海防兵团"。"海防兵团"是韩国海军的前身。之后，"海防兵团"本部迁到镇海。1946年1月18日，"海防兵团"成为美国军政厅的正式军团。1946年6月15日，根据美军政法令第86号，"海防兵团"提升为"海岸警备队"，之后，经美军事顾问团的介绍，队员们自筹资金购入最初的两台步兵登陆艇（LCI：Landing Craft Infantry），韩国现代海军建设又向前迈进一步。"海岸警备队"将总司令部迁移至现在的首尔，为提高战斗力，开始集中全国各地舰船进行编队训练。"海岸警备队"成立一年零二个月后，美国第七舰队将"三八线"以南沿岸海域的警戒任务移交给韩国。1948年8月15日，大韩民国正式成立，随之将"海岸警备队"更名为"韩国海军"，孙元一为第一任海军参谋总长。这是1907年8月韩国军队被日本侵略军解散之后，首次创立自己的军队。"海防兵团"成立的11月11日被定为"韩国海军"建军日。1948年10月19日，在韩国全罗南道丽水郡（现在的丽水市）发生韩国军队叛乱的"丽顺事件"。经历"丽顺事件"后，韩国海军认识到建立"海军陆战队"的必要性，于1949年4月15日在镇海德山飞机场创建"海军陆战队"。"海防兵团"成立之初，没有一艘军舰。到1948年为止，韩国同美国协商通过转赠或收购方式共获37艘非战斗型舰艇。1949年10月，孙元一在海军将士和家属中广泛募集资金，从美国购入韩国第一艘战斗舰艇——"白

---

① "建军前夜（1945—1948）——海事队的成立"，《京乡新闻》，1977年1月31日，第9644号。

头山舰"（PC-701）。

2. 20世纪50年代初至60年代末的韩国海军发展

1950年6月25日，朝鲜战争爆发。朝鲜半岛成为美苏进行冷战争夺的前沿阵地，引发了美国的关注，美国打着联合国的旗号纠集15国军队参与了战争。当时韩国海军刚成立不久，只有约7000人，朝鲜海军约14000人。韩国海军还不成熟，缺乏远离海岸的独立作战能力，因而被编入以美国海军为主的联合国海军参战。1950年10月25日，韩国海军成立第一扫雷艇队，担任东、西、南海岸的扫雷作战任务。1951年，韩国海军拥有了可以进入公海作战的两艘轻型巡逻艇。1953年9月，韩国海军的最高指挥中心——韩国舰队总指挥部——正式成立。

朝鲜战争之后，为了对以苏联为首的社会主义阵营实施遏制战略，在朝鲜半岛打造一条坚固的防线，美国一改不与韩国建立军事同盟的态度，1953年10月，美韩在华盛顿正式签署《美韩共同防御条约》（Mutual Defence Treaty between the United States of America and the Republic of Korea），1954年11月17日生效，无限期有效。其主要内容有：（1）缔约任何一方认为一方的政治独立或安全受到外来的武装进攻的威胁时，应进行共同磋商，并将单独或联合地以自助和互助的办法，保持并发展适当方法以制止武装进攻。（2）双方认为在太平洋地区对缔约任何一方目前或以后各自行政控制下的领土的进攻，都将危及它自己的和平与安全，它们将按照其宪法程序采取行动以对付共同危险。（3）韩国给予美国在其领土以内及其周围部署陆空海军部队的权利。

《美韩共同防御条约》是美韩同盟的基础和核心，为朝鲜战争后美韩两国的合作奠定了基本框架。《美韩共同防御条约》签订后，由于自身经济实力和国防军事实力不足，韩国主要依附美国防御朝鲜的海上进攻与渗透，确保海洋安全。在美国大力扶持下，韩国海军实力迅速提高，各类舰艇多达70多艘。为配合海军舰艇执行近海巡逻警戒任务，1953年，韩国成立"海岸警察队"，1955年，更名为"海洋警备队"，1962年，依据《海洋警察队法案》将"海洋警备队"更改为"海洋警察队"。这一时期，韩国尚未提出明确的海洋安全观念，主要依靠美国的支持，确保海洋安全。但对海军主要担负的任务作了明确的规定，即在平时担任侦察、巡逻和海上戒备等任务，其主要目的是防止朝鲜从海上入侵和朝鲜特工的渗透，维护沿海海域的安全；战时配合驻韩美军作战，抵御可能来自朝鲜方面的一定规模的两栖作战。[①]

3. 20世纪60年代末至90年代初的韩国海军发展

20世纪六七十年代，美苏争霸格局下的竞争更加激烈，美苏力量对比发生变化，由"美攻苏守"向"苏攻美守"转变。美、日、西欧三足鼎立局面形成，社会主义阵营解体，第三世界崛起，两极格局受到冲击，开始向多极化方向发展。美国侵越战争失败，国内多种危机爆发。在这一背景下，1967年10月，尼克松在《外交季刊》上发表《越南战争之后的亚洲》一文，表达尼克松主义的萌芽主张。他说："从长远来看，我们简直经不起永远让中国留在国际大家庭之外，来助长它的狂热，增进它的仇恨，威胁它的邻国。在这个小小的星球上，容不得七亿最有才能的人民生活在愤怒的孤立状态之中。"[②] 1969年7月25日，尼克松出访亚洲途经关岛，发表非正式讲话，宣布了对亚洲的新政策。其要点是：美国"恪守条约义务"，关于国家安全和军事防务，美国"鼓励并期望将逐渐由亚洲各国自己来处理"、"自己承担起解决这些问题的任务"。美国将继续发挥在亚洲的重要作用，但必须"避免采取那些会使亚洲国家依赖我们以致把我们拖入像越南那类冲突中去的政策"。美国支持亚洲国

---

① 冯梁、方秀玉："韩国海洋安全政策：历史和现实"，《世界经济与政治论坛》，2012年第1期，第107页。

② Richard M. Nixon, "Asia after VietNam", Foreign Affairs, Vol. 46, No. 1, October, 1967, pp. 111 – 125.

家的集体安全。西方称之为"关岛主义"或"尼克松主义"。1970年2月8日,尼克松向美国国会提交《70年代美国的对外政策:争取和平的新战略》的咨文,将"关岛主义"正式发展成为美国的新全球战略,提出"伙伴关系"、"实力"、"谈判"三大支柱。在军事战略上,尼克松政府确定欧洲是主要战场,决定从亚洲收缩兵力,从进攻型战略转变为防守型战略。此后,美国开始从亚洲实行战略收缩。尼克松政府从韩国撤走了驻韩美军第7师,约20000人,驻韩美军仍有39000人。从亚洲收缩的战略思想在福特与卡特政府时期得以延续。1978年至1980年期间,卡特又先后从韩国撤出了6000名美国军人。80年代里根政府时期,美国国力恢复,美苏力量对比处于美攻苏守态势,驻韩美军在数量上没有再增长,但地位却不断得到强化。

随着美国军事安全战略的重大调整,韩国面临新的安全困境。美国从亚洲收缩兵力,意味着以往依靠美国提供安全保障的韩国被推到安全防卫的第一线,韩国必须具备有效应对来自朝鲜威胁的能力。此外,随着世界各国对海洋问题的重视,韩国维护海洋主权和海洋利益的意识不断增强。"自主国防"的重要性随之凸显,1988年,卢泰愚总统积极推进"北方外交",提出"韩国防卫的韩国化",并制订"长期国防发展方向"计划,即"818"计划。韩国从此开始逐步走上"自主国防"道路。在海军建设上,韩国自主开发、研制、生产海洋装备,建设现代化的海军力量。韩国自行建造的第一代导弹艇"白鸥"级导弹艇,是由美国"阿什维尔"级导弹快艇改进而成,共5艘,于1976年至1978年间建成服役。1979年韩国开工建造"蔚山"级护卫舰首制舰,1980年4月下水,1981年建成服役。"蔚山"级护卫舰共9艘,最后一艘于1993年6月开始服役。"蔚山"级护卫舰是韩国自行设计建造的首级导弹护卫舰,为后来的KDX系列驱逐舰奠定坚实技术基础。"蔚山"级护卫舰之后,韩国海军设计建造吨位更小的"东海"级和"浦项"级轻型护卫舰。

"东海"级轻型护卫舰首制舰"东海"号于1982年8月建成服役，共3艘，最后一艘于1983年12月服役。"浦项"级轻型护卫舰首制舰"浦项"号于1984年12月建成服役，共24艘，最后一艘于1993年7月服役。1986年，韩国开始自行设计KDX系列驱逐舰，这是韩国现代历史上第一代真正具有蓝水作战能力的战舰。韩国江南公司模仿意大利的"莱里奇"级扫雷艇，自行设计建造了"燕子"级猎雷艇，共5艘，首艇于1986年12月交付。80年代末，韩国从德国进口209级潜艇——"张保皋"号潜艇。此后，韩国大宇造船海洋公司承揽订单，于1991年自行建造第一艘"张保皋"级潜艇，并先后建成8艘，推动韩国步入潜水舰艇时代。"天池"级后勤支援舰是模仿意大利海军"斯特隆博利"级支援舰，由现代重工蔚山造船厂建造，共3艘，首制舰于1990年12月服役。通过一系列努力，韩国自主建造海军装备的能力日益增强，国产舰艇在海军舰艇中所占比例不断增加。

同时，为加强作战能力，韩国海军频繁参加美军三军联合演习和海上演习，以提高应对多重威胁的能力和与美军协同作战的能力。例如，从1961年起，美韩举行年度"鹞鹰"演习和"秃鹫"演习；1976年起，举行年度"协作精神"演习；70年代开始，举行"乙支焦点透镜"联合军演等等。通过这些联合军事演习向朝鲜展示美国对韩国的承诺，同时通过联军演练为部队提供实战训练机会。

4.20世纪90年代初以后的韩国海军发展

冷战结束后，韩国所面临的国际形势日趋复杂。中国迅速崛起，发展成为世界第二大经济体。朝核问题开始浮出水面并愈演愈烈，朝鲜已进行数次核试验和导弹试射，成为影响东北亚地区稳定的重要因素。美国虽然继续从朝鲜半岛撤军，并将驻韩美军驻地南迁，但美韩同盟关系仍在不断强化。2009年6月，美韩峰会发表《美韩同盟未来展望宣言》，将美韩同盟发展成为辐射双边、地区以及全球范围的、包括军事、政治、经济、社会和文化等各领域的全球同盟。

美韩同盟是韩国安全的重要基石，因此，尽管从1990开始，韩国逐步接管前沿警戒任务，1994年12月，又获得韩军平时作战指挥权，但随着朝鲜半岛局势的动荡不安，美韩协商并将原定于2015年底移交的战时作战指挥权延长至2020年。

1994年11月16日，《联合国海洋公约法》正式生效，韩国更加重视海洋安全和海洋利益的保护，建立起统一的海洋管理和执法体制，加强海军和航空防卫能力。在美韩同盟体制下，韩国积极参加各种美军演习，训练和提高与美军协同作战的能力。1994年"协作精神"演习更名为"阿尔索伊（RSOI）"演习，又名"联合战时增援"演习，每年举行一次。"阿尔索伊"一般是每年的3月到4月进行，演习内容是：一旦朝鲜半岛发生战争，美军对韩国军队进行"接收、集结、前运和整合（RSOI）"。2002年，始于1961年的"鹞鹰"演习也并入"阿尔索伊"演习。2008年，美韩达成移交战时作战指挥权协议后，"阿尔索伊"演习改名为"关键决心"（Key Resolve）。目前，美韩联合司令部每年主导大量联合军事演习，演习包括登陆、巷战、撤桥、入侵、反攻等多种内容。其中战略战役级别的军演有7个，规模最大的就是代号为"关键决心"和"乙支自由卫士"的两大例行军演。

"关键决心"演习是每年春季对美韩地面部队的"大考"。演习的重点是检验朝鲜半岛出现紧急情况时，美韩共同防御的联合作战态势，提升美韩联军的作战执行能力和协调能力，保障美国增援部队登陆朝鲜半岛。通常韩国陆军的军团级部队、海军舰队司令部、空军飞行团等参加军演。"乙支自由卫士"演习是美韩自20世纪70年代起举行的年度夏季军事演习，原代号为"乙支焦点透镜"。目的是检验美韩两军指挥部在朝鲜半岛发生突发事件并导致全面战争情况下的指挥作战能力。演习由美韩两军参谋长联席会议共同协调，每次演习都有至少2万名军人参加，是亚太地区参演兵力最多的演习之一。2009年5月和2013年1月，朝鲜先后进行第二、第三次核试验，期间还多次进行导弹试射，美韩频繁进行联合军事演习以防范朝鲜危机升级。

随着两极格局的瓦解，世界出现一超多强的格局，原有的美韩共同利益目标也发生微妙的变化。与此同时，韩国通过不懈的努力军事实力大为增长，在对外关系上的自主意识不断提高。冷战结束后，韩国与中国和俄罗斯建立外交关系，经过二十多年的发展，中韩、俄韩关系已经提升至战略合作伙伴关系。为实现自身利益最大化，韩国早已改变冷战时期向美国一边倒的政策，努力在美国与中、俄之间寻求战略平衡。随着国际关系的缓和，尽管韩朝相互敌视的态势未从根本上得到改变，但僵化的韩朝关系也出现过松动，韩朝实现两次首脑会谈，并保持着持续的经济合作。随着韩国国家利益的多元化，美韩分歧开始增多，韩国很难像冷战时期那样完全追随美国的军事目标和军事部署。例如，2010年美韩军事演习，在日本海进行第一阶段军演后，计划继续在日本海和黄海同时进行军演。尽管双方都声称举行联合军演是针对朝鲜发出的"强势信号"。但美韩对军演需求不同，韩国旨在向朝鲜显示一种优势或压力；而美国除了针对朝鲜之外，还意在向中国等其他东北亚地区国家发出警告。有鉴于美韩双方利益分歧，韩国海军在加强与美国海军合作的同时，也在逐步弱化对美国的依赖，努力发挥自主性，自行组织反潜军事演习，独立进行日常作战训练，提高反应速度，提升战斗力，以实现韩国主导的海洋安全防卫。

为此，韩国采取引进与自主研发生产结合的方法加速提升海军装备。1995年，韩国海军引进第一架P-3C海上巡逻机，1996年11月，韩国在"伊登顿"级救援舰基础上自行设计建造"清海镇"级潜艇救援舰。此后，韩国自主生产的"元山"级布雷舰、"天池"级后勤支援舰、燕子"级猎雷艇、"洋洋"级沿海扫雷舰等相继服役。2000年后，"独岛"级两栖攻击舰和新一代作战舰艇KDX、KDX-2、KDX-3三级驱逐舰成为韩国海军新生力军。其中，KDX-3

驱逐舰的首制舰"世宗大王"号，是韩国首艘安装"宙斯盾"作战系统的大型舰艇，成为韩国迈向蓝水海军的重要里程碑。

（三）韩国海军建设的动机

从历史上看，对于海军力量强大的国家而言，海洋起到防坡堤的缓冲作用，但对于海军力量落后的国家，海洋反而成为外敌长驱直入的侵略通道。三面环海的韩国也具有这样的地缘特征。韩国在近5000年的历史当中，受到了超过930次外敌入侵，其中超过490次，是通过海洋入侵的。[①] 事实上，对于作为半岛国家的韩国来说，维持和确保对周边海域的控制能力是国防安全的一个重大课题，保障海上交通航路的安全，确保领土防御的一种"缓冲空间"，实现侧方、后方地区的安全等需要促使韩国加强海军建设。

1. 维护海上交通航路安全的需要

韩国位于朝鲜半岛南部，陆地面积狭小，约为9.9万平方千米，东、西、南三面环水，北部以军事分界线与朝鲜相隔。韩国国内资源匮乏，经济对外依存度高。韩国是世界上第五大石油进口国和第七大天然气进口国，90%以上的石油等重要战略物资都依赖海上运输进口。可见，韩国是对海洋高度依赖的国家，海上交通线路的安全关系着韩国的经济发展和国家安全。

目前，韩国正在使用的具有代表性的海上交通航路有五条：第一条是从西部海域连接中国大陆的"韩中航路"；第二条是从东部海域经过日本、俄罗斯、连接北太平洋的"北方航路"；第三条是从东部海域南部到达日本的"韩日航路"；第四条是从南部海域到达中南美洲、大洋洲的"东南航路"；第五条是从南部海域驶向东南亚、阿

---

① ［韩］金宰烨：《自主国防论》，北朝鲜，2007年版，第294页。

拉伯、非洲、欧洲等地的"西南航路"。[①] 韩国的粮食、能源资源、主要原材料的供给几乎完全依赖于海上进口。其中，粮食进口量的67.3%通过北方航路从美国、加拿大进口。主要的金属矿物中，91.8%的铁矿石、36.9%的发电用烟煤通过东南航路从澳大利亚、巴西等太平洋南部的资源富有国进口。韩国石油进口的89.4%、天然气进口的78.8%通过西南航路从阿拉伯、东南亚等地区进口。[②] 总之，海上交通航路的安全与否对于韩国的生存和繁荣起着重要作用。

因此，20世纪90年代以来，历届韩国政府都强调建设一支强大海军的重要性。2001年3月20日，金大中总统就提出，"我们很快会建立一支战略机动舰队，保护韩国在五大洋的国家利益，并发挥维护世界和平作用。"2008年3月20日，李明博总统宣称，"21世纪是海洋的世纪。我们必须建造一支可以捍卫海上交通航路的大洋海军……海洋是我们国家生存和繁荣的基础，我们只有充分捍卫和利用海洋，才能保证和平和经济发展。"[③]

朴槿惠政府成立后，首次调整军方高层首脑就任命海军参谋总长（大将级别）崔润喜为联合参谋本部议长。此前除了前国防部长李养镐曾从空军参谋总长升任联合参谋本部议长外，这一职务均由陆军将领担任。2013年2月7日，海军参谋总长崔润喜发表"对未来海洋安全的威胁和韩国海军发展方向"的演说，阐明韩国海军强化对朝作战独立性和积极打造大洋海军的意图。

2. 保护海洋资源开发的需要

韩国陆地面积狭小，陆地资源相对有限，因此，海洋资源的开发对韩国有重要意义。韩国周边水域的大陆架和专属经济区（EEZ）

[①] ［韩］白炳善（音）："未来韩国的海上交通线保护研究"，《国防政策研究》，2011年第27卷第1号，第185—156页。

[②] 韩国国土海洋部：《国土海洋统计年报2卷》，2011年版，第392—395页。

[③] "ROK Navy", Global Security, 2011. 12. 12.

蕴藏着大量的石油、天然气、矿产资源以及丰富的鱼类等海洋生物资源，被评价为具有很高开发潜力的区域。

以油气资源为例，1998年7月，韩国在距离蔚山58千米的第6-1矿区鲸鱼5构造处发现优质天然气层，2000年2月，将其命名为"东海"-1油气田。2002年3月15日，开始建设生产设施，2004年7月11日，开始投入生产。这是韩国石油公司以专有技术自主探测、开发、生产成功的首个油气田。2005年初，在"东海"-1油气田南部2.5千米处发现埋藏量约508亿立方米的新油气田（地层结构B5层），2008年11月，开发完成，2009年11月，投入生产，与目前的"东海"-1油气田生产设施相连。[1]

"东海"-1油气田天然气总储量为2500亿立方米（LNG换算是500万吨），超轻质原油200多万桶，累计销售额约为2兆2千亿韩元（进口替代效果），日均天然气生产量为5000万立方米，原油1000桶。天然气一天可供34万户家庭使用，原油一天可保证2万台汽车的运行。"东海"-1油气田的天然气具有发热量高、零大气污染物质排出量等优良品质，几乎不用特别处理工序就可以直接使用。2010年12月，"东海"-1油气田天然气生产量达到1000亿立方米，2014年3月，达到1500亿立方米。对促进韩国经济发展发挥重要作用。[2]

2005年3月，韩国在"东海"-1油气田南部5000米即鲸鱼8构造处发现第二个油气田。可开采储量约为250亿立方米。2006年，在"东海"-1油气田东南部11千米即鲸鱼14构造处发现第三个油气田，可开采储量约为100亿立方米。[3] 2007年，韩国在东部海域郁陵盆地成功地勘探到液化天然气，对西部海域、济州岛邻近海域海底油田的开发也在进行当中。"东海"-1油气田开采起始时间

---

[1] 韩国石油公司：《"东海"-1油气田现状》，2015年。
[2] 韩国石油公司：《"东海"-1油气田生产十周年纪念仪式启动》，2014年7月。
[3] 韩国石油公司：《"东海"发现第三个油气田》，2006年7月2日。

是从2004年7月至2018年，预计"东海"-2油气田开采起始时间将从2016年7月至2019年6月。

韩国希望通过周边海域海底资源的开发，弥补陆地资源的不足，稳定国内经济发展，保持产业持续生产能力，维护国家经济安全。韩国与中国、日本等周边国家存在大陆架及专属经济区（EEZ）争议，韩国力求打造一支强大的海军以保护海洋资源开发。（参见图2—1）

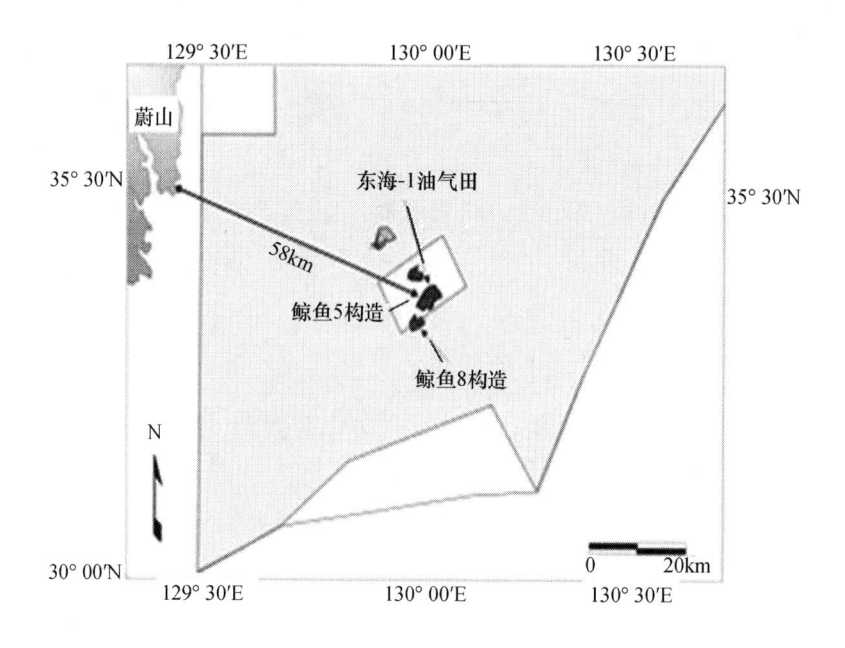

图2—1 "东海"-1油气田与鲸鱼8构造位置图[①]

3. 抗衡周边国家海军实力的需要

韩国和中国、日本在1994年《联合国海洋法公约》生效之后，相继宣布设立200海里专属经济区（EEZ）。但是，黄海东西两岸距离不足400海里，中、韩、日各自主张的黄海、东海大陆架划界标

---

① 韩国石油公司：《"东海"-1油气田现状》，2015年。

准也不统一，因此就不可避免地出现了三国海洋管辖权范围相互重叠的状况。朝鲜半岛周边海域大陆架、EEZ划界问题成为引发海洋争端的不稳定因素，存在着引发海军直接冲突的风险。

一直以来，日本竭力谋求解禁集体自卫权，加强自卫队的建设。在"质重于量"和"海空优先"的建军方针指导下，自卫队已发展成为一支装备精良、训练有素、作战能力较强的武装力量。截至2013年，自卫队总兵力约24.7万，其中陆上自卫队15.1万，海上自卫队4.5万，航空自卫队4.7万，共同部队1200余人，统合幕僚监部和情报本部人员共约3000人。其军费开支排名世界第五，为593亿美元，约占其GDP的1%。日本海上自卫队的主力护卫舰队是东亚最大的大洋机动舰队，拥有包括6艘"金刚"级（排水量7500吨）、"爱宕"级（排水量7700吨）等宙斯盾级驱逐舰在内的总共32艘中、大型驱逐舰。海上自卫队拥有排水量超过2500吨的18艘中、大型传统潜水艇，90余台海上巡逻机，100台以上的反潜直升机、扫雷直升机等超强大的水中、空中战斗力。以舰艇总吨数为标准，日本海上自卫队位列世界第七，军舰搭载武器装备的性能紧跟美国、俄罗斯位列世界第三。其中"日向"（排水量13500吨）级直升机母舰，"秋月"（排水量5000吨）级驱逐舰，"苍龙"（排水量4100吨）级AIP潜水艇等新型军舰也一直在建造和投入使用当中。日前，日本防卫省决定将在2015年的财政预算中，申请5.05万亿日元经费，将对"离岛防御"投入更多的财力。预计到2023年，日本将增加包括"出云"级护卫舰在内的护卫舰54艘，潜水艇22艘。宙斯盾驱逐舰将从现在的6艘增加至8艘，以提高弹道导弹防御能力。为了适应水陆两用作战，提高兵力和物资运输能力，日本还改良护卫舰和运输舰。[①]

中国海军力量的发展也令人瞩目。中国积极促进海军的现代化

[①] 韩国国防部：《2014国防白皮书》，2015年，第16页。

建设，海军力量取得长足的发展。以2010年为基准，舰艇总吨数达到82万吨。继300万吨的美国和110万吨的俄罗斯之后位居世界第三。2012年"辽宁号"航空母舰正式加入中国海军序列，成为世界第10个拥有航空母舰的国家，标志着中国海军从近海型向远洋型的华丽转身。2014年中国开始建造2艘国产航母。与此同时，与航母配套的各型舰艇也在加紧建造。中国建造舰艇以驱逐舰和护卫舰为主，到2012年底，建造总数达16艘的054A型护卫舰建造计划告一段落。享有"中华神盾"舰美誉的052C型驱逐舰在原有两艘的基础上，新造的4艘陆续交付，到2015年将有6艘服役。最新一代被喻为"海上武库"的052D型首舰已经下水，再计划建造10艘该型舰艇，到2015年至少会有6艘下水。2015年中国海军将拥有6至8艘071型船坞登陆舰，其远洋投送能力将大大增强。中国海军计划建造4万吨级的两栖攻击舰，到2015年至少也有两艘服役。截至2015年初，中国在建舰船共21型约65艘，各型舰艇合计约30万吨。

俄罗斯海军在政府主导下战斗力迅速增强。2009年俄罗斯第一艘"北风之神"级核动力战略潜艇"多尔戈鲁基"号首次试海。2013年，第二艘"亚历山大·涅夫斯基"号战略核潜艇服役，装备新型"布拉瓦"导弹系统，每艘核潜艇可携带16枚导弹，射程超过8000千米。2014年，第三艘"北风之神"级战略核潜艇"费拉基米尔·莫诺马赫"号正式入编海军战斗编队。预计2020年前总共计划收编8艘"北风之神"级潜艇，它们的长度为170米，宽13.5米，水下排水量为2.4万吨。

朝鲜海军主要以小型高速舰艇为主，作战能力有限。水上作战力量主要由导弹艇、鱼雷艇、警备艇、火力支援艇等小型高速舰艇组成，联合或辅助陆军作战，执行沿岸防御任务。最近朝鲜建造新型重大型舰艇和各种新型的隐形舰高速特殊舰船（VSV：Very Slender Vessel），该舰艇拥有不被雷达探知的隐形功能，启动速度每小时可达50节以上，增强了水上攻击能力。水中作战力量由R级常规潜艇和Yugo级、大马哈鱼级潜水艇等70多艘构成，执行干扰海上交通、铺设地雷、攻击水上舰艇、支援特种部队行动等任务。朝鲜在开发新型鱼雷之后，持续建造可搭载弹道导弹的新型潜水舰艇，水中攻击能力增强。登陆作战力量由供给补养艇、高速登陆艇等260多艘组成，作为特种部队的后方援助攻击主要军事、战略设施，执行确保登陆海岸重要地区的作战任务。[1]

目前，韩国海军现役驱逐舰共12艘，包括：3艘KDX-3级宙斯盾导弹驱逐舰"世宗大王"号、"栗谷李珥"号、"西厓柳成龙"号；6艘KDX-2级增强型防空驱逐舰，名称分别为"忠武公李舜臣"号、"文武大王"号、"大祚荣"号、"王建"号、"姜邯赞"号、"崔莹"号；3艘KDX-1级驱逐舰，名称分别为"广开土大王"号、"乙支文德"号、"杨万春"号。其他水面舰艇：12艘"蔚山"级护卫舰，28艘轻型护卫舰（24艘"浦项"级和4艘"东海"级），80-81艘高速巡逻艇（PSMM-5和PKM系列），18艘扫雷舰艇（6艘"坎空"级沿岸猎雷艇，3艘"永南"级沿岸猎雷艇，5艘289型沿岸扫雷艇，3艘269型沿岸扫雷艇，1艘"元山"级布雷舰）。[2]

从韩国与周边国家海军舰艇实力比较来看，韩国强于朝鲜。"天安"舰事件之后，韩国加强了沿岸地区的警戒和军事部署。目前朝鲜海军新型潜水舰艇和高速特殊舰船（VSV）虽然对韩国沿岸地区安全构成威胁，但朝鲜的海军现代化水平远远不如韩国，韩国自信其军队的实力加上美韩同盟的联合作战完全可以抵挡朝鲜的攻击。在此基础上，韩国力图打造一支强大的海军，也意在震慑朝鲜不要

---

[1] 韩国国防部：《2014国防白皮书》，2015年，第26页。
[2] Terence Roehring, "Republic of Korea Navy and China's Rise: Balancing Competing Priorities", Report Chapter of CAN Maritime Asia Project Workshop Two: Naval Developments in Asia, August 2012, p.66.

轻举妄动。由于日本是资源匮乏的岛国，关系国计民生的重要资源几乎都依靠进口，而且与周边国家有诸多海上领土的争端，因此，日本把海上自卫队作为优先发展的力量。目前，日本海上自卫队已经是世界第二、亚洲第一的常规海上力量。韩国历史上多次遭到日本侵略，目前，韩日之间仍存在岛屿和专属经济区（EEZ）等海洋权益争端，因此，日本发展海军力量势必引起韩国的警惕。韩国认为随着中国的崛起，中国会不断促进海军现代化建设，中韩之间存在大陆架和专属经济区（EEZ）等海洋权益争端，因此，韩国对中国建设海军的势头颇感不安。韩俄之间在专属经济区（EEZ）捕捞配额等问题上也存在分歧，俄罗斯提升海军实力，也使韩国忧心忡忡。面对复杂的东亚海域安全形势，韩国为有效抵御邻国强大的海军压力，加快新型舰艇的研发和建造速度，竭力推进海军建设步伐。

4. 配合美韩同盟战略转型的需要

过去60多年间，韩国国防战略的首要目标是遏制、击退朝鲜的军事威胁。为了抗衡朝鲜超过百万的大规模地上战斗部队，韩国一直把陆军作为主力部队来集中强化，把海军、空军作为陆军的支援力量来建设。扩充空军力量是出于对陆军进行火力支援的战术角度考虑，海军在增强三军战斗力中所占比重最低，长期以来一直停留在应对朝鲜海上威胁的沿岸海军建设上。[①]

与此同时，与美国建立军事联盟后，美韩联合防卫体制曾一度成为韩国海军力量成长和发展的制约因素。传统的美韩联合防卫体制，以韩国负责地面部队作战，美国以部署在太平洋地区的以第7舰队为首的大规模的海军和空军作为支援力量。韩国对海洋及空中防御的军事力量，特别是与遏制战争和获取战争胜利密切相关的战

[①] 从1974—1992年，韩国共进行3次防御力量改善计划。在"栗谷计划"总计22兆2554亿韩元中，陆军10兆6578亿（47.8%），空军5兆2163亿（23.4%），海军4兆4599亿（20%）。国防部战斗力计划管理室：《栗谷计划的昨天、今天和明天》，韩国国防部，1994年版，第31—33页。

略层面的机动能力，相当大一部分都依赖美国的援助。因此，拥有和建设超越沿岸防御型海军力量的提议一直被排除在韩国国防政策之外。

20世纪70年代，尼克松总统实施亚洲收缩政策，韩国自此开始走上自主国防的道路。按照美国2012年初发表的"新国防战略方针"（Defense Strategic Guidance）的规划，美国将在未来十年削减5000千亿美元的国防预算，未来五年裁减陆军8万人，海军陆战队2万人，缩减大型武器装备的购买数量。美国还计划降低军人工资涨幅，提高退伍军人医疗保健自付额，关闭更多的军事基地。美国国防战略的变化预示着韩国自主防御时代的到来只是时间问题。作为与海洋关系密切的韩国，必然会选择尽快建立起一支强大的海军。

"9·11"事件之后，美国将对外战略重心转移到国际反恐上来，美韩同盟的防御范围也从最初防范朝鲜的进攻提升为应对整个亚太地区的威胁，2009年6月，美韩峰会发表《美韩同盟未来展望宣言》，再次将美韩同盟扩大至辐射多边秩序、国际安全等全球性问题的阶段，建立起多层次、全方位的全球同盟。随着美国亚太再平衡战略的推进，美国在东亚地区需要韩国强有力的支撑。近年来，中国海军发展突飞猛进，大有突破美国所构建的岛链封锁的趋势。美国在经济不振、财政困难、大幅削减军费开支的情况下，希望借助盟友的力量，保持美国在亚太地区的存在感，实现利益最大化，迫切需要韩国建成一支强大海军与美国协同作战，加固遏制中国的岛链。从具体的作战领域来看，美国目前提出"空海一体战"（ASB：Air-Sea Battle）作战概念和包含"空海一体战"的"联合作战介入概念"（JOAC：Joint Operational Access Concept），这两个作战概念以空军和海军联合作战为核心内容。对于韩国来说，无论是实现自主国防的夙愿，还是作为美国全球盟友的需求，以海军、空军力量为中心的远距离机动战斗力都是其优先扩充和完善的领域。特别是海军在搭载武器装备的规模、执行任务的持续性上优于空军，更成为韩国强化军队建设的重点。

5. 应对非传统安全的需要

韩国随着自身实力的不断增强,致力于在国际社会中提升自身的国际地位,打造"全球韩国"。"9·11"事件之后,国际安全环境日益复杂,海盗、海上恐怖主义、毒品交易、军火走私、贩卖人口、污染、事故等非传统安全威胁不断加剧。这些国际社会所面临的众多安全挑战很多都与海洋有着密不可分的关系。处于印度尼西亚、新加坡和马来西亚之间的马六甲海峡是世界上最为重要的水上要道之一,也是亚洲最繁忙的航道,世界上一半的油轮和三分之一的贸易要通过这个海峡,印度洋承载着从亚洲到非洲,直至欧洲和波斯湾的贸易,切断这些交通要道会产生全球影响。然而20世纪后半期以来,海盗、海上恐怖主义等上述威胁在印度洋及马六甲海峡一带时有发生,并有经南海、东海向东北亚海域扩散的趋势。这些海域都是韩国的重要海上交通航路。因此,韩国迫切需要建设一支强大的海军,维护韩国海上权益。此外,强大的海军可以赋予韩国参与国际行动的能力,赢得在国际事务中发挥作用的空间,提升韩国的国际影响力。

(四)建设强大海军的战略举措

20世纪90年代以来,韩国采取一系列措施,从海军装备、海军机动性、海军基地和美韩海军联合训练等多个方面加强海军建设。

1. 加强海军装备建设

在海军装备方面,韩国在从海外引进的同时仍坚持自主研发和生产。1995年4月4日,韩国海军引进第1架P-3C海上巡逻机,开始成为世界第16大海上巡逻机拥有国。1996年6月,美国将"伊登顿"级救援舰移交给韩国海军。1996年11月,韩国自行设计建造的"清海镇"级救援舰"清海镇"号正式服役。"元山"级布雷舰由现代船厂承建，于1997年9月建成服役。从90年代初开建的"天池"级后勤支援舰的另外两艘分别于1997年11月和1998年3月服役。1998年韩国开发重鱼雷"白鲨鱼"，成为世界第8大鱼雷独立开发国。"洋洋"级沿海扫雷舰是"燕子"级猎雷艇的改进放大型，首制舰于1999年12月建成服役。

20世纪90年代初，韩国为了建立一支具有立体攻防能力的海军力量，决心开启"韩国驱逐舰实验"（Korean Destroyer Experimental，KDX）计划，研制新一代作战舰艇KDX、KDX-2、KDX-3三级驱逐舰。目前，首批3艘KDX"玉浦"级驱逐舰已于2000年全部建成服役。KDX系列驱逐舰首制舰"广开土大王"号1995年7月在大宇重工玉浦船厂铺设龙骨，1996年10月下水，1998年7月服役。第2艘为"乙支文德"号，于1997年10月下水，1999年3月完成作战系统海试，1999年8月交付韩国海军。第3艘为"杨万春"号，1998年9月下水，1999年11月进行海试，2000年交付韩国海军。KDX-1级驱逐舰虽然配备舰载直升飞机，但不属于专用反潜型舰艇，而是被成功地设计成一种多用途水面战斗舰艇，既能独立地单舰作战，也能被看作隶属于一个战斗群的一个部分，能够胜任任何可能的现代海战，综合性能优于专门的反潜战舰。

第二批KDX级驱逐舰由韩国大宇造船和船用工程公司和现代重工公司两大造船厂开发研制。计划建造6艘。KDX-2级驱逐舰是韩国海军打造21世纪初期新一代海军主力阵容而进行的KDX计划中的第二阶段。相较于KDX-1，KDX-2除了尺寸更大之外，最大的不同在于KDX-2拥有区域防空导弹系统，以舰队防空为主要任务。此外，KDX-2的技术与装备也较KDX-1更为精良。KDX-2级驱逐舰首制舰"忠武公李舜臣"号于2001年开工建造，2002年5月下水，2003年11月建成服役。第二舰"文武大王"号于2003年4月下水，2004年9月交付。第三舰"大祚荣"号于2003年12月下水，2005年6月服役。第四舰"王建"号于2005年5月下水，2006

年11月服役。第五舰"姜邯赞"号于2006年3月下水,2007年10月服役。第六舰"崔莹"号于2006年10月下水,2008年9月服役。

第三批KDX级驱逐舰安装美国设计的"宙斯盾"作战系统。KDX-3级驱逐舰首制舰为"世宗大王"号,由韩国现代重工集团下属的特种和海军舰船分部于2004年11月正式开工建造,2007年5月下水,2008年底服役。"世宗大王"号是韩国有史以来建造的吨位最大、综合战力最强、性能最先进的水面战舰,被韩国誉为"大韩神盾",韩国成为世界第三7000吨级宙斯盾舰拥有国。"世宗大王"号的建造意味着韩国海军正式进入大洋海军时代。第二艘KDX-3驱逐舰"栗谷李珥"号于2010年9月开始服役,第三艘KDX-3驱逐舰"西厓柳成龙"号于2012年8月服役。此外,韩国海军还计划在2012年至2018年间增建3艘KDX-3驱逐舰。韩国海军将成为亚洲一支实力很强的海上力量。

此外,韩国还拥有"独岛"级两栖攻击舰。2007年,"独岛"号两栖攻击舰开始服役。它是韩国海军的大型水面舰艇,有准航母之称。其主要任务是:空中、水面监视和目标探测;海上、空中和两栖作战指挥及控制、通信、电脑和情报搜集;反潜作战;中程防御和近距离空中支援。"独岛"号两栖攻击舰拥有完善的机能,集两栖攻击舰、船坞登陆舰、大型运输舰、灾害救护船、攻击型航空母舰的功能于一身,能伴随韩国舰队部署到任何水域。拥有"独岛"号之后,韩国海军的两栖投送能力有了质的飞跃。2012年8月中旬,由于日韩在"独岛"问题上的摩擦日渐增温,韩国国防部宣布将建造"独岛"级的二号舰"马罗岛"号。此外,韩国还计划建造三号舰"白翎岛"号和四号舰"离於岛"号。

2. 建设第七机动战团

2010年2月1日,在韩国海军参谋总长丁玉根的主持下,韩国海军在釜山作战司令部举行了第一支远洋特混舰队——第七机动战团的创建仪式。第七机动战团部署7艘大型战舰。其中,1艘KDX-3

型"宙斯盾"舰"世宗大王"号，还有包括"文武大王"号、"忠武公李舜臣"号等在内的6艘KDX-2型驱逐舰。此外，根据具体情况，第七机动战团还可增加部署其他战舰、潜艇、海上巡逻侦察机、直升机等。第七战团下设71、72两个战队，分别驻扎在釜山和镇海。第七机动战团是一支战略机动部队，担负着保持对朝应对态势、保护海上交通航路、青海部队派兵等任务。平时在韩国近海展开作战，以应对朝鲜进攻等特殊状况，必要时参与马六甲海峡等韩国主要物资海上运输通道的护航工作，并支援联合国在世界主要纷争地区开展的维和行动（PKO）。第七机动战团旨在提高"有事时"的迅速应对能力，执行保护海上交通线、维持对朝戒备态势、支援国家对外政策等任务。创建第七机动战团是韩国建设大洋海军的重要举措。2015年12月22日，第七机动战团转移至济州海军基地。

3. 成立西北岛屿防卫司令部

2010年12月29日，时任韩国国防部长金宽镇向李明博总统提交的《2011年国防业务报告》中提到了创建西北岛屿防卫司令部的问题。最初，总统直属国防先进化促进委员会曾考虑创建"西海北部联合司令部"或"西海海域司令部"。最后，综合考虑各种因素，决定降低一个层次，创建西北岛屿防卫司令部。[①] 2011年6月15日，韩国西北岛屿防卫司令部正式成立。该司令部将负责朝鲜半岛西部海域的防御工作，包括曾遭朝鲜炮击的延坪岛等"西海五岛"。韩国国防部长官金宽镇当天在成立仪式上说，若朝鲜再次发动进攻，现场指挥官将根据"先行动，后报告"的原则行使自卫权，立即予以反击。西北岛屿防卫司令部作为韩国国防改革的重要一步，将以海军陆战队为主，兼具陆、海、空三军兵种，是具备陆、海、空协同作战能力的联合司令部。司令部拥有对包括海军第六旅团和延坪部

---

① ［韩］孙汉别（音）："西北岛屿防卫司令部的作用与职能"，《战略论坛》，2012年第16卷，第154页。

队等1000余名兵力的现场作战指挥权。

4. 打造济州海军基地

济州岛位于朝鲜半岛西南部，面积1845.6平方千米。北隔济州海峡与朝鲜半岛相望，距韩国南部海岸约90千米，东北距釜山310千米。向西、向南分别与中国黄海和东海相邻，距上海499千米。其东北部是朝鲜海峡，这里是中国北部船只进入日本海，部分日本船只、俄罗斯海参崴船只进入黄海、东海的必经之地，是东北亚战略要冲。济州岛附近海域是中、日、韩专属经济区（EEZ）的重叠地区，是海上冲突易发区域之一。济州岛南部海域航路是韩国海上生命线，韩国进出口货物的99.8%是通过海上运输进行的，而其中的大部分运输是通过济州岛南部海域实现的，尤其是原油几乎都是从济州岛南部海域运入韩国的。

为了确保这一地区的安全，1993年韩国首次提出在和顺港建设海军基地。但遭到当地居民和环境团体的强烈反对，未取得进展。2007年6月，西归浦市江汀村被选定为修建地点，但因反对呼声高涨，工期一直被推迟。2008年9月，韩国决定将济州海军基地建设成为"军民复合型海军基地"。2012年3月7日，建筑公司在当地警察的配合下进行了海岸岩石爆破作业，这表明了基地建设已重新启动。2015年9月16日，"世宗大王"号作为第一艘舰艇进入济州海军基地，此后，相继有20多艘舰艇入港，完成检测工作。

根据韩国军方计划，该基地将成为韩国海军"保护海上交通、实施远洋作战"的前哨基地，将拥有约2000米长的大型码头，可同时停泊包括大型航母在内的20艘战舰，停泊2艘15万吨级船只，常驻官兵及家属7500人，规模不亚于韩国现有的釜山和镇海两大基地。以往韩国建设大洋海军的进度，完全取决于对朝鲜威胁警惕性的高低，在济州岛建立海军基地后可以有效解决应对朝鲜威胁与发展大洋海军之间的矛盾。济州海军基地将是韩国走向大洋最便利的海军基地。为了执行济州岛地面作战和综合防御作战任务，根据国防改革基本计划，韩国于2015年12月1日在济州岛建立海军陆战队第9旅团，[①] 20日，驻屯于镇海基地的第93潜艇战队转移至济州海军基地。22日，原驻屯于釜山基地的第7机动战团转移至济州海军基地。

5. 创立潜艇司令部

2015年2月2日，韩国海军潜艇司令部成立仪式在庆尚南道镇海军港举行。该司令部将全面指挥韩国国家战略武器——潜艇的作战、训练以及检修等业务。这是自1992年从德国引进第一艘潜水艇"张保皋"号后时隔23年，韩国首次成立潜艇司令部。由此，韩国成为继美国、日本、法国、英国和印度之后，第六个成立潜艇司令部的国家。韩国海军共有13艘潜艇，其中包括9艘"张保皋"级（209级，1200吨级）和4艘"孙元一"级（214级，1800吨级）潜艇。到2019年海军潜艇将增加至18艘。此外，韩国正建造3000吨级的国产潜艇，计划2020年投入实战部署。该级潜艇服役后，"张保皋"级潜艇将被逐步淘汰。

据韩国媒体报道，韩国潜艇司令部是在准将指挥的第九潜艇战团基础上扩编的，设在庆尚南道镇海区。潜艇司令部将与以水上舰艇为主的海军第一、第二、第三舰队司令部级别相同，由海军少将指挥。担任过韩国第九潜艇战团团长的尹正尚被任命为第一位潜艇司令官。潜艇司令部的成立构建了从作战、训练、检修到提供军需支援的一体化组织，使海军具备了在朝鲜半岛全境更具效率的水中作战能力。具体地说，潜艇司令部将执行保护海上通道、维持对朝作战态势、战时打击敌人核心目标等任务。济州海军基地建成后，海军将在基地部署潜艇战队。

6. 兴建郁陵岛海军基地

2011年9月，韩国政府声称为了加强对"独岛"（日本称

---

① 韩国国防部：《国防改革基本计划2016—2030》，2014年3月，第18页。

"竹岛"）的防御，计划在离该岛最近的郁陵岛建设大规模海军基地。该基地建成后，将可容纳韩军"独岛"舰及"宙斯盾"舰停泊。韩军舰艇从郁陵岛出发，到达"独岛"只需1小时35分，日本舰艇从岛根县出发则需2小时50分钟。2012年9月，韩国国防部确定2013年预算为34.6万亿韩元（约合人民币1900亿元），此次预算中也包括了建设郁陵岛沙洞港海军基地所需的67亿韩元。该基地截至2015年共将投入3520亿韩元，从2012年起到2018年将部署新一代护卫舰（FFX，2300—2500吨级）和高速艇。FFX型护卫舰作为目前韩国海军导弹驱逐舰和两栖攻击舰之后的最新拳头产品，搭载导弹防御武器，从2012年起投入建设，共计划建造20余艘。

2015年11月5日，第13届海军陆战队发展专题讨论会在首尔龙山国防会议中心举行。专家们在讨论会中表示，为了加强战略岛屿郁陵岛的防御力度，应将海军陆战队战斗兵力作为中队级规模的迅速机动部队部署在郁陵岛上。目前，郁陵岛上有海军陆战队预备军管理队在当地展开地区防御军演，尚未有战斗兵力。如果该方案付诸实施，将可构筑连接西北岛屿、南边济州岛和东边郁陵岛的"U型"战略岛屿防卫体系。

7. 开展美韩海军联合训练

从20世纪60年代开始，韩国每年都与美国开展例行军事演习。近年来，随着朝鲜半岛及周边地区安全形势日趋复杂，包括每年3月左右代号为"关键决断"在内的美韩联合军演和11月的韩国"护国演习"的频度与规模都不容小觑，两国的海军联合训练也更加密集。以2013年、2014年为例，2013年，美韩海军联合训练共17次，2014年，增加到18次。[①] 2013年，美韩海军陆战队联合训练共

---

① 韩国国防部：《2014国防白皮书》，2015年，第70页。

10次，2014年，增加到14次。① 韩国海军依托美韩同盟，参与亚丁湾打击海盗等各种国际行动，远洋作战能力不断得到提升。（参见表2—2、表2—3）

表2—2　最近两年美韩海军联合训练情况②　　单位：回

分类	总计	国内			国外		
		小计	美韩联军	多边训练	小计	美韩联军	多边训练
2013年	17	14	11	3	3	1	2
2014年	18	14	11	3	4	-	4

表2—3　最近两年美韩海军陆战队联合训练情况③　　单位：回

分类	总计	国内			国外		
		小计	美韩联军	多边训练	小计	美韩联军	多边训练
2013年	10	9	9	-	1	-	1
2014年	14	10	9	1	4	1	3

（五）韩国推进海军建设面临的挑战

1. 朝鲜的不确定性

大洋海军建设是韩国海军建设重点。在制约韩国大洋海军建设的因素中，占主导地位的是朝鲜的威胁程度。卢武铉政府时期，在韩朝关系缓和的背景下，韩国政府制订了《国防改革基本计划2006—2020》，确定了建设大洋海军的目标。但2010年"天安"舰事件和延坪岛炮击事件之后，韩国国防特别是海军建设的诸多问题暴露出来，海军追求建设大洋海军、忽视沿岸防御的做法遭到严厉批判。李明博政府借机修正了卢武铉政府的国防改革计划，提出

---

① 韩国国防部：《2014国防白皮书》2015年，第72页。
② 韩国国防部：《2014国防白皮书》，2015年，第70页。
③ 韩国国防部：《2014国防白皮书》，2015年，第72页。

《国防改革307计划》，加强陆、海、空三军的协调性，抛弃大洋海军的提法。与大洋海军相关的宙斯盾舰建造、济州海军基地建设等事项均被叫停，代之以成立"西北岛屿防卫司令部"，加强沿岸防御力量，强化对朝遏制力。2012年，韩国再次启动济州海军基地建设。釜山至延坪岛耗时约21个小时，而济州海军基地至延坪岛将缩短至15个小时，济州海军基地建成后可以有效缓解应对朝鲜威胁与发展大洋海军之间的矛盾，于是韩国于2013年再度宣称要重新打造大洋海军。可见，朝鲜的威胁大小是影响韩国大洋海军建设的主要因素。

韩国建设大洋海军对朝鲜起到一定的震慑效果，但从目前的反应来看，朝鲜依然是不甘示弱。尽管缺乏建造大型现代化舰船的资金和技术，但朝鲜也在努力研发和生产能够规避现代化军事手段的特殊舰艇，如各种新型高速特殊舰船（VSV：Very Slender Vessel）。该舰艇拥有不被雷达探知的隐形功能，因其尽可能少地设计雷达散射截面（RCS：Radar Cross Section），表面还涂有隐形功能的油漆，启动速度每小时可达50节以上，在穿透波浪前进时，雷达很难分清波浪和舰艇，所以难以实施导弹攻击。[①] 而据韩国防卫事业厅宣布，韩国海军最新配备一艘名为"金学昌"号的导弹巡逻艇（PKG），最高时速为74千米/小时，相当于40节。[②] 朝鲜新型高速特殊舰船不仅速度快，还装载30毫米口径的舰炮和攻击鱼雷，对韩国海军构成新的威胁。此外，朝鲜还执意研发核武器和导弹，如果朝鲜的威胁持续增加，势必牵制韩国迈向大洋海军的步伐。韩国海军仍需平衡应对朝鲜威胁的近海防御与远洋防御之间的关系。

2. "均衡者"引发的不均衡

韩国建设强大海军是在美国减少在朝鲜半岛的兵力和军费投入，

---

① "朝鲜隐形舰艇部署在西海，出没于NLL附近"，《中央日报》，2015年5月27日。
② "韩国海军增配导弹巡逻艇，搭载国产新型武器"，《韩联社》，2014年2月28日。

要求韩国分担防务的背景下提出的。随着自主国防目标的确立，作为三面环海的半岛国家，韩国面临的一个首要任务就是建设一支足以抗衡周边国家的强大海军力量，中国是其针对的目标之一。2012年的美韩黄海联合军演、2013年的美日韩黄海联合军演名义上是应对朝鲜威胁，实则是针对中国，严重损害了中国的安全利益。

济州海军基地的建设也直接对中国构成威胁：第一，济州岛距离上海约500千米，中国上海以北所有港口和黄海海域都处于其监视之下。第二，济州海军基地增强了韩国海军的战略机动性，便于迅速应对周边海域冲突。济州海军基地大大地缩减韩国海军到达苏岩礁的时间。如果中韩两国在此发生纠纷或冲突，韩国舰队从釜山出发需要23小时，而从济州岛出发仅仅需要4个小时[①]。第三，根据《美韩共同防御条约》，济州海军基地将成为美国第7舰队的新港，继而成为距离中国最近的美军基地。

韩国建设强大的海军，改变了东北亚地区原有的海上均势。不仅是中国，韩国海军建设也会刺激与韩国有岛屿争端的日本，继而引发海上军备竞赛，美国和俄罗斯也会加入其中，给原本复杂的东北亚海上安全形势带来诸多不确定性。

3. 韩国内部的质疑

韩国大洋海军的建设在国内饱受质疑。批评者认为虽然韩国在建造新型舰艇方面行动力十足，但在制定与大洋海军相符的海洋战略上却缺乏具体努力。例如，在卢武铉政府审议《国防改革基本计划2006—2020》过程中，海军主张建设由3个机动战团构成的机动舰队。但当直属总统的国防发展咨询委员会委员长黄昞禹提出"机动舰队的作战范围，是截止到台湾、菲律宾，还是马六甲海峡"时，

---

① "济州海军基地作为21世纪'清海镇'正式启动南方防御"，《Newdaily》，2015年12月22日。

海军却没能给出回答。① 这也成为《国防改革基本计划2006—2020》将海军机动战团减少至一个的原因。韩国海军一直侧重武器装备的建设，在没有确立海洋战略的前提下建设大洋海军，会打乱资源分配的优先顺序，偏离海军在朝鲜半岛和周边海域遏制战争和赢得战争胜利的既定目标。"天安"舰事件就暴露出主要军舰的反潜作战能力的不足的问题，与"天安"舰同级的20余艘浦项级警戒舰，搭载的是20世纪80年代开发的旧型声纳（音频探测装备），探测、追踪敌军潜水艇的能力严重不足。向亚丁湾派出青海部队后，韩国海军也存在海上战斗力出现空缺的问题。海军为了青海部队执行任务，交替派出六艘"忠武公李舜臣"级驱逐舰前往亚丁湾。在这一过程当中，除去执行任务、进行交替、准备随时机动的炮舰外，在非常时期可以向朝鲜半岛和周边海域调动的"忠武公李舜臣"级驱逐舰的数量，减少到一半以下。②

以中国、日本为标准，确定建设海军规模的做法也受到批判。批评者认为，中国和日本比韩国经济实力雄厚，海军规模比韩国庞大是正常的。韩国经济实力不如中、日，如果韩国试图拥有更多的舰艇，以缩小与中、日两国的差距，将会承受巨大的经济负担。特别是与陆军、空军相比，海军的建设需要投入更多的时间和财力，韩国的压力是可想而知的。

海军过于突出自身功能也是遭到批评的原因之一。批评者认为，现代化的海战凭借的不再只是传统的、单一的海上作战能力，还包含陆上的地对舰火力，水中的潜水艇，还有空中的飞机及制导武器等立体的、多元化的作战能力。因此，在海上作战中应强

---

① [韩]李正勋（音）："参与政府安保政策的'看不见的手'——采访黄晒禹"，《新东亚》，2008年7月9日。
② [韩]刘永源（音）："6艘驱逐舰中仅2艘可能投入国内作，海上防御网构建举步维艰"，《朝鲜日报》，2011年9月27日。

化非水上作战能力的作用,发挥空军对海上作战的积极作用。① 然而海军一直推进的大洋海军建设试图强化海军独立作战能力,垄断海上作战领域,未实现与其他兵种的有机协调行动,这与推动陆、海、空三军无缝对接、协同行动的趋势是完全背道而驰,因而具有很大的局限性。

二、 韩国海军作战方向选择

(一) 美国军事作战概念新变化

2011年11月,美国总统奥巴马访问澳大利亚,在澳大利亚下议院演讲中,重点阐述美国未来的亚太政策。他说:"我已经做出了一个深思熟虑并具有战略意义的决定,美国作为一个亚太国家在塑造该地区及其未来中将扮演一个更大和长期的角色。"美国看到了世界经济形势正发生变化,亚太地区蕴藏着很大发展潜力。"毋庸置疑,21世纪是亚太时代。我们慎重做出决定把重心转移到亚太地区。"② 同月,时任美国国务卿的希拉里·克林顿在夏威夷大学的东西方中心发表演讲宣布美国重心转向亚太。她说,随着伊拉克战争走向结束、美军在阿富汗开始向阿方转交安全职责,美国的外交重点正在发生变化。而随着亚太地区逐渐成为21世纪全球战略与经济重心,这里也将成为美国外交战略的重心,美国外交在未来十年最重要的

---

① Rebecca Grant, "Airpower Over Water", Air Force Magazine, Vol. 93, No. 11, November 2010, pp. 52–55.
② The White House, "Remarks by President Obama to the Australian Parliament", November 17, 2011.

任务就是在亚太地区增大投入。① 2012年1月5日，美国总统和国防部长在《维持美国的全球领导地位：21世纪国防的首要任务》（Sustaining U. S. Global Leadership: Priorities for 21st Century Defense）中提出了新的战略方针，暗示美国将缩减陆军规模，并减少在欧洲的军事存在，转而加强在亚太地区的军事存在，把重心转向亚太地区，以维护亚太的"安全与繁荣"。并指出美军改革的目标是组建一支规模不大、装备精良、机动性超强、拥有较强作战实力的战斗部队，明确要求美军要具备在反介入（A2：Anti – Access）/区域拒止（AD：Area – Denial）条件下的力量投送能力。②

美军从伊拉克和阿富汗战场撤军的同时，将目光转向所谓的反介入/区域拒止（A2/AD）的威胁。面对迅速崛起的中国，美国认识到谋划应对中国的策略已迫在眉睫。美国认为中国的崛起意味着中国新武器体系的开发以及中国军事力量的增强。美国重返亚太、保持强大军事存在、发展新型武器装备都与美国判断中国正在实行反介入/区域拒止（A2/AD）战略密不可分，并认定这会使美国向全球公域的力量投送能力和在全球公域的行动自由受到威胁。此外，美国认为伊朗、朝鲜等具有反介入/区域拒止（A2/AD）能力的国家也威胁美国的行动自由。因此，美国针对反介入/区域拒止（A2/AD）的作战环境变化，开始对如何保障作战介入能力进行研究，并提出"空海一体战"作战概念和"联合作战介入概念"。

1. "空海一体战"作战概念

"空海一体战"作战概念是美国在财政状况吃紧、国防预算削减、国际社会新兴力量崛起的情况下，为保障其在西太平洋地区的利益而提出的概念。美国认为一些国家反介入/区域拒止（A2/AD）能力的提升，阻碍了美国军事力量在这一区域的介入和行动，对美

---

① Hillary Rodham Clinton, "America's Pacific Century", November 10, 2011.
② The U. S. DOD, "Sustaining U. S. Global Leadership: Priorities for 21st Century Defense", January, 2012, p. 4.

军构成巨大的威胁。因此,美军为了确保作战介入能力开始着手研究与实践"空海一体战"作战概念。

早在2006年,在美国太平洋空军司令的指挥下,太平洋空军、战略与预算评估中心和国防部综合评价局开始对"空海一体战"(ASB：Air–Sea Battle)作战概念进行研究。"空海一体战"作战概念是美军根据"空地一体战"(ALB：Air–Land Battle)作战概念制定形成的。"空地一体战"作战概念形成于20世纪70年代到80年代,是美国旨在应对苏联对西欧的多兵种进攻而制定的战略。苏联解体之后,美国认为来自中国的威胁遍布海洋、天空、太空和网络空间等诸多领域,因此,将"空地一体战"作战概念转变为"空海一体战"作战概念。上述研究部门在此后3年多的时间里进行6次模拟战争演习,向美国海军、空军参谋长提交"空海一体战"作战概念的蓝本,并继续进行针对性的研究。

2009年,美国前国防部长罗伯特·盖茨作为军方最高首长首次在文件中提出"空海一体战"的作战概念,指示海军部和空军部采纳新的作战概念,并写入2010年出版的《四年防务评估报告》。他在报告中指出,"远程打击、太空和网络空间,其中包括常规和战略现代化计划着眼的重点将是空海一体战。"此后,美国空军和海军对"空海一体战"作战概念进行进一步完善,在理论上取得重大进展,2010年5月,出版发行了《"空海一体战"作战概念基本草案》。2011年11月,美国国土安全委员会战备部主任兰迪·福布斯提交一份报告,建议参考推出"空地一体战"作战理论的经验,实施"空海一体战"作战理论改革。

2012年,"空海一体战"改革正式起步。此后美国国防部"空海一体战"作战概念的具体化工作仍在持续推进。2013年5月,美国国防部空海一体战办公室修订并发行《"空海一体战"作战概念概要》(第9版)。美国空军和海军还在世界范围内展开联合军事演习,验证"空海一体战"作战理论的具体作战样式。美军也加强与盟军对"空海一体战"的研讨和实践。"空海一体战"作战概念的核心是跨领域整合海军和空军现有资源,充分发挥海军和空军的联合作战能力。不仅保障美军战时作战介入行动的实施,在执行人道主义支援和灾难救助任务时,也能够更加迅速有效地发挥作用。

美国国内对于"空海一体战"作战概念存在很多争议。就"空海一体战"作战概念实施对象而言,美国《"空海一体战"作战概念基本草案》中仍将中国视为潜在的敌对国家。但是《"空海一体战"作战概念基本草案》发表以后,以美国海军参谋长和空军参谋长为主的美军主要人士主张不指定特定的国家和地区,而是着眼于更好地应对地区性的反介入/区域拒止(A2/AD)威胁。美国布鲁金斯研究所的外交政策研究部长奥海伦博士在2012年10月发表的文章中对"空海一体战"作战概念(ASB)进行了批判,认为"空海一体战"作战概念(ASB)过度地强调了战争的可能性,过分地主张其攻击性。不仅如此,他还主张将"空海一体战"(ASB)更名为"空海行动"(Air-Sea Operation),反对将中国本土假想为先发制人目标或早期战场。[①]

作为美军未来作战样式,"空海一体战"也面临着指挥权之争。各军种间都在进行无形的竞争,强调自身的作用,努力成为未来作战的总指挥。海军和空军力挺"空海一体战"作战概念,甚至基于明显的优势而产生骄傲情绪。而陆军和海军陆战队却对以海军和空军为核心的作战概念充满忧虑,担心自身地位因此被降低,抨击贬低地面作战能力的做法。在金融危机的打击和战争的拖累之下,美国国防预算逐年削减,到2015年已缩减至4956亿美元。[②] 这无疑加剧了各军种之间的利益之争。

在激烈的论证过程中,2012年初,参谋长联席会议主席马丁·

[①] 国防情报本部海外情报部美国美洲科:"关于空海作战改为空海行动的美国研究院观点摘要",《国防情报本部研究报告书》,2012年版,第2页。

[②] The U.S. DOD, "National Defense Budget Estimates for FY2015", April, 2014, p.7.

E·邓普西上将提出"联合作战介入"概念,指出尽管"空海一体战"的核心是空军和海军应对敌方远距离、充分防卫的威胁,但空军、海军、陆军、海军陆战队这四大军种在其中是兼具责任的。① 陆军在"空海一体战"中仍然起着非常重要的作用,虽然"空海一体战"弱化了陆军的重要性,新的国防计划也在削减陆军人数,但陆军在亚太地区的地位没有动摇,陆军应通过转型更好地适应未来战场需要。② 美国空军参谋长诺顿·施瓦茨(Norton A. Schowartz)和海军作战部长乔纳森·格林纳特(Jonathan W. Greenert)多次强调"空海一体战"是适应世界安全环境的全球性战略,是在不确定时代保持稳定的战略,认为密切联合空军和海军力量实施"空海一体战"能确保美军具有代表美国利益在世界范围内的军力投送能力。美军应切实践行"空海一体战",消除各军种间壁垒,实现空军和海军真正的联合作战。③

2. 联合作战介入概念

伊拉克和阿富汗地面战争结束后,美国陆军和海军陆战队面临着未来的使命任务与角色定位问题。美国空军和海军已经提出"空海一体战"的作战概念,而美国陆军和海军陆战队在这一新亚太作战战略中处于边缘地位。在这一背景之下,美国陆军和海军陆战队联合推动美国国防部和参谋长联席会议提出的包含"空海一体战"的"联合作战介入概念"(JOAC:Joint Operational Access Concept)。其目标不局限于海军和空军,还包括地面部队、太空领域、

---

① The U.S. DOD, "Joint Operational Access Concept Version 1.0", January 17, 2012. p. 1.
② "Army Jockeying for Role in Air – Sea Battle", http://www.nationaldefensemagazine.org/blog/lists/posts/post.aspx? ID = 679
③ Norton A. Schowartz, Jonathan W. Greenert, "Air – Sea Battle—Promoting Stability in an Era of Uncertainty", The National Interest, 2012.02. Norton A. Schowartz, Jonathan W. Greenert, "Air – Sea Battle Doctrine: A Discussion With the Chief of Staff of the Air Force and Chief of Naval Operations", Bookings Institution Event, May 16, 2012. Jonathan W. Greenert, Mark Welsh, "Breaking the Kill Chain: How to Keep America in the Game when Our Enemies are Trying to Shut Us out", Foreign Policy, May 16, 2013.

网络领域，是旨在实施全军综合性战略而进行的概念研究。

2010年7月，美国联合战略司开始对"联合作战介入概念"（JOAC）开展研究。2012年1月17日，参谋长联席会议主席马丁·E·邓普西上将签署发布《联合作战介入概念》（1.0版本）（JOAC：Joint Operational Access Concept Version 1.0）。2012年3月，美国陆军能力集成中心主任和美国海军陆战队作战发展司令部司令共同签发了《实现并保持介入：美国陆军与海军陆战队联合概念》。该文件强调美国陆军与海军陆战队在应对反介入/区域拒止挑战中所发挥的作用，并就如何执行此类任务提出了设想，表明两个军种在未来"联合作战介入"方式中就如何发挥作用的具体作战构想正式形成。2012秋，美国四大军种的副参谋长签署一份谅解备忘录，该备忘录确立了在建设四大军种联合部队过程中实施"空海一体战"作战概念的框架，这支联合部队要具备塑造和利用反介入/区域拒止（A2/AD）环境的能力，目的是保持在全球公域的行动自由，并确保作战介入以实施同时进行的或接续进行的联合作战行动。

"联合作战介入概念"（JOAC）是"联合作战顶层概念"（CCJO：Capstone Concepts Joint Operations）的子概念，它包括"空海一体战"作战概念（ASB：Air – Sea Battle），濒海作战概念（CLO：Concept on Littoral Operations），进入作战概念（CEO：Concept on Entry Operations），以及陆上持久作战概念（CSLO：Concept on Sustained Land Operations），[①]形成相互支撑的完全一体化的作战概念，标志着美军在两场大型地面战争结束的新的历史条件下，正以综合性解决方案应对新兴大国崛起的严峻挑战。"空海一体战"作战概念是"联合作战介入概念"（JOAC）子概念。与"联合作战介入概念"（JOAC）操控包括地面部队、太空领域和网络领域在内的联合军种的整体运作不同，"空海一体战"作战概念重点在于集中整

---

① The U. S. DOD, "Joint Operational Access Concept Version 1.0, January 17", 2012. p. 4.

合海军和空军的战斗力。但两个概念的核心思想是一致的，都是为了以军事力量支持和配合美国的亚太再平衡战略。

"空海一体战"作战概念是"联合作战介入概念"（JOAC）的一个支持性概念，通过明确更具体的手段和需求为"联合作战介入概念"（JOAC）提供支持，是美国国防部战略任务（在和平或危机时期投送力量并维持在全球公域的行动自由）的重要组成部分。[①] 在"联合作战介入概念"（JOAC）中首先与敌方进行的远距离作战模式就是"空海一体战"，因此，如果不能通过"空海一体战"有效摧毁敌方反介入/区域拒止（A2/AD）战略，之后的濒海作战、进入作战和陆上持久作战将无法推进。美国亚太再平衡战略的实施使其战略核心转移到西太平洋地区，美国认为在"联合作战介入概念"（JOAC）中强化"空海一体战"作战概念是西太平洋地区作战环境的现实要求。

正如马丁·E·邓普西上将在《联合作战介入概念V1.0》前言中所说，"联合作战介入概念"（JOAC）是从广义上阐述联合部队在遭遇反介入/区域拒止（A2/AD）的安全挑战时如何做出反应。他认为，面对全球反介入/区域拒止（A2/AD）能力的增长、美国海外防御态势变化、太空与网络作为竞争领域出现等三大趋势，未来的国家和非国家对手将把反介入/区域拒止（A2/AD）战略作为抗衡美国的重要手段。"联合作战介入概念"（JOAC）是阐述未来联合部队如何针对此类战略实现作战介入。作战介入是在获得行动自由的前提下向作战领域投送兵力以完成任务的能力，是联合部队通行自由、对全球公共水域、太空和网络领域的自由运用的保证。

"联合作战介入概念"（JOAC）的核心是"跨领域协同"（CDS：Cross–Domain Synergy）概念。即不是增强某一军种的能力，而是每个军种都提高作战能力并弥补其他军种能力的不足。"联合作

[①] Air–Sea Battle Office, "Air–Sea Battle", May, 2013, p.8.

战介入概念"(JOAC)超越了"关注军队兵种能力集成"的"联合协同"(JS：Joint Synergy)的限制,将重点放在"域间作战力量的无缝应用。""联合作战介入概念"(JOAC)在以往"联合协同"(JS)概念的基础上增加了太空和网络领域,构想了一种在传统陆、海、空战场中更高程度与更灵活地融入太空与网络作战的途径,使得各军种可在彼此的领域自由移动,增加了作战灵活性。这与过去应对敌国攻击的对称性(Symmetrical)手段不同,表明非对称(Asymmetrical)手段成为主要应对方式。例如运用电磁攻击击落敌人的导弹,运用网络攻击摧毁敌人的监视系统,以及运用潜水艇抵御敌人的空中威胁等。

从上述马丁·E·邓普西上将所阐述的三大趋势可见,美国若在联合作战介入中确保美军作战介入能力,还将面临下述三个方面的挑战：第一,新武器系统的跨越性研发、生产与扩散。新武器系统包括中远程导弹、能够远距离对美国进行攻击的核潜艇、阻止美军航空母舰介入的反舰弹道导弹、能够制约美军自由行动的巡航导弹以及其他水上或空中战斗武器。第二,美军海外防御态势(ODP：Overseas Defense Posture)的变化。美国安全环境的变化和美军竞争力的弱化导致美军海外防御态势(ODP)发生变化。随着过去明确存在的共同敌对国家消失,美军的同盟国家及友好国家对于美军在本国领土内的驻军表现出不满情绪。加之,美国经济实力的下降导致国防预算大大减少,海外驻军规模势必会进一步缩小。第三,太空和网络空间的竞争。目前,世界各国在太空和网络空间等不对称(Asymmetry)领域中竞争日益激烈。太空和网络空间的竞争对陆地、海洋、空中的竞争中起到决定性的影响。因此,在未来的军事力量运用中,太空和网络空间的重要性会进一步扩大。①

---

① The U. S. DOD, "Joint Operational Access Concept Version 1.0", January 17, 2012, p. 27.

（二）韩国海军接受"两个概念"面临的挑战

近年来，朝鲜半岛局势动荡不安，对韩国来说，这更加凸显了美韩同盟的重要性。美国亚太再平衡战略需要韩国的重要支撑，韩国国内也普遍认为美韩同盟是韩国安全的重要基石。目前，美韩已建立起多层次、全方位的同盟关系，突破了局限于朝鲜半岛的相互防卫水平，发展到共同应对东北亚、国际安全等全球性问题的阶段。在美韩联合防卫体制之下，美韩共同实施联合作战计划，韩国海军的许多作战概念和作战计划都是以美军为模板发展而来的，双方频繁开展联合训练，共同维护朝鲜半岛稳定。在这种安全态势之下，如果韩国海军全面接受美国"空海一体战"作战概念（ASB）和"联合作战介入概念"（JOAC），将会进一步强化美韩同盟的凝聚力，提升美韩军队联合作战的能力。如此看来，接受"空海一体战"作战概念（ASB）和"联合作战介入概念"（JOAC）似乎是韩国海军与作为盟友的美国联合部队保持一体化作战方案的自然演进。但是，美韩作战环境差异、周边国家的反对、韩国军队内部的矛盾却使韩国海军全面接受美国"空海一体战"作战概念（ASB）和"联合作战介入概念"（JOAC）面临诸多挑战。

1. 美韩作战环境差异

韩国海军在全面接受美军的"联合作战介入概念"（JOAC）和"空海一体战"作战概念（ASB）第一个要面对的问题就是双方作战环境的差异。

首先，美韩主要作战区域不同。美国是世界唯一超级大国，其维护全球霸权的一个重要手段是遍及全球的庞大的海外军事基地群。据美国国防部发布的《2013财年美军基地结构报告》显示，美国在40多个国家设立598个海外军事基地，海外驻军多达40万人。这些海外军事基地是美国将威胁拒之本土之外，实现前沿存在和前沿作战的主要区域。与美国相比，韩国是一个区域性国家，基于朝鲜半岛的分裂状态、朝鲜的军事进攻以及周边国家的潜在威胁，韩国的主要作战战区是朝鲜半岛及周边地区。朝鲜半岛地形狭长，韩朝之间仅以4千米宽的军事分界线相隔，缺乏战略纵深，进攻与防御的区间模糊。美国那种作战战场远离本土、进攻与防御区间鲜明的作战方式并不适用于韩国。

其次，美韩主要威胁来源不同。美国是全球性的军事强国，任何一个国家都无法与美国的军事实力相抗衡。然而，"9·11"事件之后，恐怖组织的非对称性攻击却给美国造成严重伤害，恐怖组织及恐怖组织援助国成为美国急需应对的主要威胁，美国为此在全世界范围内掀起了一场反恐战争。近年来，中国的迅速崛起引起美国的极大不安，美国清楚中国不是美国的现实对手，但却认定中国是潜在的威胁。2009年以来，美国重返亚太、实施"亚太再平衡"战略，就有针对中国的意图。

自韩朝分裂以来，韩国在安全上最为紧迫的任务是防范来自朝鲜的威胁。随着韩朝关系的缓和，韩国从2004年起在《国防白皮书》中删掉朝鲜是"主敌"的字眼，改称朝鲜为"直接的军事威胁"。但是，2010年"天安"舰事件爆发后，韩国国防部2010年出版的《国防白皮书》虽然没有直接称朝鲜为"主敌"，但事实上已经恢复了这一判断。此后，延坪岛炮击事件、朝鲜核试验和导弹发射等事件不断强化了韩国的这一认识，韩国认为朝鲜的武力进攻和威胁仍将持续存在，因此，一直沿用将朝鲜视为"主敌"的说法。[①]

韩国还认为其潜在威胁来自周边国家。中国的崛起和影响力的不断增大令韩国感到担忧，其一，中国是朝鲜传统友好国家，韩国惟恐中国在朝鲜半岛事务上倾向支持朝鲜；其二，世界范围内对海

---

① 韩国国防部：《2014年国防白皮书发刊报道》，2015年1月6日。http：//www.mnd.go.kr/user/newsInUserRecord.action? newsId = I_ 669&newsSeq = I_ 8170&command = view&siteId = mnd&id = mnd_ 020400000000.

洋问题的重视激发了中国强烈的海洋意识,中国的海军建设和对海洋权益维护的决心令作为邻国的韩国表现出不安的情绪。① 此外,尽管同为美国的盟国,韩日关系仍存在不少纷争,历史认识问题、领土争端等等使韩日关系迅速冷却,安倍政府突破武器出口三原则和解禁集体自卫权等右倾保守化的趋势也让韩国充满忧虑。②

可见,美韩两国对危险来源的认知存在差异。尽管美韩都将中国视为潜在威胁,但视中国威胁的程度却大不相同,导致美韩采取的应对政策有轻重缓急之分。

再次,主要威胁势力特征不同。美军所面对的主要威胁势力多涉及恐怖主义和核开发等特性。国际恐怖势力将以美国为首的西方国家作为最主要的打击目标,但由于恐怖主义形形色色,其对国际社会威胁也呈现多元化的状态。"9·11"之前,"基地"集中在西亚特别是阿富汗,但"9·11"之后,恐怖势力在地域分布上进一步扩展至南亚、中东、北非等地区。各种恐怖组织以新兴媒体特别是因特网作为重要的恐怖活动平台,通过网络招募人员,策划、组织,实施恐怖袭击。此外,伊朗、叙利亚、朝鲜等国还涉及核问题。美国把中国视为其潜在威胁对象,美国认为中国这个崛起中的国家正在对美国实行反介入/区域拒止(A2/AD)战略,阻碍美军在中国邻近海洋的自由行动。

韩国根据《国防改革基本计划2014—2030》,确定中、短期目标是确保应对朝鲜威胁的能力,长期目标是强化防御能力以应对影响朝鲜半岛统一的潜在威胁。③ 截至2014年10月,朝鲜现役部队约120万人,其中陆军约102万人,海军约6万人,空军约12万人,

---

① [韩]赵玄泰(音):"美中海洋战略及对东北亚的影响,急速变化的东北亚安保环境与韩国的应对方向",世宗研究所,2010年版,第49—50页。
② [韩]高宣奎(音):"日本安倍政府的右倾保守化倾向与展望",《独岛研究》,2014年第16期,第320页。
③ 韩国国防部:《国防改革基本计划2014—2030》,2014年版,第8页。

是以陆军为主的国家。朝鲜在三八线附近部署上百台大炮，对相距40千米的韩国首都首尔构成严重威胁。[①] 韩国防范朝鲜的重点是地面部队的进攻。韩国周边强国林立，中国、日本以及俄罗斯的军事实力都不容小觑，这在很大程度上抑制了韩国诉诸武力的冲动。

最后，针对威胁势力的作战计划不同。主要威胁势力特征不同决定了其作战计划表现出不同的特点。美军主要是在远离本土的海外基地打击恐怖组织及其援助国，应对中国崛起等多种不可预知的威胁。因此，需要制订多样化的作战计划，例如，在中东以地面部队作战为主，在西太平洋地区以海军、空军作战为主，甚至需要制订网络、太空作战计划。"空海一体战"作战概念的出台正是迎合了美国维护西太平洋安全利益的需要。在朝鲜半岛，韩军主要面对来自朝鲜的威胁，朝鲜是以陆军为主的国家，地面部队作战将占相当大的比重。这一特点要求韩军应主要做好应对地面部队作战的准备。

总而言之，美军和韩军的作战环境存在着很大的差异性，双方的作战概念与作战计划应该有所区别也是显而易见的。美军的作战特点是在远离本土的基地附近实施"空海一体战"作战，削弱敌方的反介入/区域拒止（A2/AD）能力，保障美军的作战介入能力。但是韩国军队和主要敌方朝鲜的领土、领海、领空相连，朝鲜无法实施所谓的反介入/区域拒止（A2/AD）战略。虽然在部分地区也能够看到朝鲜的海岸防御导弹（CDCM，Coastal Defense Cruise Missile）、水雷等的反介入/区域拒止（A2/AD）能力，但不能明确界定这就是反介入/区域拒止（A2/AD）战略。反介入/区域拒止（A2/AD）战略是美国认为中国在其邻近海域和空域中阻碍美军自由行动而提出的概念。但朝鲜半岛作战环境大为不同，韩国是直面作战前线的，朝鲜的海岸防御导弹（CDCM）、水雷等使韩国海军无空间可介入。

美军的"联合作战介入概念"（JOAC）和"空海一体战"作战

---

① 韩国国防部：《2014年国防白皮书》，2015年1月8日，第239页。

概念（ASB）的提出并不是单纯为了提升空军、海军联合作战的能力，而是为了抵御敌方的反介入/区域拒止（A2/AD）战略和保障美军作战介入能力。"空海一体战"是"联合作战介入概念"（JOAC）的核心内容。因此，这两个作战概念形成了海军和空军共同作战的主线。但是，这与韩军需要应对大量地面部队的作战环境明显不符。而且从全球作战层面来看，海军和空军在开战初期的主要任务是掌握战争主动权，此后，在许多领域都是在支援地面部队。由此可见，由于韩军和美军的作战环境不同，韩军建立排除地面部队的"空海一体战"作战概念（ASB）是不可取的。

2. 周边国家的反对

目前作为"联合作战介入概念"（JOAC）核心内容的"空海一体战"作战概念（ASB）在国际社会饱受争议，遭到中国甚至美国盟友的强烈批判。

"空海一体战"作战概念（ASB）的提出是为了向敌方显示美国的作战能力，甚至考虑在作战中使用导弹，因此存在攻击性倾向。在美国出台的《"空海一体战"作战概念基本草案》中，明确表明美军针对的是中国。尽管在之后的《"空海一体战"作战概念概要》（第9版）中删掉关于中国的表述，但鉴于美国亚太再平衡战略遏制中国的战略意图，"空海一体战"作战概念的隐含的用意仍十分突出。"空海一体战"作战概念的提出最根本的假设是反介入/区域拒止（A2/AD）。但反介入/区域拒止（A2/AD）是由美国单方面提出和宣传的，反介入/区域拒止（A2/AD）战略与能力存在与否、具体作战空间等概念并不明确，美国以此引导美军未来发展方向似乎缺乏现实依据，也必然会遭到中国等国家的强烈反对。中国军事科学院的某研究员就曾在美国国际战略问题研究所主办的研讨会上严厉批判美军具有攻击性的"空海一体战"作战概念（ASB）。他指出，中国不希望美军介入台湾问题或者制订将中国作为先发制人目标的计划。如果美军按其构想发展的话，中国也将发展相应的战略。①

美国在西太平洋实施"空海一体战"作战概念（ASB）的一个重要环节就是获得韩、日、澳等盟友的支持。目前，对"空海一体战"作战概念（ASB）的批判不仅仅存在于中国，美国的盟友也在作壁上观，未表现出多少积极性。"空海一体战"作战概念（ASB）是依托美国海外军事基地对敌对目标发动进攻的攻击性战略，并不注重防御，极易遭到被攻击方的报复性反击。韩、日是中国邻国，均在中国的中短程导弹覆盖范围内。因此，韩、日作为美国"第一岛链"前沿基地的盟友对此疑虑重重。韩国海军战斗力分析试验评估团首席研究员丁三万博士在韩国海洋战略研究所（KIMS, Korea Institute for Maritime Strategy）和美国海军分析中心（CNA, Center for Naval Analyses）共同主办的国际学术会议上对"空海一体战"作战概念（ASB）本身给予了否定。他认为"空海一体战"作战概念（ASB）是以提升对敌遏制力为主的攻击性战略，如果遏制失败将会引发全面战争。丁三万博士明确表示"空海一体战"作战概念（ASB）将会诱发美国和中国的矛盾，②增大韩国在美国与中国之间利益平衡的难度。为了有效防范中国，美国加紧对"第二岛链"的部署。"第二岛链"以关岛为中心，由驻扎在澳大利亚、新西兰等国的基地群组成，它是一线亚太美军和韩、日等国的后方依托，又是美军重要的前进基地。但澳大利亚也有对"空海一体战"作战概念（ASB）的各种批判。澳洲国立大学怀特博士表示"空海一体战"作战概念（ASB）会将美国和中国的危机推向高潮，并表达了对战争爆发的担忧。澳大利亚战略政策研究所国防战略分析员本·舍尔（Ben Schreer）博士认为"空海一体战"作战概念（ASB）虽然对遏

---

① 韩国国防情报本部海外情报部美国美洲科："美国的空海一体战构想分析"，《国防情报本部研究报告书》，2011年版，第2页。
② ［韩］丁三万："美国的新国防战略对东亚和朝鲜半岛的意义"，《韩国海洋战略研究所消息集》，2012年第49期，第21—23页。

制中国有积极的一面，但也会使美国和中国的核危机不断升级，他对此表示担心。[①]

如果韩国全面接受这一颇具争议的"空海一体战"作战概念（ASB），将会面临诸多不利后果。

2013年6月，朴槿惠总统在访日前访问中国，2014年7月，习近平主席在访朝前访韩，两国关系得到进一步提升。双方在朝鲜半岛无核化、反对日本右倾化、打击恐怖主义等一系列关乎东北亚地区稳定与和平的重大问题上保持一致立场，战略合作伙伴关系不断得到充实和巩固。中韩贸易往来取得长足发展，双边贸易额已近3000亿美元。2015年6月1日，中韩两国正式签署《中华人民共和国政府和大韩民国政府自由贸易协定》，为双方经济合作再次注入新的动力。良好的经贸关系成为中韩关系持久发展的基石。中韩人文交流频繁，2014年7月，中韩签署《中华人民共和国与大韩民国领事协定》，进一步夯实两国人员往来法律基础。中韩双方将2015年和2016年分别确定为"中国旅游年"和"韩国旅游年"，并加强教育和青少年领域交流合作。事实上，尽管中韩关系发展态势良好，但也不能忽视两国之间仍存在种种利益分歧，如果韩国全面接受美军的"联合作战介入概念"（JOAC）和"空海一体战"作战概念（ASB）势必导致双方利益失衡，不利于朝鲜半岛和东北亚地区的和平与稳定。

近年来，美俄关系在乌克兰危机之后跌入低谷。在多轮制裁、油价下跌以及卢布贬值等因素的共同作用下，俄罗斯经济状况不断恶化。2014年12月，美国总统奥巴马再次计划签署一项法案，批准对俄罗斯实施新的制裁，并继续向乌克兰提供援助。2015年3月，美国实施新一类制裁，限制包括俄罗斯国有控股石油巨头Rosneft在内的该国一些最大企业的金融活动。美俄对抗持续升级，使韩国陷入尴尬境地。目前，韩俄能源合作进展顺利，朴槿惠总统提出的

[①] Ben Schreer, "Air–Sea Battle–Dr Ben Schreer", ASPI Event, April 15, 2013.

"欧亚倡议"构想也需要俄罗斯的支持。但美韩同盟关系使韩国左右为难，为扩大制裁效果，美国多次呼吁韩国加入对俄罗斯制裁，韩国出于韩俄双边经贸和外交关系考虑，未对俄罗斯采取"实质性"行动。但作为对美国立场的一种妥协，2015年5月，朴槿惠总统未出席俄罗斯纪念抗战胜利70周年纪念活动。目前，俄罗斯与中国军事合作频繁，每年都举行海上联合军演。2015年5月，中俄海上军事演习的课题是维护远海航运安全，演习的主要内容包括海上防御、海上补给、护航行动、保证航运安全联合行动和实际使用武器演练。如果韩国全面接受"联合作战介入概念"（JOAC）和"空海一体战"作战概念（ASB），不排除韩国与俄罗斯发生对抗的可能性。

一直以来，朝鲜都视驻韩美军为朝鲜半岛及东北亚地区最大的威胁，将驻韩美军撤离朝鲜半岛作为改善韩朝关系、维护朝鲜半岛和平与稳定的重要条件。因此，朝鲜强烈抨击每年例行的美韩联合军事演习，称其是针对朝鲜的战争演习甚至是核战争演习，并威胁将采取"朝鲜式先发制人打击"。朝鲜不顾国际社会强烈反对，坚持进行核开发和导弹试射，都是在彰显朝鲜坚决打击一切来犯之敌的实力和决心。目前，美韩联合军事力量已经给朝鲜造成巨大安全压力，如果韩国全面接受美军的"联合作战介入概念"（JOAC）和"空海一体战"作战概念（ASB），表明美韩联军的军事作战能力将再次获得极大的提升，朝鲜面临的威胁亦呈几何级增长。美韩新作战模式虽然提升了对朝鲜的威慑能力，强化了对朝鲜的进攻优势，但也会刺激朝鲜加快核武器和导弹的研发与生产，甚至逼迫朝鲜铤而走险，开展大规模报复性行动，这种过度进攻导致的失控局面是作为前沿阵地的韩国难以承受的，谋求获得绝对安全的手段反而成为陷入战争深渊的推手。而且如前所述，"空海一体战"作战概念（ASB）并不适用朝鲜半岛作战环境。如果这一作战概念的实施不能有效控制以地面部队作战为主的朝鲜战场，只是刺激朝鲜采取大规模报复性行动，韩国则得不偿失。

韩、日虽同为美国的盟友，却长期龃龉不断。近年来，参拜靖国神社、修订历史教科书、否认慰安妇等问题将韩日关系拖入恶性循环的漩涡，"独岛"（日本称"竹岛"）之争又将韩国反日情绪推向高潮。在美国推动下，2014年12月29日，美、日、韩签署三国情报共享协议，形成三边情报共享机制，但韩国对日本解禁集体自卫权的举动始终持谨慎态度。2015年5月30日，韩国国防部长官韩民求和日本防卫大臣中谷元在新加坡亚洲安全峰会举行4年多来首次会晤，就日本行使集体自卫权的条件及程序等问题交换意见。韩方强调日本行使集体自卫权会给朝鲜半岛安全及韩国国家利益带来影响。因此，在未经韩国请求和同意的情况下，日本不得在朝鲜半岛行使集体自卫权。双方就此达成共识。① 在与美国的同盟关系中，美韩关系与美日关系并非等腰三角形。目前，韩、日对"空海一体战"作战概念（ASB）都在持观望态度，但不排除美国出于现实需要对韩日施加压力的可能。如果韩国先于日本全面加入，意味着韩国与美国在作战协调方面比日本更进一步，必然引发日本忧虑。反之亦然。如果双方同时加入，韩国则要面临如何在韩、日矛盾重重之时实现紧密合作的难题。

尽管美国反复强调"空海一体战"作战概念（ASB）不针对特定国家，但美军已经开始在包括亚太地区在内的全球热点地区进行战场基础设施建设，不排除未来将作战概念发展成为指导美军军事行动的作战计划。如果韩国海军全面接受"空海一体战"作战概念（ASB）将会受到周边国家的强烈抵抗，引发东北亚地区的安全困境。鉴于同盟国对"空海一体战"作战概念（ASB）颇多诟病，美国与其同盟国也可能在分歧出现时自动在"牵连"与"抛弃"之间做出选择。② 如果美国实力走向衰弱，无法为盟国提供明确的保护，届时位于前沿基地的盟友恐怕也不会为美国火中取栗。

---

① 韩国国防部："以亚洲安全峰会为契机韩日国防部长举行会谈"，《韩国国防部报道资料》，2015年5月30日。
② ［韩］咸宗圭（音）："美国的空海战斗构想"，《联参》，2012年第50号，第15—20页。

3. 韩国军队内部的矛盾

"空海一体战"作战概念（ASB）虽然比"联合作战介入概念"（JOAC）出现的早，但是"联合作战介入概念"（JOAC）提出的同时却将"空海一体战"作战概念（ASB）确定为其子概念。美国国内对"空海一体战"作战概念（ASB）的研究具体且多样化，而对"联合作战介入概念"（JOAC）的研究仍不完善。"联合作战介入概念"（JOAC）旨在掌控从"空海一体战"到地面作战的所有作战阶段，以便适时在作战区域投入战斗力。但是目前其对"空海一体战"以外的其他阶段的构想仍未出炉。虽然美军在陆军、海军、空军、海军陆战队参加的战争演习中结合"空海一体战"作战概念（ASB）实现了全军范围协同作战，但是"联合作战介入概念"（JOAC）事实上正以海军和空军的联合作战为中心进一步发展，这也是美军内部一部分人持有批判态度的原因之一。他们认为"空海一体战"作战概念（ASB）只是过于重视短期目标的战争，不可能保证海军和空军在战争中获得完全的胜利。在忽视地面部队重要性的情况下，应对中国的威胁是不可能的。[①]

随着军事作战目标与方式的变化，韩国陆、海、空三军规模和地位正处在调整变化之中。1988年8月18日，时任卢泰愚总统指示国防部长李相薰开展"长期国防态势发展方向"的研究，为21世纪的自主国防做总体规划，即"818计划"。90年代开始，根据"818计划"形成了军政、军令二元化权力结构。[②] 20多年来，这种一刀切式的二元结构导致军队上层组织机构庞大臃肿，职能交叉重复，运行效率低下。具有较高专业知识的人才被排除在各军作战指挥权限（确定作战计划、保持战斗状态、指导作战）之外，作战效能低下。"天安"舰事件和延坪

[①] Douglas Macgregor, Young J. Kim, "Air–Sea Battle: Something's Missing", Armed Forced Journal, April, 2012.

[②] 军政：为实现国防目标建设军事力量、维护、管理的"养兵"职能。军令：为实现国防目标运用军事力量的"用兵"职能。

岛炮击事件爆发之后，国民要求建立"逢敌必胜的战斗型部队"的呼声日益高涨。为此，韩国国防部开始加速国防改革，旨在实现军政、军令职能一元化，提高战斗执行能力和军队运营效率。

在国防改革中，陆、海、空三军均衡发展是一项重要课题。自朝鲜战争之后，韩国就面临朝鲜强大的陆军威胁，保障距离军事分界线不过40千米的首都圈安全是韩国军队的首要任务。在美韩联合防卫体制下，美国主要提供海军和空军作战力量，韩国负责陆军作战力量。韩国海军和空军战斗力比朝鲜略有优势，但陆军处于劣势，是重点加强建设的部分。截至2014年10月，韩国军队约63万人，其中陆军49.5万人，海军4.1万人，海军陆战队2.9万人，空军6.5万人。[①] 2014年，韩国国防部发表了《国防改革基本计划2014—2030》，旨在由现有的"积极遏制、攻势防卫"转变为先发制人的"主动遏制、攻势防卫"，构建杀伤链（Kill Chain）能力和韩国导弹防御系统（KAMD：Korea Air and Missile Defense）能力，同时应对局部进攻和全面战争威胁。

根据该计划，截止到2022年，韩军的常备兵力将从目前的63万减至52万，其中，陆军由49.5万人减少至38.7万人，海军（4.1万）、空军（6.5万）、海军陆战队（2.9万）人数不变。另外，第1野战军司令部和第3野战军司令部将整合成地面部队作战司令部，地面部队作战司令部直接管辖前方军队，并负责指挥地面作战。到2026年底，陆军军将由8个减少至6个，陆军师将由42个减少至31个，装甲旅/机械化步兵旅将由23个减少至16个。随着技术集约型军队结构的改编，技能和专业性要求较高的岗位将由副士官等干部来担任，因此，新国防改革计划在常备兵力减少的情况下提高了干部比例。2012年军队干部比例为28.9%，计划2017年

[①] 韩国国防部：《2014年国防白皮书》，2015年1月8日，第239页。

提高至31.7%，2020年提高到40%。① 国防改革的核心目标是在保持现有战斗力的同时，裁减兵力规模。但战斗力的提高需要大量国防预算作为支撑，近年来，韩国国防预算增长比率呈下降趋势，成为国防改革顺利实施的障碍之一。为了实现军队的均衡发展，2014年韩国政府制定的国防预算陆军占42.8%，海军占17.9%，空军占20.1%，国防部直属部队占19.2%，陆、海、空所占比例约保持在2∶1∶1。韩国陆、海、空三军士兵数量比例为8∶1∶1，将军数量比例为5∶1∶1。尽管陆军总体上所占比重仍然最大，但与以往国防预算陆、海、空三军士兵和将军比例相比，陆军地位下降最多。②（参见图2—2）

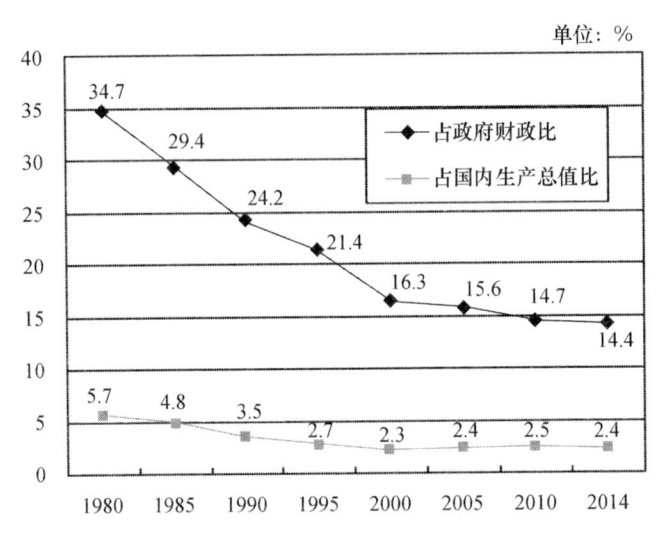

图2—2　国防费占政府财政和国内生产总值的比率变化③

从联合参谋本部议长崔润喜的任命也可以看出韩国均衡各军发展的意图。2013年9月25日，韩国政府在联合参谋本部成立50

---

① 韩国国防部：《国防改革基本计划2014—2030》，2014年版，第13页。
② 韩国国防部："韩军以战斗任务为中心的组织改编"，《国防改革基本计划：上级指挥结构调整》，2013年4月11日，第22页。
③ 韩国国防部：《2014年国防白皮书》，2015年1月8日，第158页。

周年之时提名海军参谋总长崔润喜为新一任联合参谋本部议长，10月16日，崔润喜正式宣誓就职。联合参谋本部议长一直被认为是陆军专属职务，海军出身的人担任参谋议长一职在建军65年以来尚属首次。韩国政府解释这一做法是为了团结军心、强化协同性、均衡各军的发展。

随着军事改革的不断推进，各军种之间势力与地位变化引发的矛盾在韩国军队中普遍存在。如果韩军全面接受"空海一体战"作战概念（ASB），出于作战需要，国防预算和各项资源自然会向海军和空军倾斜，陆军的发展空间将进一步受到限制，必然加剧军队内部各军种之间的纷争。虽然表面上是在牵引陆、海、空三军力量趋向均衡，但如前所述，"空海一体战"作战概念（ASB）并不适合朝鲜半岛的作战环境，忽视地面部队的做法反而破坏了各军种之间的无缝对接，缺乏协同性的行动必然会大大降低作战效率。

三、 韩国海军海外维和行动

（一） 韩国海外派兵

目前，韩国海外派兵主要有三种途径：参与联合国维和行动、参与多国部队维和行动、与邀请国开展国防合作。每种途径又分为派遣部队和派遣个人两种形式。

1948年6月，联合国停战监督组织（UNTSO：United Nations Truce Supervision Organization）在巴勒斯坦成立，联合国维和行动从此开始。联合国向世界纷争地区派遣特派团，执行监督停战和再建援助等任务。1991年9月，韩国加入联合国。1993年3月，韩国参加第二期联合国维和行动，向索马里派遣工兵部队，此后一直积极参加联合国的维和行动。从韩国海外派兵部队预算来看，近年来，索马里海域青海部队的预算所占比重最大，可见，打击索马里海盗行动的重要性和迫切性。（参见表2—4）

表2—4　韩国海外派兵部队的预算①　　　　单位：亿元

分类	黎巴嫩东明部队	索马里海域青海部队	阿富汗朋友部队	阿联酋兄弟部队	南苏丹韩光部队	菲律宾Araw部队
2007	261	-	-	-	-	-
2008	172	-	-	-	-	-
2009	224	156	-	-	-	-
2010	208	364	161	-	-	-
2011	193	337	227	93	-	-
2012	183	318	251	105	5	-
2013	175	280	51	85	310	18
2014	178	358	33	87	286	298
总计	1594	1813	723	370	601	316

截至2015年6月11日，韩国仍有1094人在海外参与联合国维和行动。其中，派遣部队是韩国海外派兵的主要形式，共1057人，约占所有在派人员的97%。其中，联合国维和行动海外派兵UN PKO 607人，多国部队300人，国防合作150人。个人形式的在派人员37人，其中，联合国维和行动海外派兵UN PKO 28人，多国部队9人，与邀请国国防合作的个人任务均已结束。（参见表2—5）

---

① 韩国国防部：《2014年国防白皮书》，2015年1月8日，第271页。

表 2—5　韩国海外派兵现状①

总计 13 个国家 1094 名　　　　　　　　　　　　　　截至 2015 年 6 月 11 日

分类			在派人员	地区	派出日期	换岗周期
UN PKO	部队	黎巴嫩东明部队	317	提尔	2007.7	8 个月
		南苏丹韩光部队	290	博尔	2013.3	
	个人	印巴停战监督组织（UNMOGIP）	7	斯利那加	1994.11	1 年
		利比亚特派团（UNMIL）	2	蒙罗维亚	2003.10	
		南苏丹特派团（UNMISS）	7	朱巴	2011.7	
		苏丹达尔富尔特派团（UNAMID）	2	达尔富尔	2009.6	
		黎巴嫩维和部队（UNIFIL）	4	那库拉	2007.1	
		科特迪瓦特派团（UNOCI）	2	阿比让	2009.7	
		西撒哈拉特派团（MINURSO）	4	阿尤恩	2009.7	
	小计		635			
多国部队维和行动	部队	索马里海域青海部队		300	索马里海域	2009.3	6 个月
	个人	巴林联合海军司令部	参谋军官	4	麦纳麦	2008.1	1 年
		吉布提联合机动部队（CJTF-HOA）	联络官	2	吉布提	2009.3	
			联络组	2			
		美国中央司令部	参谋	1	佛罗里达	2001.11	1 年
	小计		309			
与邀请国国防合作	部队	UAE 兄弟部队	150	阿莱茵	2011.1	8 个月
	小计		150			
总计			1094			

（二）参与国际维和行动的法律依据

韩国参与国际维和行动主要法律依据是宪法、联合国决议案和韩国国会动议案。

1. 宪法

宪法第 5 条第 1 款：大韩民国致力于国际和平的维持并否认侵

---

① 韩国国防部：《海外派兵现状》，2015 年 6 月 11 日。

略战争。

宪法第 60 条第 2 款：国会对宣战布告、国军在国外的派遣或外国军队在大韩民国领域内的驻留享有同意权。

2. 联合国决议案和韩国国会动议案

表 2—6　联合国决议案和韩国国会动议案[①]

地区	派遣部队	联合国决议	国会动议案
海湾	国军医疗援助团	第 660—678 号	向沙特阿拉伯派遣韩国国军医疗援助团动议案（1991.1.21.）
	空军运输团		向海湾地区派遣韩国空军运输团动议案（1991.2.7.）
索马里	常青树部队	第 794 号（1992.12.3.）	向索马里联合国维和行动组织派遣韩国工兵部队动议案（1993.5.18.）
西撒哈拉	国军医疗援助团	第 690 号（1991.4.29）	向西撒哈拉联合国维和行动组织派遣韩国医疗部队动议案（1994.7.14.）/之后 11 次延长此动议
安哥拉	工兵大队	第 966 号（1994.2.8.）	向安哥拉联合国维和行动组织派遣国军工兵部队动议案（1995 年 7.15.）/之后 1 次延长动议
东帝汶	常青树部队	第 1264 号（1999.9.15.）	向东帝汶多国部队派遣国军部队动议案（1999.9.28.）/之后 3 次延长动议
阿富汗	海军运输援助团 空军运输援助团 东医部队	第 1368 号（2001.9.12） 第 1373 号（2001.9.28.）	为反恐战争派遣国军部队动议案（2001.12.6.）/之后 5 次延长动议
	茶山部队	第 1378 号（2001.11.14.） 第 1383 号（2001.12.6.）	为反恐战争派遣国军建设工兵部队动议案（2003.1.22.）/之后 4 次延长动议
	朋友部队	第 1890 号（2009.10.8.）	向阿富汗派遣国军部队动议案（2010.2.25.）/之后 2 次延长动议

续表

地区	派遣部队	联合国决议	国会动议案
伊拉克	徐熙济马部队	第1483号（2003.5.22）第1511号（2003.10.16）第1546号（2004.6.8.）	向伊拉克战争派遣国军部队动议案（2003.4.2.）/之后1次延长动议 向伊拉克战争追加派遣国军部队动议案（2004.2.13.）/之后4次延长动议
	宰桐部队		
黎巴嫩	东明部队	第1701号（2006.8.11.）	向联合国黎巴嫩维和部队派遣国军部队动议案（2006.12.22.）/之后7次延长动议
索马里海域	青海部队	第1838号（2008.10.7.）第1846号（2008.12.2.）第1851号（2008.12.12.）第1897号（2009.11.25.）	向索马里海域派遣国军部队动议案（2009.3.2.）/之后6次延长动议
海地	甘雨部队	第1908号（2010.1.19.）	向国际联合海地安全特派团派遣国军部队动议案（2010.2.9.）/之后2次延长动议
阿联酋	兄弟部队	—	为援助阿联酋部队教育训练派遣国军部队动议案（2010.12.8.）/之后3次延长动议
南苏丹	韩光部队	第1996号（2011.7.8.）	向国际联合南苏丹特派团派遣国军部队动议案（2012.9.27.）/之后2次延长动议
菲律宾	Araw部队	—	为菲律宾灾害复原和重建援助派遣国军部队动议案（2013.12.5.）

①韩国国防部：《国际维和行动参与依据》，2013年7月25日。

（三）韩国青海部队

1. 青海部队的创建

近年来，索马里海盗日益猖獗，对往来商船构成严重威胁。早在

2001年9月27日,联合国安理会就通过1373号决议,宣称恐怖和支持恐怖的行为违反了联合国的目标和原则。2008年10月7日,联合国安理会通过1838号决议,呼吁所有当事国与索马里过渡政府合作共同打击海盗和海上抢劫行为,要求联合国会员国派遣军舰和飞机。2008年10月27日,韩国政府派出联合考察团。2008年12月12日,联合国安理会通过1846号决议,呼吁有权对海盗行使刑事管辖权的国家加强合作。2008年12月16日,联合国安理会通过1851号决议,允许与索马里政府合作的联合国成员国及国际机构获得索马里过渡政府的事前许可之后对海盗及海上抢劫行为采取所有必要的手段。[1]

韩国政府为保护索马里海域的韩国船舶不受海盗袭扰,积极响应联合国号召。韩国国会于2009年3月2日通过了"向索马里海域派遣国军部队的动议案"。2009年3月4日,韩国海军创建了青海部队。青海部队由4500吨级最新型驱逐舰"文武大王"号,3艘快艇(RIB)和一架山猫反潜直升机和300多名官兵组成,一次最多能护送6艘船舶,通常执行任务周期是4—5个月。2009年3月13日,韩国海军第一批青海部队"文武大王"号驱逐舰离开镇海基地,开赴索马里,参与执行打击海盗和恐怖袭击等海洋安全作战任务,同时为经过索马里附近海域的韩国船舶护航,以及在非常时期保护韩国国民。[2]

2. 青海部队的成绩

从2009年4月17日击退袭击丹麦籍船舶的海盗开始,青海部队成功实施了"亚丁湾黎明作战"。2011年1月,韩国"三湖珠宝"号油轮在索马里海域被索马里海盗劫持,船上有21名船员。海盗在索马里海域劫持了"三湖珠宝"号油轮以后,试图将船拖回他们基地。当时,韩国青海部队正在附近海域执行保护韩国船舶的任务,

---

[1] 国会国防委员会:《国军部队的索马里海域派遣动议案研究报告》,2009年2月,第10页。
[2] 国会国防委员会:《国军部队的索马里海域派遣动议案研究报告》,2012年11月,第2页。

接到命令后立即赶往现场展开营救活动。在周密的计划下，1月21日凌晨，韩国海军突击队展开了"亚丁湾黎明作战"拯救人质的军事行动，4500吨级的"崔莹"号军舰向油轮开火，并出动了山猫直升机，给海盗以沉痛打击。韩国海军特种部队在亚丁湾展开的"亚丁湾黎明作战"营救行动成绩斐然，成功解救了被索马里海盗劫持的21名船员，射杀8名海盗，捕获5名海盗。这5名海盗后来被押送至韩国，被法院判处了重刑。此后，青海部队又成功完成4月21日的"韩进天津号船员解救作战"、3月4日的"利比亚侨民撤离作战"、2012年12月5日的"MT GEMINI号船员营救作战"等行动。2013年2月，青海部队同时执行了南苏丹海外派兵海上物资运输船舶的护航任务和对在印度洋作业的韩国远洋渔船的护航任务。在保护韩国船舶避免海盗袭扰的同时，护航行动展现了韩国海军完成多样化军事任务的决心和能力，为维护亚丁湾安全做出重要贡献。2014年8月16—17日，青海部队再次完成"利比亚侨民撤离作战"任务。2014年9月29日，第十七批青海部队"大祚荣"号启程赴亚丁湾。截至2014年9月，青海部队共为1925艘国内外船舶提供了同行护送勤务，其中韩国船舶418艘、外国船舶1507艘。为8499艘国内外船舶提供安全航海援助，其中韩国船舶5905艘，外国船舶2594艘。参加联合海军司令部海洋安全作战238次，共计486天。击退海盗21次，共31艘船舶，而韩国海军青海部队未发生一起因海盗导致的伤亡事件。如果护航行动换算成经济价值，一艘船雇佣私人保安公司至少需支付10万美元，那么5905艘韩国船舶则需要支付的数额约为5.9亿美元。青海部队的护航成绩是值得充分肯定的。正因为如此，韩国海军军官已经三次担任第151联盟特遣部队（CTF-151，隶属于在亚丁湾和索马里海域执行反海盗作战的多国海上联合部队司令部）指挥官。（参见表2—7）

表 2—7　青海部队主要活动①

截至 2014 年 9 月

同行护送		安全航海援助		海洋安全作战	击退海盗
韩国船舶	外国船舶	韩国船舶	外国船舶		
418 艘	1507 艘	5905 艘	2594 艘	238 次/486 日	21 次/31 艘

青海部队通过开展积极的全方位军事外交活动，提升韩国海军作战执行能力，提高韩国的国际地位和影响力。目前，韩国与中国、法国、其他北大西洋公约组织成员等对海盗作战国家活跃地开展联合军事训练和交流合作。除了参加海上联合训练外，青海部队还救助外国商船上的紧急患者，参加 2009 马来西亚国际海洋防务展览会、邀请外国军队访问、为外国军队提供特种作战培训等。到目前为止，韩国海军共派出 15 批护航编队，参加护航行动的人员达 4500 多名，这意味着每 10 名海军官兵中就有一人参加过护航行动。在第 15 批护航编队中，有护航经验的人就达到 81 名，其中有 7 名官兵是第 3 次参加护航行动，还有一名海军特种作战旅（UDT/SEAL）成员已是第 4 次参加护航行动。韩国海军的 DDH-Ⅱ级驱逐舰也执行了 2—3 次护航任务。通过护航行动，韩国海军在指挥多国海上联合部队、实施人质营救作战、舰艇/直升机运用、人员管理、海外军需等方面积累了丰富的经验。特别是像"亚丁湾黎明作战"等实战经验，为切实提升海军战斗力提供了可靠的保证。特殊战战团在 2012 年参加完"亚丁湾黎明作战"行动后，由旅级扩编为战团级。不但编制得到扩大，而且特殊战战团还改进、完善了反恐训练手册内容，配备了绳索发射枪，作战效率有了大幅提升。特种作战旅（UDT/SEAL）报名人数明显增加，过去在 2 个人中选拔 1 名，现在可以做到 3 个人中选拔 1 名。有越来越多的外国军队希望能够接受韩国海

---

① 韩国国防部：《2014 年国防白皮书》，2015 年，第 135 页。

军的特种作战培训。目前，韩国海军受孟加拉国的委托对其军官进行高强度的特种作战训练。另外，还有一些国家已经向韩国明确提出了委托培训意向。①

3. 青海部队持续派驻的必要性

目前，韩国的护航行动已经进入了有序接替、常态化运行的阶段。青海部队持续派驻的必要性体现在以下三个方面：

第一，海盗行为尚未根除，存在通过国际合作预防和扫除海盗行为的必要性。

索马里因持续的内战，畜牧业、水产业等传统产业全面崩溃。在极度的贫困状态下，索马里产生了海盗这一极端犯罪团伙。事实上，索马里过渡政府对于3025千米的海岸线丧失了实际管控能力，再加上海盗们加紧对其武器装备进行更新换代，并不断扩充其武装力量，这些因素促使海盗活动愈发猖獗。从2008年起，每年大约有40艘至50艘船舶遭到海盗劫持。多国海上部队建立信息共享与合作机制后，积极开展联合反海盗作战行动。在各国的共同努力下，海盗活动频率及行动成功率已大幅下降。虽然海盗活动有明显减少，但是考虑到动荡不安的索马里国内局势，很难期待海盗问题能够得到彻底解决。韩国认为为了维护国民的生命财产安全，提升韩国国际影响力和国际地位，青海部队有继续派驻的必要性。

第二，亚丁湾邻近海域是原油、液化天然气（LNG：Liquefied Natural Gas）等国家战略物资的主要海上战略运输线，韩国每年约有25%的海运物流量通过这里，通行次数约为500次。为了维持该地区的海上安全，保护韩国船员的生命及其他经济活动，韩国仍将对海盗行为进行严厉打击。

应韩国海洋水产部的要求，从第13批青海部队"王建"号起，除护航任务外，又增加了对印度洋远洋渔船的保护任务。韩国远洋

---

① "亚丁湾黎明作战三周年"，《国防日报》，2014年1月20日。

渔船在印度洋作业是从1957年开始的,但是,2006年,韩国远洋渔船"东远"号在印度洋被海盗劫持后,在印度洋上捕捞金枪鱼的韩国远洋渔船数量大为减少。从2006年的34艘、2007年的38艘,锐减到2013年的10艘。据有关部门统计,因此造成的损失每年达1400多亿韩元。目前,印度洋金枪鱼委员会(IOTC:Indian Ocean Tuna Commission)计划依据各国的捕鱼量来决定印度洋金枪鱼资源的分配配额。从2010年金枪鱼捕鱼量来看,中国为7万吨,日本为1.8万吨、欧盟为1.85万吨,而韩国仅为2700吨,差距非常明显。[①]正因为如此,对于韩国而言,急需增加韩国远洋渔船的捕鱼量,青海部队的护航任务显得尤为重要。

第三,国际社会呼吁各国持续开展打击海盗的作战行动,联合海军司令官高度评价青海部队对海盗作战的战果,积极邀请韩国延长派兵。驻阿曼和巴林大使认为,青海部队不仅成功击退海盗,在促进与驻在国关系发展方面也起到积极作用,因此,请求政府延长派兵。在索马里海域,有美国、中国、英国、法国、德国等14个国家的20艘舰艇执行护航任务。韩国通过参与联合国、北大西洋公约组织,打击索马里沿海海盗活动联络小组(CGPCS:Contact Group on Piracy off the Coast of Somalia)[②]等组织的打击海盗行动,加强了与多国联合海军的友谊,提高了国际联合作战能力,不仅提高韩国维护海上船只和人员安全的能力,也有助于在国际社会增加韩国的影响力。

近年来,美国希望韩国海军发挥更大作用的呼声越来越高。2013年,美国经济危机催生的预算削减政策使美国国防预算遭受了重大打击,产生巨大的波及效应,北大西洋公约组织与联合海军、美韩军事联盟都面临着所分摊的防卫费用增加等诸多挑战。对于在

---

① "亚丁湾黎明作战三周年",《国防日报》,2014年1月20日。
② 联合国安理会决议第1851号决议呼吁打击索马里海盗的国际合作。根据这一决议,2009年1月,打击索马里沿海海盗活动联络小组正式成立。

亚丁湾海域执行对海盗作战任务的以美国为中心的联合海军司令部来说，随着美军战斗力量的减少，其行动范围也不可避免地缩小。虽然最近海盗活动有所减少，但并未完全根除，海盗仍与恐怖组织有联系，因此打击海盗的作战行动不能停下来，这便自然地产生了需要作战参与国分担防务与费用的问题。青海部队不仅在海洋安全作战时被要求提供直接支持，在执行其他国家任务中，也被要求给予间接援助，持续增加对于联合海军的作战贡献度。

中国也有保持与韩国合作的需要。随着经济的高速增长，中国海军力量也迅速提升，运用最新型的驱逐舰和护卫舰，海外影响力不断扩大，除了索马里海域之外，中国的影响力扩大至印度洋和非洲。中国在这些地区派遣了3艘军舰执行船舶执行护航任务，但是中国仍不具备美国的系统作战能力。从现实角度看，作为竞争国的美国不会帮助中国提升这种能力，中国国内反日情绪以及中日关系现状，使中日合作障碍重重。而韩国完整吸收了美国现代军事力量体系，中国国内对韩国没有强烈抵触情绪，韩国便成为中国最理想的合作对象。因此，中国派驻亚丁湾的军舰与青海部队积极开展军事交流，加强协同作战。韩国海军也希望通过与中国的交流提高在国际社会上的地位，向国际社会展示其乐于对外交流与合作的负责任的姿态。

4. 青海部队对海盗作战存在的问题

青海部队在发挥重要作用的同时，也存在许多问题。最为突出的是青海部队存在战斗力量不足的问题。青海部队由1艘4500吨级的驱逐舰、1架反潜直升机和3艘高速小艇组成。以这样的战斗力执行对海盗作战任务是非常力不从心的。中国、日本等国家的索马里海域派遣规模是2—3艘驱逐舰，或在邻近海域有军事援助基地，可以辅助执行灵活的作战任务。目前，随着中国海军的日益强大，中国正在尝试扩大在印度洋和非洲的影响力，中国在亚丁湾派遣3艘军舰（驱逐舰，护卫舰，军需支援舰）之外，2013年2月，中国从巴基斯坦手中接过巴基斯坦南部要地——瓜达尔港的运营权，8月，中国与肯尼亚签订了50亿美元的基础设施建设项目，并确保了蒙巴萨港口的开发权。2015年，中国与非洲东北部亚丁湾西岸的吉布提签署为期10年的基地租赁协议。日本目前在亚丁湾除了派遣2艘驱逐舰之外，也在吉布提拥有据点。

青海部队在亚丁湾主要任务区域的长度是1152千米，约相当于从釜山到首尔距离（389千米）的3倍，作战区域包括亚丁湾—印度洋—阿拉伯海，是朝鲜半岛面积（22万平方米）的40倍。在这样辽阔的海域，韩国只用1艘驱逐舰执行任务，没有军需援助基地，只是运用一般民用港口调配军需物资，作战疲劳度和后续军需援助都成为令人担忧的问题。日本后续战斗力量是青海部队的2倍以上，但青海部队月平均护送船舶约6回（35艘），日本月平均护送船舶约8.6回（44艘），两者却并没有太大的差异。[①] 由此可见，在同等程度上青海部队的战斗力量疲劳作战程度是非常高的。

青海部队战斗力量不足不仅制约其作战灵活性的发挥，还容易产生作战力量空缺的问题。2011年1月21日，亚丁湾黎明作战持续17天，3月4日，利比亚侨民撤离行动持续33天，2012年12月5日，GEMINI号船员营救行动持续7天，2013年2月10日，南苏丹派兵海上物资护航任务持续18天，青海部队执行这些任务期间无法兼顾亚丁湾海域的护航任务。在作战力量覆盖的盲区有可能发生2轮或3轮海盗劫船事件，这种危险性非常令人担忧。

因战斗力量不足，青海部队难以充分完成国会派兵动议案中明确规定的配合海上联合部队执行海洋安保作战的任务。青海部队从第5批到第11批，在4—5个月的执行任务周期中，月平均援助了3回6天的海洋安全作战。从第12批开始，海洋安全作战的援助范

[①] 2012年日本海上自卫队亚丁湾海域船只护送总104回533艘。索马里·亚丁湾关系省联络会：《2012年海盗报告》，2013年3月，第11页。

围，从直接援助扩大到间接援助，援助天数增加到月平均 4 回 13 天。[①] 韩国海军的作用得到进一步扩大，承受的压力也随之增加。

目前韩国国内面对的问题是已经建成的 6 艘 4500 吨级驱逐舰都已被轮流派往海外，处于过度疲劳状态。因为这些舰艇不只是被投入到各种警备作战、训练以及青海部队海外派兵上，还被用于海军军校学生的巡航训练实习援助（约 4—6 个月）、环太平洋训练（约 2—3 个月）等方面，作战疲劳度非常高。青海部队到 2015 年 2 月，已经派出了 18 批，平均每艘驱逐舰都执行过 2—3 回派兵任务。而且 6 艘舰船交替派往亚丁湾，也会使维护朝鲜半岛及周边海域安全的力量大幅减少，导致保护韩国本土作战的战斗力量缺失，这也成为韩国竭力扩充海军战斗力量的一个重要原因。

---

① 索马里·亚丁湾关系省联络会：《2012 年海盗报告》，2013 年 3 月，第 415—418 页。

第三章 韩国海洋权益争端

一、中韩海洋权益争端

中国与韩国是一衣带水的邻邦,隔海相望。20世纪中叶之前,中韩之间几无海洋争端。1982年,《联合国海洋法公约》颁布,重新确立了国际海洋新秩序,为人类在海洋的活动提供了基本的法律框架,把人类带入到海域使用权属管理的时代。1994年,《联合国海洋法公约》正式生效,中韩相继予以承认,成为《联合国海洋法公约》签字国和批准国,开始在《联合国海洋法公约》规则下划定本国的海洋管辖范围。然而《联合国海洋法公约》关于专属经济区、大陆架划界原则的规定在实践中具有模糊之处,致使中韩在相邻海域由于各自所主张的专属经济区和大陆架存在重叠区域而引发苏岩礁之争和渔业纠纷。

自20世纪90年代以来,中韩共举行十几轮司局级磋商,双方就海域划界问题交换了意见,为海域划界谈判奠定了基础。近年来,随着中国"一带一路"建设和韩国"欧亚倡议"对接的探讨逐步深入,以及中韩自由贸易协定的正式签署,中韩经贸合作日趋密切,维护地区和平与安全的迫切性也更加凸显,中韩海域划界谈判问题再次被提到议事日程。2013年6月,韩国总统朴槿惠访华期间,中韩两国发表《充实中韩战略合作伙伴关系行动计划》，双方再次确认两国海域划界对推动双边关系长期稳定发展和推动海洋合作的重要性，决定为推进海域划界进程，尽早启动海域划界谈判。2014年7月，中国习近平主席访韩期间，两国领导人确定于2015年启动海域划界谈判。10月31日，李克强总理访韩时，双方确认2015年正式开启海域划界谈判。2015年1月29日，中韩在上海举行海域划界谈判的预备会议，12月22日，正式拉开中韩海域划界谈判帷幕，以期通过海域划界谈判解决海洋权益争端。

（一）苏岩礁的战略意义

苏岩礁地处要地，周边海域拥有丰富的渔业和海底油气资源，具有重大的安全和经济利益。为此，中韩两国在苏岩礁归属问题上龃龉不断，互不相让。

1. 苏岩礁的地理位置重要

苏岩礁地处东经125°10′45″、北纬32°7′42″，位于韩国济州岛和中国长江口连线之间，距韩国马罗岛149千米，离中国舟山群岛最东侧的童岛约247千米，与日本鸟岛相隔276千米。苏岩礁原意为江苏海外之岩石，是江苏外海大陆架延伸的一部分，在地质学上属于长江三角洲的一部分，是东海的海底丘陵。它与江苏外海的麻菜珩、外磕脚两沙洲岛和嵊泗列岛东边的佘山岛、鸡骨礁、舟山群岛东北侧的童岛共同组成了中国东海的外围岛链。事实上，苏岩礁只是一座暗礁，在低潮时仍处在海面以下，离海面最浅处达4.6米。

苏岩礁地缘战略地位极其重要。苏岩礁地处东海和黄海的交汇处，位于东海的北部，靠近黄海的南部，处于中国东部海域的中心位置。其周围地形复杂，暗礁浅滩交错，不仅有多处浅滩，还有虎皮礁、鸭礁、丁岩礁等暗礁，是航行于黄海与东海之间的船舶不能忽视的险要之地。苏岩礁是中国关注日、韩等海上邻国动向的前哨阵地,也是中国突破第一岛链封锁,走向太平洋的重要踏板。苏岩礁对于韩国同样重要,是韩国实现西遏中国和朝鲜、东防日本、南保海上通道安全等战略目标的重要支点。苏岩礁的战略经济地位亦非常突出。中国黄海、渤海海域大部分海上运输都经过苏岩礁附近海域。这一海域也是韩国南部核心航线,韩国超过90%进出口货物运输,特别是超过99.8%的石油、100%谷物和原材料进出口都经过苏岩礁南部海域。在苏岩礁建立海洋科学研究基地,可以发挥它在观测区域性的气象、海况、鱼况等方面的特殊作用。例如,登陆中国黄海沿岸的台风和登陆韩国超过半数以上的台风都途经苏岩礁,据统计,从1950年至2008年,登陆韩国54%(26个)的台风都经过苏岩礁半径150千米的区域,并在10小时后到达南海岸,苏岩礁是观测捕捉这一海域台风动向的重要观测点。[①](参见图3—1)

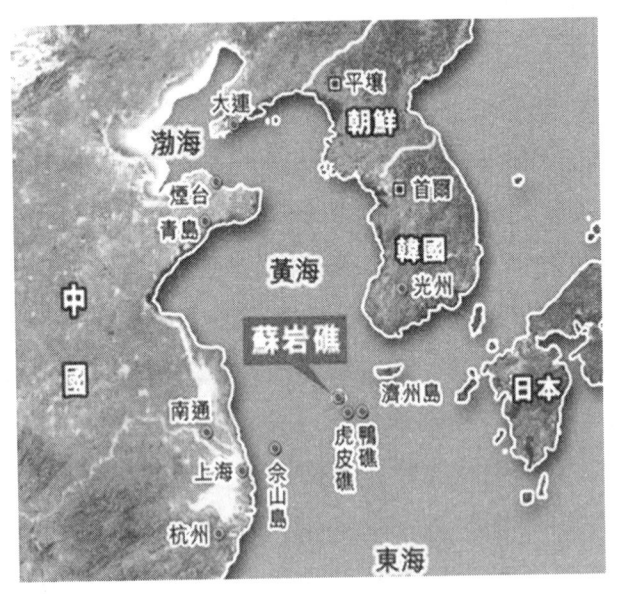

图3—1 苏岩礁位置图

---

① [韩]朴玄镐:"大洋海军梦想中的'离於岛'纷争地区化",《文化日报》,2013年3月16日。

2. 苏岩礁海域的渔业资源丰富

苏岩礁附近海域渔业资源丰富，根据2009年济州大学调查，苏岩礁附近海域拥有黄花鱼、刀鱼、海鳗等14种鱼类。近年来，随着经济利益的驱动，中国沿海地区从南到北都在走发展石化工业的路线，大力兴建码头、化工厂、钢铁厂、发电厂，这些沿海港口发展和临港工业的建设大都靠填海造地形成，使渔民近海生产空间大大萎缩。加之石油溢油事故频发、赤潮的泛滥、生活污水和工业污水的随意排放等等，导致中国近海渔类资源几近枯竭，沿海各地纷纷出现"近海无鱼可打"的尴尬。大量渔船从传统渔场撤回，直接影响渔民的生产和生活。迫于生计，中国渔民把目光投向远洋捕捞，苏岩礁附近海域是中国鲁、苏、浙、闽、台五省渔民自古以来活动的渔场，渔业资源非常丰富。因此，成为中国渔民的远洋捕鱼的理想场所。20世纪90年代以来，韩国的远洋渔业也实现了快速发展。尽管韩国是一个三面环海的国家，但其沿岸渔业资源并不丰富。近年来，随着韩国邻近海域渔业资源的减少，东海和黄海丰富的渔业资源成为韩国争夺的重点，韩国认为，一旦取得苏岩礁的管辖权，就意味着其可以在苏岩礁与韩国本土之间的广阔海域中拥有无可争议的捕鱼权，很大程度上缓解韩国国内对海洋渔业产品的需求。

3. 苏岩礁海域的油气资源丰富

苏岩礁附近海域蕴含着丰富的石油和天然气资源。据推测，这一地区最多蕴藏着1000亿桶原油和72亿吨天然气等230多种地下资源。[①] 近年来，韩国加快对周边海底能源的开发，其主要原因如下：第一，韩国国土面积狭小，国内陆地石油资源不足，高度发达的经济使能源资源的缺乏问题更加突出，严重依赖进口石油满足其工业发展的需要。韩国能源对外依存度很高，存在能源供给安全和

---

① [韩] 崔埈英："'离於岛'大陆架蕴藏大量石油和天然气资源"，《文化日报》，2013年11月28日。

成本过高的问题。据统计截至2015年1月，韩国对中东地区石油依存度高达82.2%。近年来，中东局势动荡影响石油产量和出口量，韩国国内石油供给结构也随之恶化，而且远距离运输也大大增加生产成本，为了确保石油获取途径的安全性和减少运输费用的需要，韩国加快了对大陆架的勘探进度。第二，韩国海外石油开发受阻。随着主要石油资源国民族主义情绪高涨，韩国海外石油开发壁垒增大，开发国内石油的必要性日益凸显。第三，能源开发能带动产业链的发展。韩国国内石油的开发能够带动海洋成套设备、输油管道、浮式生产储存卸货装置等产业的发展，具有很高的经济效益。因此，目前韩国积极促进本国大陆架石油开发事业。[①] 中国的情况与韩国相似，目前，中国石油对外依存度逼近60%，中国对于开发黄海和东海大陆架油气资源的需求也特别迫切，双方在这一海域的争夺将会愈演愈烈。按照韩国的设想，若取得苏岩礁附近海域的管辖权，则为自己将来在黄海的油气资源的勘探和开采取得先机，并且能够在与中日争夺东海油气资源的竞争中占据优势地位。

（二）苏岩礁问题的历史脉络

1. 中国历史中的苏岩礁

苏岩礁历史上就属于中国，是中国不可分割的一部分。从名称上看，苏岩礁即"江苏外海之礁石"之意，其附近水域自古以来就是中国沿海居民活动的渔场。中国历史古籍也明确记载苏岩礁属于中国。1880年至1890年，苏岩礁的位置被明确标注在清朝北洋水师的海路图中，比韩国早一百年。20世纪50年代，中国人民解放军东海舰队曾对苏岩礁进行了勘察。1963年，中国第一艘自行设计制造的万吨轮"跃进号"在苏岩礁所在海域触礁沉没，中国海军东海舰

[①] 韩国石油公司：《国内大陆架探测概要》，2015年。

队和交通部测量大队对苏岩礁进行了建国以来的首次精密测量，绘制了高质量的海图，并向国际社会宣示了领海主权。

1992年5月，中国海军北海舰队海测大队以"北标982号"、"北标983号"两艘大型测量船和"青渔427号""青渔425号"两艘侦察船组成海上测绘编队驶赴黄海，全面完成了对苏岩礁海区的测绘工作。1995年，韩国在苏岩礁开始兴建综合海洋科学基地，中国政府曾于2000年和2002年两次向韩方提出交涉，反对韩方在两国专属经济区主张重叠海域的单方面活动。

2005年，中国国家海洋局在《海洋行政执法公报》的《海洋行政执法基本情况》部分表示，"国家海洋局依据《联合国海洋法公约》等法律、法规，由中国海监各海区总队在中国管辖海域进行了巡航监管，对中国与邻国存在争议的海域进行了巡航监视。8月16日，中国国家海洋局在苏岩礁以南10海里处对发现的韩国租用的挪威POLAR DUKE物探作业船队进行了监视；中国海监飞机对苏岩礁韩国海洋观测平台实施了巡航监视5架次，多次发现韩国海岸警备队巡逻飞机、韩国海警巡逻艇在该海域活动。"2006年9月14日，中国外交部发言人秦刚在记者会上表示，在处理与别国之间关系问题时，中方遵循公认的国际法准则，主张协商对话。苏岩礁是位于东海北部的水下暗礁，中国与韩国在此不存在领土争端。中国与韩国已就专属经济区划界进行了一些磋商。苏岩礁所处海域位于两国专属经济区主张重叠区。中方在苏岩礁问题上的立场是一贯、明确的，韩方的单方面行动不能产生任何法律效果。[1] 2012年3月3日，中国国家海洋局局长刘赐贵接受新华社记者专访时表示，近年来国家海洋局不断加强对涉及岛礁主权、海域管辖权、海域划界等维护海洋权益工作的政策、立法、规划的研究，坚定不移维护海洋权益。

根据国务院赋予的"依法维护国家海洋权益"的职责，中国国

---

[1] 中国外交部："外交部发言人秦刚例行记者会上答记者问"，2006年9月14日。

家海洋局在有关部门支持下,积极强化巡航执法,维护海洋权益。中国国家海洋局建立了中国管辖海域定期维权巡航执法制度,对外国船舶进入中国管辖海域非法开展科研调查、资源勘探开发等活动进行了维权执法。中国国家海洋局所属海监船舶、飞机巡航的范围,北起鸭绿江口、东至冲绳海槽,南达曾母暗沙,包括苏岩礁、钓鱼岛、黄岩礁以及南沙诸岛在内的中国全部管辖海域。2012年3月12日,中国外交部发言人刘为民回应苏岩礁问题称,中方关于苏岩礁的立场是明确的,苏岩礁所处海域位于中韩专属经济区主张重叠区,其归属须双方通过谈判解决。在此之前,双方都不应在该海域采取单方面举动。[1] 2013年11月,鉴于韩国已经非法占领苏岩礁,中国宣布划设东海防空识别区,覆盖苏岩礁,表明中国不承认韩国对苏岩礁及其附近海域的管辖权。

2. 韩国历史中的苏岩礁

韩国对外宣传苏岩礁是英国商船"索科特拉号"(Socotra)首次发现并确认的。1900年6月5日,"索科特拉号"在东经125°11′,北纬32°8′的海域发生触礁事故,之后向英国海军本部提交了一份报告。1901年,英国海军本部依据这份报告向事故地点派遣名为"海中女巫号"(Water Witch)的测量船,确认了暗礁的位置和水深(当时水深5.4米),并以沉船的名字将这一暗礁命名为"索科特拉岩礁"(Socotra Rocks)。[2] 此后,日本得知在济州岛西南方海域发现水下暗礁的消息,对其进行学术调查,并记录在水陆志当中。1938年,日本制定了铺设从长崎、济州岛至花鸟山岛、上海的920千米的海底电线的计划。济州岛与花鸟山岛的距离约为454千米,苏岩礁正位于这一区间的中间线上。于是日本计划在此修建直径15米、超出水面35米的人工岛屿作为中介基地,但由于第二次世界大战的

---

[1] 中国外交部:"外交部发言人刘为民举行例行记者会",2012年3月12日。
[2] [韩]金柄烈:《了解离於岛吗》,兴一文化出版社,1997年版,第6—8页。

爆发未能落实。

第二次世界大战之后，1951年7月19日，韩国向准备《旧金山对日和约》的美国提出索要朝鲜半岛、济州岛、"独岛"、巨文岛、"波浪岛"（即我方苏岩礁）的请求，但遭到拒绝。1951年8月，在国土普查工作中，承担国土调查计划的韩国山岳会与韩国海军共同探测苏岩礁，由于风急浪高，只是目测确认了水下的岩礁，并将刻有"大韩民国领土离於岛"字样的铜制标识板沉入水下礁石。

1952年1月18日，韩国政府发布了李承晚签署的《对毗邻海洋主权的宣言》，宣布韩国政府对属于国家领土的朝鲜半岛及与岛屿海岸接壤的大陆架199海里内已发现的和将来可能被发现的自然资源、矿物及水产拥有主权。这条199海里的水域界线，被称为"李承晚线"。"李承晚线"擅自将"独岛"（日本称"竹岛"）和苏岩礁划入韩国海域，成为日后韩国与中国争夺苏岩礁的依据之一。12月12日，韩国颁布《渔业资源保护法》，再次明确设定"李承晚线"的地理坐标。1970年，韩国颁布《海底矿物资源开发法》，苏岩礁被非法列入韩国的第四矿区。

1984年，济州大学与KBS波浪岛学术考察队首次确认了苏岩礁的具体位置。1986年水陆局（现国立海洋调查院）调查船测量确定暗礁水深4.6米。1987年，韩国海运港湾厅在苏岩礁设立了航标灯，这是韩国在苏岩礁最早设立的设施。[1] 1987年，韩国最南端的济州地方海洋水产部开始将苏岩礁标记为"离於岛"。1995年，韩国开始在苏岩礁进行现场海洋调查，进行水深测量，潮位、海潮流向观测，准备动工建设综合海洋科学基地。1996年，韩国开展现场海洋调查，二维空间水中模型实验，设计及计算作业条件。1997年，继续进行现场海洋调查，精密海底地形探查，建筑物概念设计和测量。

---

[1] 韩国国立海洋调查院："离於岛介绍" http：//www. khoa. go. kr/kcom/cnt/selectContentsPage. do？cntId＝51301000

1998年，韩国进行海底地基探测及资料分析，开始设计建筑物及科学基地运营方案。1999年，韩国选定和购买观测装备，决定建筑位置，三维空间水中模型实验。2000年，韩国制作完成各种工程方案，交由现代重工业集团施工。2001年，韩国详细设计所谓"科学基地"，为提高安全性，进行风动和水力实验，购买观测装备。2002年，韩国开工建设，制作安装远距观测、通讯系统。10月，下层建筑完工，科学基地临时运营。2003年5月，上层建筑完工，各项设备安装完毕，开始试运营。6月11日，韩国举行基地竣工典礼。该基地设计标准为能抗24.6米的大浪和每秒50米的大风，使用寿命为50年。韩国政府每年投入维护该基地的经费约为73万美元。

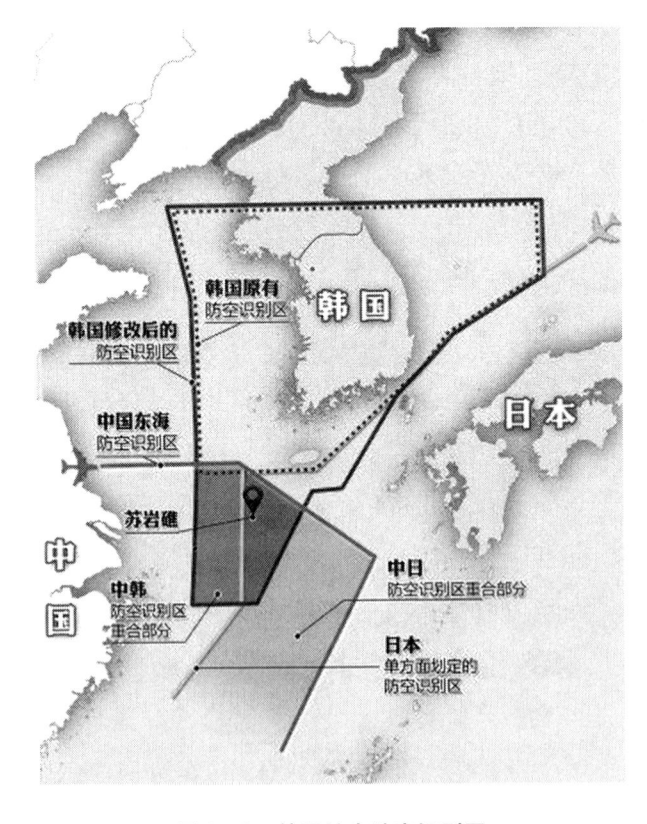

图3—2　韩国扩大防空识别区

在建设海洋科学基地期间,2001年1月22日,韩国的国立地理院、中央地名委员会召开会议,审议通过将距离济州马罗岛81海里的水中暗礁"索科特拉岩礁"(Socotra Rocks)改为"离於岛"(Ieodo)的决议。随后,韩国国立海洋研究院发布标有"离於岛"(Ieodo)字样的海图,为了防止造成航海者的混乱,将"索科特拉岩礁"与"离於岛"并记标出。为了进一步对外宣传"离於岛",唤起国民的"离於岛"情节,韩国济州道议会讨论将1月18日确定为"离於岛日"。2012年9月24日,韩国总统李明博下令将一艘刚服役的3000吨级舰艇部署到济州海洋警察厅,负责苏岩礁附近海域的警备。韩国还每天对苏岩礁海域进行一次航空巡逻,海军驱逐舰和P-3C海上巡逻机不定期对该海域进行巡查。[1] 2013年12月2日,韩国海军首次出动"栗谷李珥"号宙斯盾舰巡航苏岩礁海域。2013年12月8日,韩国国防部发布韩国防空识别区(KADIZ)扩大方案,区域范围延伸至半岛西南部的苏岩礁、马罗岛和红岛上空。这是韩国62年来首次重新划设防空识别区。目前韩国正在打造济州海军基地,在美韩同盟支持下,非法占领苏岩礁与中国抗衡。

综上所述,20世纪50年代,韩国与中国争夺苏岩礁的意图初现端倪。七八十年代,韩国与中国争夺苏岩礁的行为更加活跃,90年代中期以来,韩国在苏岩礁兴建综合海洋科学基地,使中韩苏岩礁争端更加明朗化,并持续发酵升级,演化成为两国迫切需要解决的问题。

(三)苏岩礁的法律地位

从上述中韩两国对苏岩礁历史的不同表述可知,中韩对于苏岩礁的归属存在争议。但目前中韩对于苏岩礁的法律地位的认定并不

---

[1] [韩]庾龙源、崔有植:"'离於岛'纷争化行动开始",《朝鲜日报》,2012年9月25日。

存在歧义，即双方都认为苏岩礁不是岛屿，是水中暗礁，不具有主张领海、专属经济区和大陆架的法律资格。1982年制定、1994年生效的《联合国海洋法公约》对岛屿制度有明确的规定，根据第121条第1款对岛屿做出的定义，岛屿是指四面环水并在高潮时高于水面的自然形成的陆地区域。根据这一法律规定，作为一个岛屿，必须符合如下具体条件：第一，国际法认定的岛屿必须"在高潮时露出水面"（Emergence at High-Tide）。即国际法意义上的岛屿必须是永久露出水面的，低潮高地不具有岛屿地位。第二，国际法认定的岛屿必须是"自然形成"（Naturally Formed）。1958年第一次联合国海洋法会议之前，有国家主张人工岛屿或者海洋中人工设施都应该具有国际法上承认的岛屿地位。例如，1930年海牙编撰会议上，德国和荷兰主张露出水面的人工岛屿或人工设施具有岛屿地位。1956年国际法委员会特别报告员草案也将人工设施解释为具有岛屿地位。[①] 但是，1958年第一次联合国海洋法会议签订了《领海和毗连区公约》，该公约第10条规定，称岛屿者指四面围水、高潮时仍露出水面之自然形成之陆地。1982年《联合国海洋法公约》坚持了这一立场，认定海底或低潮高地上建设的灯塔或类似的人工设施都不具有国际法意义的岛屿地位。第三，国际法认定的岛屿必须是"陆地区域"（Area of Land）。国际法意义上的岛屿地形必须是"被水环绕"，并且具有与陆地领土相似的特性。因此，永久抛锚的船只或者冰川等浮游的、可移动的海底设施或自然形成物体不具有岛屿的地位。[②]

韩国国内法律对于岛屿的认定也有明确的规定。依据2013年3月23日韩国行政安全部新修订的《岛屿开发促进法》第二条规定，

[①] Clive R. Symmons, "The Maritime Zones of Islands in International Law". Martinus Nijhoff Publishers. 1979. p. 30.

[②] Clive R. Symmons, "The Maritime Zones of Islands in International Law". Martinus Nijhoff Publishers. 1979. pp. 21–22.

《岛屿开发促进法》中所称岛屿，系指除济州岛本岛以外的海上所有岛屿。[1] 2014年1月1日，经修订实施的《岛屿开发促进法实施令》第二条规定，在《岛屿开发促进法》第二条中所称的"海上岛屿"，系指高潮时被海水包围的地域。[2] 同样强调岛屿必须"在高潮时露出水面"。

韩国有些地理学者认为"离於岛"（即我方苏岩礁）一年中大部分时间处于水下，间歇地出现在水面上，春分和秋分时清晰可见，是"干出岩"即低潮高地。《联合国海洋法公约》规定，沿海国可以在陆地以及包括低潮高地在内的岛屿上选取一系列适当的点，连接这些点形成折线，该折线就是沿海国的领海基线。领海基线以外一定宽度的海水带即为领海。第13条第1款规定，低潮高地是在低潮时四面环水并高于水面但在高潮时没入水中的自然形成的陆地。如果低潮高地全部或一部与大陆或岛屿的距离不超过领海的宽度，该高地的低潮线可作为测算领海宽度的基线。第13条第2款规定，如果低潮高地全部与大陆或岛屿的距离超过领海的宽度，则该高地没有其自己的领海。苏岩礁常年位于水面以下，离海面最浅处达4.6米，不是低潮高地。即便如韩国学者所说苏岩礁是低潮高地，也因其远离中国大陆和朝鲜半岛，超出中韩两国领海宽度，不能作为测算领海宽度的基线。

以上述法律为依据，韩国政府、学者、媒体等各界人士普遍认定苏岩礁是"礁"不是"岛"，不具备声索主权的法律依据。

2006年9月14日，中国外交部发言人秦刚在例行记者会上表示，"'苏岩礁'是位于东海北部的水下暗礁，中国与韩国在此不存在领土争端。"2008年8月11日，韩国外交部在新闻发布上称，2006年12月，韩中两国就"离於岛"（即我方苏岩礁）是水中暗

---

[1] 韩国行政安全部：《岛屿开发促进法》，法律第11690号，2013年3月23日。
[2] 韩国行政安全部：《岛屿开发促进法实施令》，总统令第25050号，2013年12月30日。

礁、两国间不存在领土争端达成一致。"①

韩国学者对"离於岛"的法律地位也并未提出异议，例如，诸成镐认为，"离於岛"是水中暗礁，不是岛屿，将其作为管辖权的申请对象是错误的。②朴昌建认为，"离於岛"是水中暗礁，不是岛屿，不能据此主张海域管辖权，中韩两国应通过海域划界谈判解决"离於岛"问题。③金部灿（音）认为，从《联合国海洋法公约》上来看，"离於岛"（即我方苏岩礁）不具有岛屿的地位，不能据此设立领海、毗连区、专属经济区、大陆架等海洋水域。"离於岛"（即我方苏岩礁）既不是用于设定基线的低潮高地，也不是落潮暗礁，不是声索国家主权的对象，不具有设立周边海洋水域的功能，不能以此为基础确立海洋管辖权。④秦幸男认为，"离於岛"（即我方苏岩礁）不是岛屿，不是领土争端的对象，中韩海洋争端主要是其附近水域管辖权之争。⑤高聖允（音）、金寿池（音）认为，"离於岛"（即我方苏岩礁）既不是陆地，也不是岛屿，因此，不能据此要求周边海域的管辖权。⑥高奉俊认为，"离於岛"（即我方苏岩礁）不是岛屿，不是领土争端的对象，中韩海洋争端主要是其附近水域管辖权之争。⑦

2003年，韩国擅自在苏岩礁上建成露出水面的海洋科学基地，海洋科学基地水面分三层构造。顶层建有面积为524平米的直升机

---

① 韩国外交部："例行新闻发布会"，2008年8月11日。
② [韩] 诸成镐："中国对离於岛提出异议没有依据"，《文化日报》，2006年9月19日。
③ [韩] 朴昌建："东北亚区域合作中的韩中海域划界：以'离於岛'为中心"，《亚太研究》，2013年第3期，第26页。
④ [韩] 金部灿（音）："离於岛和离於岛周边水域的海洋法地位"，国会议员姜昌一主办的2007年政策讨论会，2007年，第12页。
⑤ [韩] 秦幸男："离於岛问题的现状和解决方案探索"，《JPI政策论坛》，济州和平研究院，2012年4月，第2页。
⑥ [韩] 高聖允（音）、[韩] 金寿池（音）："略论离於岛（即苏岩礁）问题的核心争端分析与应对政策方向"，《周刊国防论坛》，第1492号，2013年12月9日，第2页。
⑦ [韩] 高奉俊："'独岛'和'离於岛'海洋领土争端和韩国的综合应对"，《韩国政治研究》，2013年第1期，第201页。

停机坪，还有卫星雷达、灯塔、气象设备、太阳能电池等设施，下面两层建有生活设施和码头。8名研究人员在基地常驻，每15天轮换一次。韩国海洋研究院的职员大约每年登岛7—8次，进行装备、设备的维修保养与检查。但这并不能改变苏岩礁是礁石而非岛屿的法律地位。根据《联合国海洋法公约》规定的岛屿"自然形成"的原则，人工岛屿、设施和结构是不具备岛屿地位的。《联合国海洋法公约》第60条第8款对专属经济区内的人工岛屿、设施和结构作出如下规定，人工岛屿、设施和结构不具有岛屿地位。它们没有自己的领海，其存在也不影响领海、专属经济区或大陆架界限的划定。第80条规定，大陆架上的人工岛屿、设施和结构应比照第60条对与人工岛屿、设施和结构的规定。第147条第2款（e）规定，进行"区域"内活动所使用的设施不具有岛屿地位。它们没有自己的领海，其存在也不影响领海、专属经济区或大陆架界限的划定。第259条规定，海洋环境中科学研究设施或装备不具有岛屿的地位。这些设施或装备没有自己的领海，其存在也不影响领海，专属经济区或大陆架的界限的划定。第121条第3款规定，不能维持人类居住或其本身的经济生活的岩礁，不应有专属经济区或大陆架。韩国在苏岩礁上建设的海洋基地属于人工设施，而且，基地人员是定期轮岗，苏岩礁不符合"维持居住"、从事"经济生活"的原则，因此，不能作为韩国声索管辖权的依据。

（四）中韩苏岩礁的主张比较

尽管中韩两国对苏岩礁的是礁不是岛的法律地位达成共识，但双方对苏岩礁的主张却不尽相同。韩国主张"先占先得"，"先归属、后划界"，很多学者以"自然归属论"的视角从自己对苏岩礁的历史文化、地理位置、国内外法律规定的解释中寻找依据。对于韩国的主张中国政府认为，苏岩礁所处海域位于两国专属经济区主张重叠区,在中韩两国没有对重叠专属经济区进行划界以前,在有争议领域的任何单方行为都是非法的,中国认为韩国在苏岩礁上修建综合海洋科学基地不会产生任何法律效果。事实上,针对韩国的主张中国也都具有相应的反驳依据。

1. 历史文化

一直以来,韩国学者普遍认为,苏岩礁是 1900 年英国商船"索科特拉号"(Socotra)从日本九州驶往中国上海的途中在此触礁而首次被发现的,但近年来有学者将这一时间再次提早到 1653 年。韩国离於岛研究会会长高忠锡认为,根据荷兰人亨德里克·哈默尔(Hendrick Hamel)所著的《哈默尔漂流记》可知,1653 年 8 月 16 日,哈默尔一行在台湾海峡遭遇台风,顺势漂流到济州岛西部的龙头海岸。在他制作的海图上标注出"OOST",高忠锡会长认为这里除了苏岩礁外没有其他的岛屿和暗礁,所以"OOST"位置可能就是苏岩礁,这是发现和记载苏岩礁的最早依据。[1] 韩国学者认为,"离於岛"与济州岛的历史文化密不可分,从济州岛传诵的神话传说和民谣中可知,自古以来,这里就是以海为生的济州岛民丰盛的渔场,也是生活环境艰难的岛民们所向往的理想中的世外桃源。[2]

事实上,高忠锡会长推断的地名和地理位置还有待地理学家的考证,而强调一个作为中国属国的古代王朝控制苏岩礁也缺乏实际意义。再者将苏岩礁的归属诉诸神话传说,也不具有实际说服力和法律依据。而且中国关于苏岩礁的神话故事和民间传说也是丰富多彩,多种多样,如东海仙山、东海龙宫、蓬莱仙岛等等。中国很早就有古籍记载了苏岩礁,例如,《山海经·大荒东经卷十四》(公元前 475—公元前 221)中有记载,"东海之外,……,大荒之中,有山名曰猗天苏山。"这里所说的苏山正是苏岩。隋唐以来,日本、高

---

[1] 离於岛研究会:《离於岛真相》,Suninbook 出版社,2011 年版。
[2] [韩] 秦幸男:"离於岛问题的现状和解决方案探索",《JPI 政策论坛》,济州和平研究院,2012 年 4 月,第 15 页。

丽循海路来中原进贡的使臣和留学生，以及唐、宋、明、清历代东渡扶桑的中华人士均曾目睹过苏岩礁，并留下了文献记载。1880至1890年，清朝北洋水师的海路图明确标注了苏岩礁的位置，比韩国早100年。

2. 地理位置

从地理位置上看，韩国依据就近原则认定苏岩礁归属于韩国。原韩国国立海洋调查院院长郑有燮认为，"'苏岩礁'距离韩国领土'最南端'马罗岛149千米，距离中国童岛247千米，距离日本鸟岛276千米，主张苏岩礁理应划入韩国专属经济区。"[1] 韩国中央大学法学教授诸成镐认为，从地理位置上看，苏岩礁距离韩国更近，理应属于韩国。[2] 韩国济州和平研究院秦幸男认为，中国在1996年把距离苏岩礁133海里（247千米）的显礁——童岛作为划定专属经济区的基点，韩国对此表示抗议。之后，中国将与韩国马罗岛大小相当的有人岛佘山岛作为划定专属经济区的基点，距离苏岩礁距离更远了。[3] 韩国学者国防研究院高圣允（音）、金寿池（音）认为，苏岩礁不是岛屿，不能作为划定专属经济区的依据，但从地理位置上看，苏岩礁距离韩国更近，位于韩国200海里专属经济区之内，因此确定韩国对苏岩礁行使管辖权是合理与合法的。[4]

事实上，苏岩礁也在中国200海里专属经济区范围之内，单以距离远近来确定苏岩礁的归属有失偏颇。中国学者吕蕊、赵建明也认为，韩国提出的就近原则貌似公平公正，实则缺乏法律和现实依据。1958年的《日内瓦大陆架公约》和1982年的《联合国海洋法

---

[1] [韩]郑哲焕："'离於岛'海洋科学基地上太阳旗飘扬"，《朝鲜日报》，2006年9月22日。
[2] [韩]诸成镐："中国对离於岛提出异议没有依据"，《文化日报》，2006年9月19日。
[3] [韩]秦幸男："离於岛问题的现状和解决方案探索"，《JPI政策论坛》，济州和平研究院，2012年4月，第3页。
[4] [韩]高圣允（音）、[韩]金寿池（音）："略论离於岛（即苏岩礁）问题的核心争端分析与应对政策方向"，《周刊国防论坛》，第1492号，2013年12月9日。

公约》从未将就近原则确定为岛礁归属的原则。一般而言,国际协定、岛礁地理构造、民族自决等是确定岛礁归属的重要原则,国际上尚未出现以就近原则确定岛礁归属的判例。如果按照韩国就近原则的逻辑,南太平洋和大西洋的诸多岛屿就不会归属美、英、法等国家;英国与阿根廷争议的马尔维纳斯群岛(福克兰群岛)也应当归属阿根廷,但是未来马岛归属更可能通过当地公民全民公决而非就近原则予以裁定。[①]

苏岩礁距离韩国马罗岛149千米,1978年,韩国政府在马罗岛上立有"大韩民国最南端"的碑石,石碑用韩、英、日、中四种文字介绍马罗岛说,"马罗岛位于大韩民国的最南端(北纬33度6分33秒、东经126度11分1秒),即是朝鲜半岛的起点,又是终点。"表明马罗岛是韩国最南端的岛屿。韩国以前出版的各种地理书籍也都确认马罗岛是韩国最南端的领土。这与韩国主张的所谓"离於岛"是韩国领土的说法是自相矛盾的。

3. 国内法依据

从国内法上看,1952年1月18日,韩国政府宣布"李承晚线",擅自将苏岩礁划入韩国海域。这成为日后韩国声称苏岩礁归韩国所有的依据之一。1969年,联合国亚洲及太平洋经济社会委员会(ESCAP: U. N. Economic and Social Commission for Asia and the Pacific)发表《埃默里报告》(Emery Report),指出东海约有20万平方千米的油田,可能是世界上储量最丰富的产油区之一。这一报告掀起了世界各大国际石油公司开发东海大陆架海底油田的热潮。中国、韩国、日本等国也日益重视东海大陆架并展开激烈争夺。1969年北海大陆架划界案的判决再次加深各国对大陆架重要性的认识。(参见图3—3)

[①] 吕蕊、赵建明:"韩国对苏岩礁的政策立场析评",《现代国际关系》,2013年第9期,第12页。

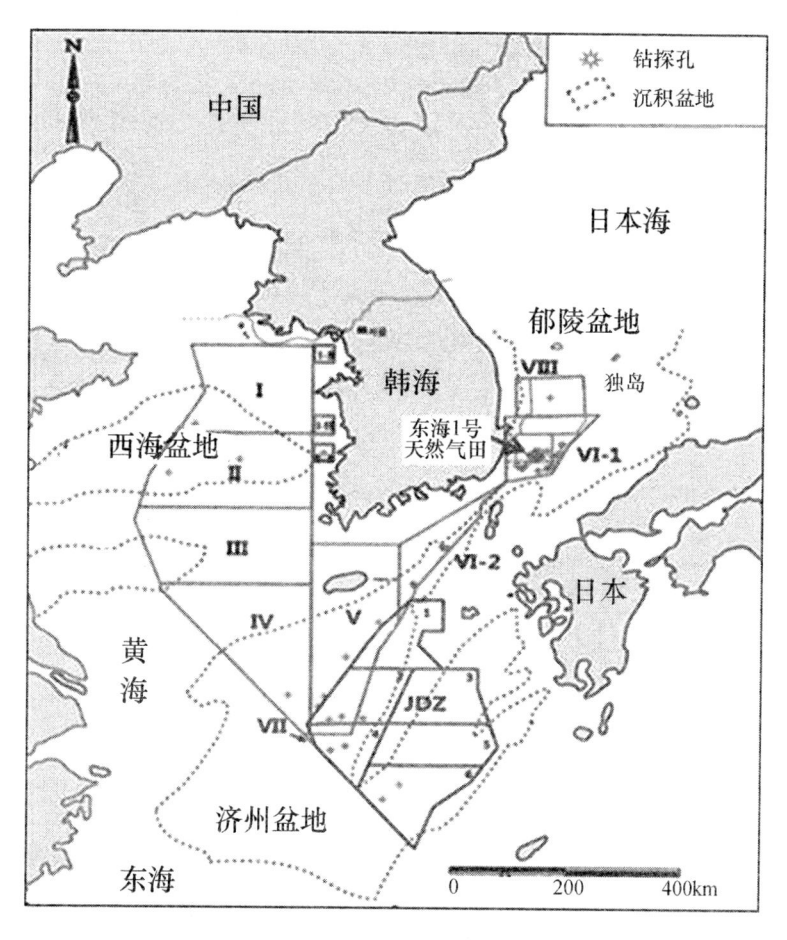

图3—3 韩国周边海洋的矿区及油田示意图（2015.5.30.）[1]

在这一背景之下，韩国政府为了抢占周边海域海底资源，采取迅速应对措施，于1970年1月1日出台《海底矿物资源开发法》，同年5月30日韩国总统发布《海底矿物资源开发法实施令》，根据经纬度连接点在周边海域擅自划定了韩国大陆架范围，并在该大陆架范围内划定7个海底采矿区。苏岩礁被非法划定在第四矿区。《海底矿物资源开发法》也成为韩国日后与中国争夺苏岩礁的依据之一。

---

[1] 韩国石油公司：《国内大陆架探测现状》，2015年。

韩国于1970年宣布在黄海、东海建立大陆架矿区后不久，觊觎海底油气资源的日本即向韩方提出关于划定大陆架界限的谈判要求，双方于1974年签订《日韩东海大陆架共同开发协定》。《日韩东海大陆架共同开发协定》是在未经中国同意的情况下签订的，所划定的共同开发区包括了中国主张的大陆架的一部分，因此，从法律上讲对中国是完全无效的。

在批准《联合国海洋法公约》之后，1996年8月，韩国颁布《专属经济区法》，该法第5条第3款规定，如果与相关国家存在争议，韩国主张以中间线为界，将苏岩礁纳入韩国管辖区域，并规定韩国对专属经济区内的人工岛屿、设施和建筑物建设和使用的管辖权。目前，韩国正通过制定《海洋领土管理法》，强化管理领海和专属经济区。韩国学者金泰荣认为，"在与中国完成海域划界后，苏岩礁会在韩国的海洋水域之内。因为1952年《对毗邻海洋主权的宣言》、1970年《海底矿物资源开发法》，都规定苏岩礁位于韩国管辖水域之内。"[①] 他所提到的上述依据的来源是"李承晚线"。但事实上"李承晚线"并未得到美国、日本、中国、朝鲜等国家的承认，是一条不符合国际惯例的非法线。苏岩礁地处中韩专属经济区重叠区，韩国单方面主张苏岩礁适用韩国《专属经济区法》显然是不合理的。

4. 国际法依据

韩国在中韩海域划界问题上坚持中间线原则。韩国学者认为，1958年的《大陆架公约》第6条规定，同一大陆架邻接两个以上海岸相向国家之领土时，其分属各该国部分之界线由有关各国以协议定之。倘无协议，除因情形特殊应另定界线外，以每一点均与测算每一国领海宽度之基线上最近各点距离相等之中间线为界线。因此，

---

① [韩] 金泰荣："国际法上岛屿制度和"离於岛"的法律地位"，《社会科学研究》，2011年第2期，第33页。

中间线原则是国际法院判决的主要依据，例如，1985年利比亚与马耳他大陆架判例、2012年孟加拉国与缅甸孟加拉湾判例等都是依据中间线原则。中间线原则之所以能广泛应用，是因为它能够最大限度地体现公平。[1]

然而，由于中间线原则的局限性，国际上也不乏否定这一原则的判例。例如，1969年，丹麦、荷兰与联邦德国关于北海大陆架的判例。法院在判决中拒绝了丹麦和荷兰提出的等距离原则是大陆架概念中所固有的原则的观点。法院不否认等距离法是一种简便的方法，但这并不足以使某种方法一变而为法律规则。如果不顾现实情况，硬要把等距离方法用于某些地理环境，那就有可能导致不公平。例如，在海岸线凹进或凸出的情况下，如果用等距离法从海岸划分大陆架区域，海岸线越不整齐所引起的后果就越不合理。因此，中国针对东海岸曲折的现实反对以中间线原则划分中韩重叠海域，主张应该以大陆架为标准，根据整个海岸线长度的比例划分海域。

《联合国海洋法公约》第76条第1款规定，沿海国的大陆架，为其领海以外依其陆地领土的全部自然延伸，扩展到大陆边外缘的海底区域的海床和底土；如果从测算领海宽度的基线量起至大陆边外缘的距离不足二百海里，则扩展至二百海里。1998年颁布的《中华人民共和国专属经济区和大陆架法》第2条也明确作出相同规定。据此，中国认为苏岩礁位于中国海域。韩国学者李锡龙对此反驳称，中国主张依据海底地形及自然延伸理论，但目前国际现实是"距离"是比海底地形更为重要的因素，在400海里以内的地区，海底地形不是太考虑的问题，因此，从国际法和国际社会的实行状况来看，属于韩国海域。[2]

---

[1] [韩]秦幸男："离於岛问题的现状和解决方案探索"，《JPI政策论坛》，济州和平研究院，2012年4月，第11—13页。

[2] [韩]李锡龙："韩国与中国海域划界"，《国际法学会论丛》，2007年第52卷第2号，第279—280页。

尽管韩国承认苏岩礁不是岛屿，在其上建设人工设施不能改变其水下岩礁的法律地位。但韩国认为，今后韩国政府依据《联合国海洋法公约》在黄海和东海进行海域划界时，苏岩礁依然在韩国专属经济区范围内，在本国专属经济区内建造综合海洋科学基地是符合《联合国海洋法公约》第56条、第60条规定的。还有韩国学者根据《联合国海洋法公约》第60条第4款、第5款的规定，主张在苏岩礁周边划定500米宽的安全水域。但事实上《联合国海洋法公约》第60条第1款即规定，沿海国在专属经济区内应有专属权利建造并授权和管理建造、操作和使用人工岛屿、设施和结构。苏岩礁位于中韩两国专属经济区重叠海域，其归属是存在争议的，可见，韩国在苏岩礁上建立人工设施是缺乏法律依据的，因此也不具备划定安全水域的资格。中国反对韩方在两国专属经济区主张重叠海域的单方面活动，韩方的单方面行动不能产生任何法律效果。

中韩两国在苏岩礁的归属问题上存在诸多分歧和争议，但双方对其法律地位和解决途径却已达成共识。从苏岩礁问题的性质来看，它不是领海主权之争，而是海域管辖权之争，两国都主张通过谈判协商解决这一争端。目前，韩国竭力打造济州海军基地、加强美韩同盟军事合作，旨在以此为后盾通过和平谈判实现对苏岩礁长期和平地占领。苏岩礁之争看似未触及中韩各自核心利益，如处理不当，也会对两国关系的健康发展产生不利影响。中韩两国必须对此高度重视，从战略的层面与长远的角度公正合理地解决苏岩礁归属问题。

（五）中韩渔业纠纷

中韩渔业纠纷源于中韩两国外交部门在2000年8月签署的、2001年生效的《中韩渔业协定》。20世纪90年代以前，按照历史上的国际惯例，各国可以自由出入公海进行捕鱼。当时中国渔民常进入日本对马海峡、韩国济州岛领海线以外的公海捕鱼。1982年《联合国海洋法公约》规定，一国可对距其海岸线200海里（约370千米）的海域拥有经济专属权。中韩之间水域不足200海里，因而在两国相向海域需要进行专属经济区划界。《中韩渔业协定》就是中韩尚未完成专属经济区划界前，就渔业问题作出的一种非正式划界的临时性安排。从表面上看，这个渔业协定在水域划分上似乎是公平的。但事实上，该协定将黄海外海水域（靠近韩国一侧水域）这一历史上中国渔民千百年来的传统捕鱼区划为韩国的过渡水域。而中国所得到的多是属于黄海内海水域（中国一侧的水域），这一水域的渔业资源历来相对匮乏。更为重要的是，该协议中被标志为过渡水域的中间海域在协议生效5年后即2005年后，已成为两国各自的专属经济区。由于该协定对海洋经济区属划界不合理，因而严重损害中国海洋渔业权益和中国渔民利益。

近年来，中国渔民仍按习惯前往捕鱼，而被韩国海警驱逐、虐打、处罚，这一水域成为争端激烈的地区。根据韩国方面的统计，2008年，韩国查处中国船只事件432起，2009年，381起，2010年370起，2011年534起，2012年467起。韩方已先后扣押抓捕中国2000多艘渔船，有2万多名渔民曾经被处以罚款。[1] 近些年来，中国渔民和韩国警察的暴力冲突也时有发生，有的甚至上升为刑事案件。例如，2008年，中韩渔业纷争致韩国海警死亡和"人质交换"事件；2010年，数起中国渔船被韩国商船和巡逻艇撞沉事件；2012年，韩国木浦海洋警察署在韩国专属经济区驱逐30多艘中国渔船时，发射5发橡皮弹导致中国渔民死亡事件。近年来，中韩渔业纠纷方面最严重的一起案例是2011年12月12日韩国海警被中国船员程大伟刺死事件，将两国的矛盾尖锐化。虽然当时中方申明《中韩渔业协定》不等同于海上划界，但韩国人却认为自己取得了该海域的行政管辖权，已经事实上将其专属经济区作为海洋领土严加守卫，

---

[1] 韩国海洋水产部：《2013年海洋水产部工作促进计划》，2013年4月，第12页。

导致两国间的渔业纠纷不断发生。

根据《中韩渔业协定》，中韩两国每年例行举办中韩渔业共同委员会，决定下一年度的相互入渔规模、作业条件和程序规定等。2014年10月28至31日，第14次中韩渔业共同委员会在中国西安召开。这次会议就2015年中韩两国渔船的相互入渔规模和作业条件、维护作业秩序、暂定措施水域资源管理等达成协议。协议规定，从2013年开始的三年当中每年保持渔船的相互入渔规模为1600艘/6万吨。中国渔船的入渔规模在《中韩渔业协定》签订之前是12000艘/44万吨，2014年降至1600艘/6万吨。在本次会议中，双方决定在中韩暂定水域，实行两国渔政船共同巡视。2014年12月20日开始，试运行中国捕捞运输船检查点。2014年11月至12月，依据中韩渔业共同委员会协商结果，履行颁发许可证等后续措施。2015年，为加强对非法渔船的有效管制，韩国将中国的守法渔船指定为模范渔船，并为其安装自动位置识别装置（AIS）。会议决定2015年召开中韩稽查工作会议，评价共同巡视、渔船检查点、AIS安装等实施效果。

二、韩朝海洋权益争端

韩朝海洋权益争端争议缘起于朝鲜战争的历史遗存。朝鲜战争之后，联合国军总司令凭借军事优势单方面在朝鲜半岛西部海域划定"北方界线（NLI：Northern Limit Line）"，将该线作为韩朝海上军事分界线，但朝鲜并不予以承认，致使白翎岛、大青岛、小青岛、延坪岛和隅岛五岛所在的朝鲜半岛西部海域成为韩朝之间颇具争议的地区，韩朝双方甚至在这一海域多次爆发军事冲突。

（一）韩朝海洋权益争端产生背景及相关概念

1953年7月27日上午10时，朝鲜、中国与联合国军在板门店签署了《朝鲜人民军最高司令官及中国人民志愿军司令员一方与联合国军总司令另一方关于朝鲜军事停战的协定》（以下简称《朝鲜停战协定》）和《关于停战协定的临时补充协议》两项停战协定，标志着历时3年的朝鲜战争的结束。对立双方决定以1953年7月27日22点整时陆上军事接触线（The Line of Contact）为基础，在朝鲜半岛中部设定一条将朝鲜半岛一分为二的长为155英里的陆上军事分界线（MDL：The Military Demarcation Line）。根据《朝鲜停战协定》第一条第一款规定，"确定设立一个陆上军事分界线，双方各由此线各自后退2000米，以便在敌对军队之间建立一个非军事区（DMZ：De-Militarized Zone）。建立一个非军事区作为缓冲区，以防止发生可能导致敌对行为复发的事件"。非军事区内禁止驻扎军队、部署武器和设置军事设施，并禁止普通人居住和进行经济活动。

《朝鲜停战协定》规定了对立双方的陆上军事分界线，但是却未能在海上设定海上军事分界线。其主要原因如下：第一，众所周知，《朝鲜停战协定》的陆上军事分界线是以战争结束之时的军事接触线（The Line of Contact）为基准设定的。[1] 当时联合国军以绝对优势掌握着朝鲜半岛周边海域的控制权，所以海上军事接触线本身并不存在。第二，朝鲜认为在联合国军控制着大部分周边岛屿的情况下，讨论岛屿问题对朝鲜不利。因此朝鲜把重心放在陆上军事分界线的划定和后方岛屿的联合国军"撤出"问题上。联合国军司令部也未认识到尽快划分海上军事分界线的迫切性和必要性，[2] 因此，双方未

---

[1] ［韩］朴陈久（音）："停战协定的缔结过程"，《军事》，1983年第6号，第79—80页。
[2] ［韩］崔钟和（音）："西海五岛和北方界线"，2004年度大韩国际法学会第4次学术讨论会，2004年6月18日，第4页。

就此达成具体协议。第三，因为停战谈判中双方未能就邻近海域以及沿海水域（Coastal Waters）的范围达成协议，因此在停战协定中没能明确划定海上军事分界线。朝鲜方面担心联合国军的海上封锁，主张划定 12 海里的领海区域。联合国军司令部则主张按照当时的国际惯例划定 3 海里的领海区域，联合国军司令部认为停战协定中规定了禁止海上封锁，因此，朝鲜不需要担心。由于双方毫不退让，导致在停战协定中没有使用"领海"这一表述方式，也未能划定邻近海域的范围（具体的宽度和距离），即海上军事分界线，只是就海上划界秩序达成简要的一致意见，即确认联合国军占领"西海五岛"的事实。

一般来说，双方海上分界线应该是陆上军事分界线的自然延伸。但以美国为首的联合国军凭借海军和空军优势，牢牢控制着军事分界线以北的白翎岛、大青岛、小青岛、延坪岛和隅岛五个岛屿，韩国通称为"西海五岛"。当时由于朝鲜与韩国政府都未完全放弃南下统一与北进统一的立场，实际上在停战协定签订后，韩朝间海上武力冲突也依然时有发生。为了实现停战体制的安全管理，防止韩国军队越线北上和朝鲜军队越线南下，联合国军司令部（联合国军总司令：Mark W. Clark）在签订停战协议一个月后的 1953 年 8 月 30 日"单方面"划定了一条海上分界线，即"北方界线"，用以在海上隔离韩朝双方。[①] 由此，从朝鲜停战的 1953 年到 1973 年的 20 年间，朝鲜西部海域一直风平浪静，没有冲突和争议。

西部海域的"北方界线"是从汉江河口开始，向西北方向延展到白翎岛西侧42.5 英里（约80 千米）处。"北方界线"可以说是在"西海五岛"（白翎岛，大青岛，小青岛，延坪岛和隅岛）和瓮津半岛以及与其相连的岛屿中间（等距离划分）所画的一条中间线。

---

① ［韩］李章熙（音）："北方界线的国际法分析与再解释"，《统一经济》，1999 年 8 月总第 56 号，第 118 页。

"北方界线"是以下坐标点连成的一条线。① 尽管在《朝鲜停战协定》中没有规定"北方界线",但1953年8月以后,在韩国军队和驻韩美海军作战命令书中已经明确标识这条线。②

(1) 37°42′45″N, 126°06′40″E (2) 37°39′30″N, 126°01′00″E
(3) 37°42′53″N, 126°45′00″E (4) 37°41′30″N, 125°41′42″E
(5) 37°41′25″N, 125°40′00″E (6) 37°40′55″N, 125°31′00″E
(7) 37°35′00″N, 125°14′40″E (8) 37°38′15″N, 125°02′50″E
(9) 37°46′00″N, 124°52′00″E (10) 38°00′00″N, 124°51′00″E
(11) 38°03′00″N, 124°38′00″E

东部海域海上分界线是从陆上军事分界线东端基点（38°36′06″N）向东部海域延伸218英里（348.8千米）的延长线（MDLE：Military Demarcation Line Extended）。东部海域海上分界线最初名称设定为"北方警戒线"（NBL：North Boundary Line），1996年7月1日，联合国军司令部停止使用"北方警戒线"的概念，同西部海域一样称为"北方界线"。从此，朝鲜半岛东部和西部海域的海上分界线统称为"北方界线"。③ 目前，韩朝双方在"北方界线"问题上的争议，不是在东部海域，而是集中在西部海域。

---

① ［韩］柳炳华：《国际法Ⅱ》，进成社，1989年版，第278页。［韩］金荣球："西海海上警戒线与通行秩序分析"，《首尔国际法研究》，2000年第7卷第1号，第3页。
② ［韩］金荣球："北方界线与西海交战事态面临问题的国际法分析"，《Strategy 21》，2002年第5卷第1号，第11页。
③ ［韩］诸成镐："北方界线的法律有效性与韩国的应对方向"，《中央法学》，2005年第7卷第2号，第111页。

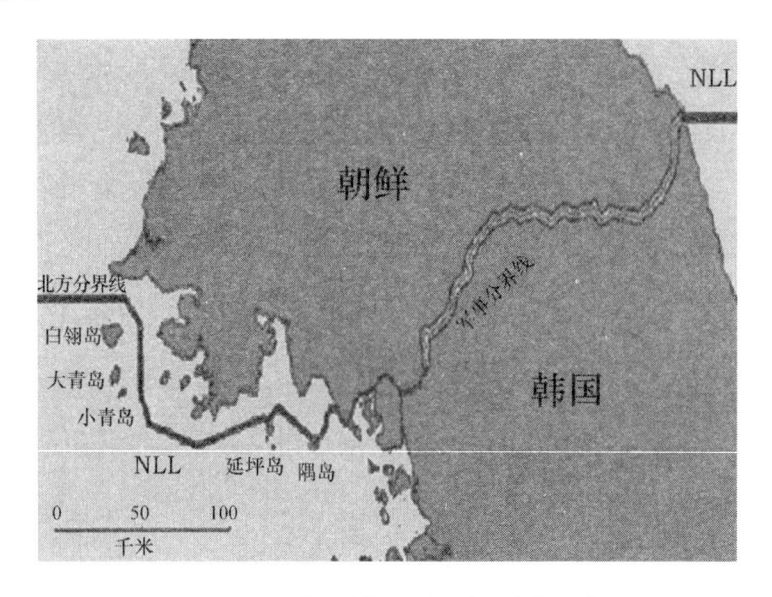

图 3—4　"北方界线"和"西海五岛"示意图

(二)"北方界线"的法律依据

1. 朝鲜停战协定

1953年7月27日签订的《朝鲜停战协定》界定了"西海五岛"及其海域的归属问题。关于这些海上划界秩序的内容体现在第二条停火与停战的具体安排通则中,其中第二条第十三款(b)、第二条第十五款、第二条第十三款(b)的附件地图对于岛屿撤出、"西海五岛"归属、其他岛屿归属、禁止海上封锁等内容作出了规定,其具体内容如下:

《朝鲜停战协定》第二条第十三款(b)规定,"在本停战协定生效后十天内自对方在朝鲜的后方与沿海岛屿及海面撤出其一切军事力量、供应与装备。如此等军事力量逾期不撤,又无双方同意的和有效的延期撤出的理由,则对方为维持治安,有权采取任何其所认为必要的行动。上述'沿海岛屿'一词系指在本停战协定生效时虽为一方所占领,而在1950年6月24日则为对方所控制的岛屿;

但在黄海道与京畿道道界以北及以西的一切岛屿，则除白翎岛（北纬37°58′，东经124°40′）、大青岛（北纬37°50′，东经124°42′）、小青岛（北纬37°46′，东经124°46′）、延坪岛（北纬37°38′，东经125°40′）及隅岛（北纬37°36′，东经125°58′）诸岛群留置联合国军总司令的军事控制下以外，均置于朝鲜人民军最高司令官与中国人民志愿军司令员的军事控制之下。朝鲜西岸位于上述界线以南的一切岛屿均留置联合国军总司令的军事控制之下。"

第二条第十五款规定，本停战协定适用于一切敌对的海上军事力量。此等海上军事力量须尊重邻近非军事区及对方军事控制下的朝鲜陆地的海面，并不得对朝鲜进行任何种类的封锁。

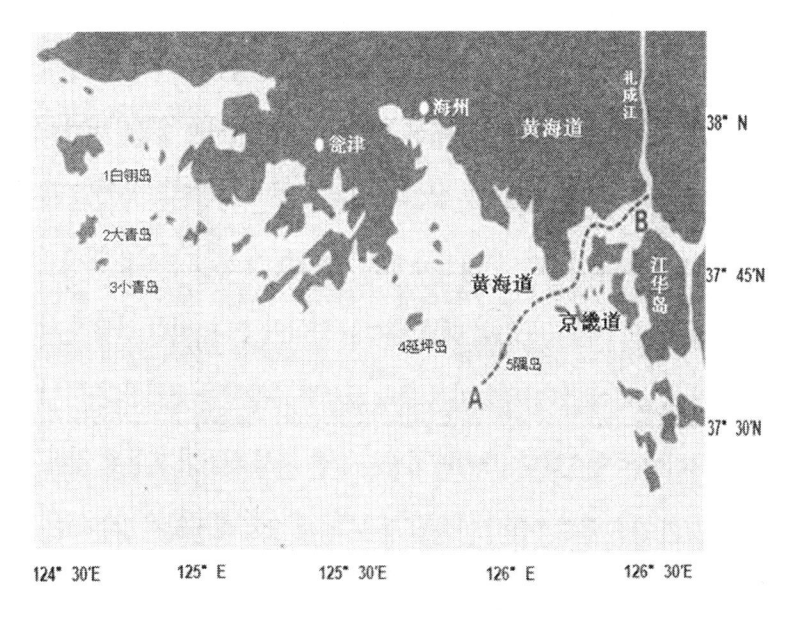

图 3—5 停战协定第二条第十三款（b）附件地图

由停战协定第二条第十三款（b）的附件地图可见（参见图3—5），[①] 图中 AB 线是朝鲜黄海道和韩国京畿道两个道之间的分界线，

[①] [韩] 李泳禧："北方界线是否是合法的军事分界线"，《半世纪的神话》，首尔：三人出版社，1999年版，第92页。[韩] 李文恒：《JSA－板门店：1953—1994》，首尔：小花图书出版社，2001年版，第365页。

在道界线以西、以北的白翎岛、大青岛、小青岛、延坪岛、隅岛等五个岛屿置于联合国军总司令官控制之下，分界线以西、以北除上述五个岛屿外的所有岛屿置于朝鲜人民军和中国人民志愿军总司令官的军事控制之下，分界线以南岛屿置于联合国军总司令官控制之下。[①]

2. 韩朝基本协议书（第11条）和互不侵犯附属协议书（第10条）

1991年12月13日，第5次韩朝高级会谈缔结了《关于韩朝和解与互不侵犯与交流合作协议书》（以下简称《韩朝基本协议书》），1992年生效。《韩朝基本协议书》确定了和解、互不侵犯、交流合作等改善韩朝关系的三个重要基本原则，并在相应领域签署分科委员会附属协议书，具体促进韩朝关系的改善。《韩朝基本协议书》第11条规定，"韩朝互不侵犯警戒线和区域是1957年7月27日《朝鲜停战协定》规定的军事分界线和双方迄今为止管辖的区域。"《韩朝互不侵犯附属协议书》（第10条）规定，"韩朝今后将持续就海上互不侵犯警戒线进行协商。海上互不侵犯区域在海上互不侵犯警戒线确定之前是双方目前管辖区域。"韩国认为韩朝基本协议书（第11条）和互不侵犯附属协议书（第10条）的签订是朝鲜默认和遵守"北方界线"的表现。[②]

（三）韩朝对"北方界线"的立场

1. "北方界线"设立初期

1952年停战协定谈判时，朝鲜提出12海里领海的主张，但当时美国坚持领海范围为3海里，因此，朝鲜主张的12海里领海并不被

---

① ［韩］柳炳华：《国际法Ⅱ》，首尔：进成社，1989年版，第278页。
② ［韩］诸成镐："停战协定60年，NLL与西北岛屿"，《STRATEGY 21》，2013年第16卷第1号，第45页。

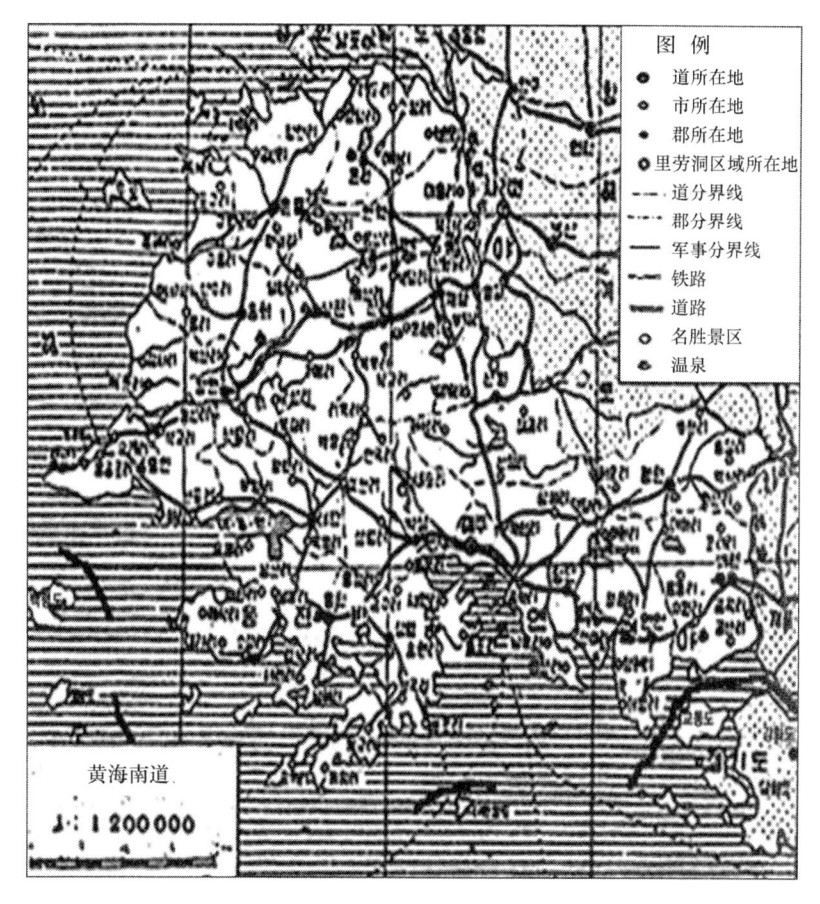

图3—6　1959年朝鲜中央年鉴附录地图

承认。《朝鲜停战协定》签订之后，朝鲜在1953年7月28日的《劳动新闻》中对军事分界线作了介绍，"从东部海域海岸高城以南约5千米基点出发……向西部海域海岸临津江延伸。"1953年8月30日，联合国军划定"北方界线"后，10月12日，《劳动新闻》引用《朝鲜中央通讯》的报道，详细报道了军事停战委员会批准了依据《朝鲜停战协定》第一条第五款制定的《汉江口水域民用船舶航行规则》。当时朝鲜对汉江口水域的利用问题极其重视，但对"北方界线"未表现出关心。1955年初，朝鲜表现出承认"北方界线"的态度。1955年3月末，《劳动新闻》就同年2月5日的"美国军用飞机严重违反停战协定,侵入我方领空(温井里一带的朝鲜西海)"的事实进行报道。暗示朝鲜可能接受"北方界线"的划分标准。1959年朝鲜出版《朝鲜中央年鉴》,在黄海南道地图上用断点线将"北方界线"标记为军事分界线。① 1963年5月,军事停战委员会第168次会议上提及朝鲜击退间谍船的位置,称朝鲜舰艇并未越过"北方界线",表示朝鲜默认"北方界线"的存在。此后,直至1973年"西海五岛"事件爆发,朝鲜虽然不断地对韩国进行海上进攻,但却未具体谈到改变或否认"北方界线"。一些韩国学者也因此认为,"北方界线"在当时一定程度上发挥了海上军事分界线的作用。(参见图3—6)②

2. "西海五岛"事件

据韩国宣称,自1973年10月23日开始,朝鲜船舶有43次入侵行动,其中有6次是入侵韩国领海,韩国称之为"西海五岛事件"。1973年11月28日,韩国国防部宣布朝鲜海军两艘炮舰离开北部海域入侵至小青岛东南方两海里处,引发舆论对于"西海五岛事件"的讨论。1973年12月1日,在第346次军事停战委员会上,朝鲜根据停战协定的第二条第十三款承认《朝鲜停战协定》确定的"西海五岛"由联合国军控制,但主张"西海五岛"周边水域是朝鲜领海,通往"西海五岛"的补给船等所有船舶在通过朝鲜海域时必须得到朝鲜的事前同意。朝鲜声称将对违反这一规定的船舶采取斩钉截铁地行动,由此带来的后果将由韩方承担责任。③ 韩国认为,这是朝鲜首次就"北方界线"的法律适用性问题提出异议,④ 也是自

---

① 《朝鲜中央年鉴》,朝鲜中央通讯社,1959年版,第253页。
② [韩]金镐春:"西海北方界线的法律性质研究",《融合安保论文集》,2013年10月第13卷第5号,第23页。
③ "朝鲜主张白翎岛等五个岛屿周边水域是朝鲜领海",《京乡新闻》,1993年12月3日。
④ [韩]金荣球:《独岛、NLL问题的实证政策分析》,釜山:Dasom出版社,2008年版,第255页。[韩]李载民:"北方界线相关国际法问题再研究",《首尔国际法研究》,2008年第15卷第1号,第52页。

1968年普韦布洛号事件之后,朝鲜最严重的挑衅行为。时任韩国国防部部长刘载兴在第346次军事停战委员会上作报告称,朝鲜20年来一直将"北方界线"作为事实上的警戒线来遵守,但本次朝鲜的主张等于封锁了韩国的岛屿,是直接违反《朝鲜停战协定》的行为,并宣布全军进入警戒状态,果断应对朝鲜的挑衅行为。①

3.《韩朝基本协议书》签订

1977年7月,朝鲜以中间线为基础宣布200海里的专属经济区,1977年8月1日,朝鲜通过《朝鲜人民军最高司令部报道》提出新的海上军事分界线,东部海域以领海基线外80千米、西部海域以警戒水域为基准,但并未引起关注。② 1992年,朝鲜和韩国签订的《韩朝基本协议书》及其附件生效,对西部海域的管辖区作出了明确界定。《韩朝基本协议书》第十一条:韩朝双方的分界线与《朝鲜停战协定》所定的军事分界线一致;韩朝双方的互不侵犯区域和目前各自的实际控制区一致。《韩朝互不侵犯附属协议书》(第十条)"北方界线相关条例"规定:韩朝双方的海上分界线有待于进一步磋商。在海上互不侵犯线达成一致以前,海上互不侵犯区域和目前各自的实际控制区一致。

双方明确是"北方界线"划分出了韩朝在西部海域的管辖区。韩朝在西部海域的各自实际控制区的交汇处就是联合国军于1953年8月单方面划定的"北方界线"。朝鲜的海上控制区在"北方界线"以北;韩国的海上控制区在"北方界线"以南。也就是说"北方界线"以北海域是属于朝鲜的不可侵犯区域;"北方界线"以南海域是属于韩国的不可侵犯区域。就此,朝鲜以协定的形式正式承认了

---

① 《朝鲜主张白翎岛海域领有权》,《东亚日报》,1973年12月3日。
② [韩]金溁奎、李奎昌:《朝鲜国际法研究》,韩国学术信息,2009年版,第240—267页。

"北方界线"的合法性和韩国对 5 个岛屿所在海域的管辖权①。

《韩朝基本协议书》的签订成为韩朝关系的转折点,韩朝对峙局面发生变化,双方为实现朝鲜半岛和平和统一采取进一步协商的态度。朝鲜在 1992 年 2 月 20 日的《劳动新闻》中也对《韩朝基本协议书》签订的重要性进行了报道。

4. 朝鲜提出"海上警戒线"

1999 年 6 月 15 日上午 9 时,韩朝爆发第一次延坪海战。第一次延坪海战是继 1950 年朝鲜战争之后韩朝之间最大规模的正规作战。15 日上午 10 时,联合国军与朝鲜在板门店就延坪海战举行将军级会谈。战争的爆发促使韩朝对"北方界线"的法律有效性问题展开深入讨论,以此为契机韩朝正式就"北方界线"问题展开交锋,朝鲜否认"北方界线"的合法性,提出设定"海上警戒线",韩国分别存在承认和质疑"北方界线"合法性的两种主张。

(1) 朝鲜否认"北方界线"的合法性

朝鲜主张"北方界线"是不合法的。据 1999 年 6 月 16 日的朝鲜《劳动新闻》报道,第一次延坪海战当天,朝鲜在板门店召开的联合国军与朝鲜举行的将军级会谈上表示,朝鲜从最初就不承认"北方界线"。这是朝鲜在停战之后,首次在正式场合直接否认"北方界线",此后,朝鲜开始对"北方界线"展开公开的批判。6 月 18 日,朝鲜驻联合国代表发给安理会主席的书信中指出,韩国任意设置的"北方界线"侵害了朝鲜的领海主权。6 月 22 日,在板门店会谈中,朝鲜代表从 1952 年 1 月 30 日停战谈判过程中美国代表"只是控制这些岛屿"的发言中分析"西海五岛"周边海域是朝鲜领海。1999 年 6 月 26 日,朝鲜祖国和平统一委员会第 789 号报道中再次否认"北方界线"的合法性。1999 年 7 月,朝鲜开始对"北方界

---

① [韩] 裴正镐(音):《21 世纪韩国的发展构想与对朝战略》,统一研究院,2002 年,第 97 页。[韩] 金荣球:"韩朝基本协议书的法律性质与约束力",《海洋战略》,1994 年 9 月第 83 号,第 103—130 页。

线"国际法上的不正当性做出解释：第一，朝鲜认为"北方界线"并不是《朝鲜停战协定》规定的，而是由联合国军司令部单方面设定和宣布的，不是当事者间协商的产物。因此，不能成为停战协定的内容，不具有国际法的约束力。停战协定上的唯一"海上警戒线"是黄海道与京畿道之间的道界线。第二，朝鲜主张"西海五岛"周边海域是朝鲜领海。不管美军……单方面划定什么分界线，战斗舰船的进入……就是对朝鲜合法领海的侵略行为。第三，朝鲜认为美军方面"北方界线"的主张严重背离国际海洋法。通常来说，领海的划分是以陆地（包括岛屿）为中心划定领海基线，再以领海基线为基础划定12海里的水域，确定为沿岸国家的领海。特殊情况下，针对在对方领海范围内的岛屿的水域问题应当在双方签订停战协定基础上通过协商解决。朝鲜主张"西海五岛"由韩国（联合国军司令部）管辖，但其周边水域由朝鲜管辖。[①] 朝鲜认为"北方界线"的划定是严重违反国际法的，为防止双方海军舰船在西部海域发生武装冲突，美国方面应撤回单方面划定的"北方界线"，按照停战协定和国际法的要求重新划定海上军事警戒线。

1999年7月21日，在板门店联合国军与朝鲜举行的将军级会谈上，朝鲜谈判代表提出在停战协定和国际法基础上设定"海上警戒线"。"海上警戒线"是依据停战协定规定的黄海道与京畿道之间的道界线，与黄海上的三个等距离点形成的一条线。这三个等距离点分别是：朝鲜康翎半岛终端的登山串与美国控制的掘业岛之间的等距离点37°18′30″N、125°31′00″E；朝鲜瓮岛与格列飞列岛之间的等距离点37°01′12″N、124°55′00″E；与朝鲜半岛和中国分界线相交叉的点36°50′45″N、124°32′30″E。将这三个等距离点与黄海道、京畿

[①] ［韩］全东镇（音）："北方界线的讨论与应对"，《统一战略》，2008年第12号，第53页。

道之间的道界线相连，即形成的如图3—7所示的"海上警戒线"。①

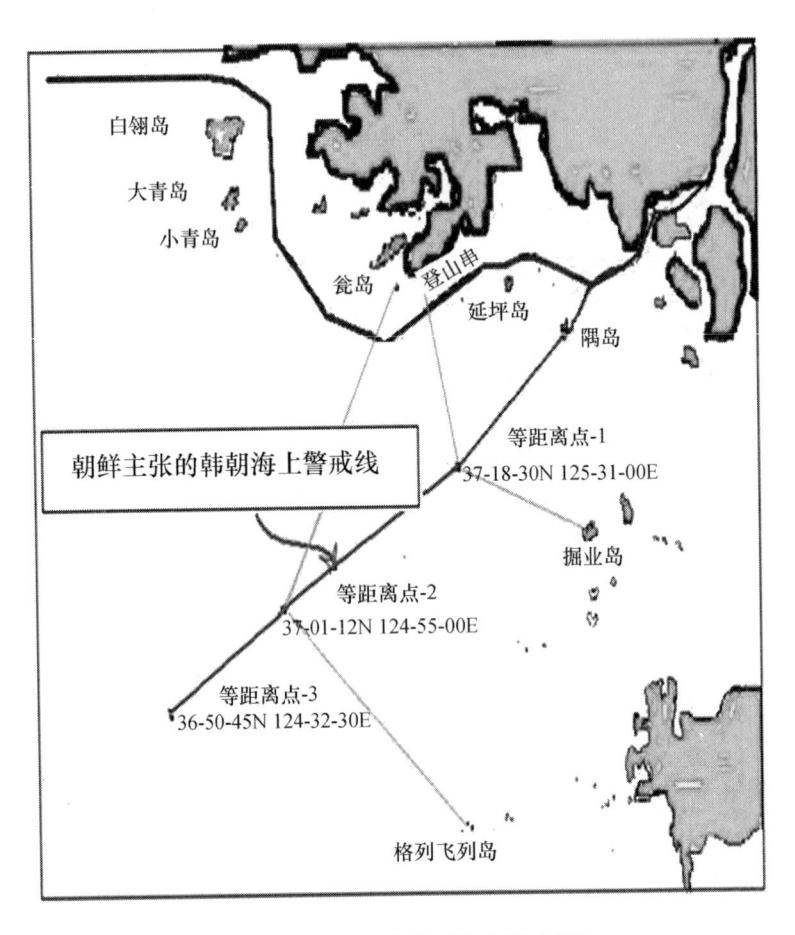

图3—7　朝鲜提出的"海上警戒线"

（2）韩国承认"北方界线"的合法性

韩国政府及大多数学者认为，尽管"北方界线"是联合国军司令官单方面设定的，但它是一条合法的警戒线。主要理由如下：

第一，凝固说（Consolidation Theory）。

凝固理论的涵义是国际法上对领土特别是有纷争的领土的承认

---

① ［韩］金荣球："对朝鲜主张的西海海上警戒线和通航秩序的研究"，《首尔国际法研究》，2000年第7卷第1号，第8页。

依据不是单纯地占有、单方面的获得领土，而是通过协商、承认、默认等多种方式固化和确定的理论。凝固说就是韩国借用凝固理论对"北方界线"的合法性所做的一种解释。凝固说认为，"北方界线"事实上充当了有实效性的海上警备线，有利于停战协定的稳定管理。过去数十年间，在朝鲜事实上默认之下，"北方界线"已经被明确地固定化，朝鲜"海军警备区域"的界线大体上与"北方界线"是一致的，从这一事实推定朝鲜政府是采取默认态度的。因此，"北方界线"是合法的军事分界线。[1]

第二，特别习惯法说或是默认协议说（Tacit Agreement Theory）。

韩国认为，"北方界线"是联合国军司令部、韩国和朝鲜之间形成的默认协议，具有特殊国际习惯法的效力。虽然"北方界线"是联合国军司令部单方面在朝鲜半岛采取的措施，但数十年间朝鲜并没有提出任何明确的异议。例如，1984年9月29日到10月5日，朝鲜从韩国进口水灾援助物资过程中，双方军舰组成的护送船队在"北方界线"相会，完成物资交接工作。1993年5月，国际民间航空机构（ICAO）的定期刊物《航空航行计划》中，依照"北方界线"发布《韩国飞行情报区域变更草案》，直到1998年1月正式生效以及生效后的一段时间内，朝鲜未提出任何异议。[2] 可见，朝鲜是以默认的方式予以承认了的。[3] 所以"北方界线"理论上是构成停战体制的一部分、获得了双方的默认甚至是同意的协议，在习惯法上具有和停战协定本身一样的效力。因此，朝鲜应当遵守"北方界

---

[1] [韩]诸成镐："北方界线的法律有效性与韩国应对方案"，《中央法学》，2005年第7卷第2号，第116、140页。[韩]金桢键："西海五岛周边水域的法律地位"，《国际法学会论丛》，1988年第33卷第2号，第141—143页。

[2] 韩国国防部：《韩国对北方界线的立场》，国防部战事面编撰委员会，2002年版，第14页。

[3] [韩]金荣球："北方界线与西海交战事态面临问题的国际法分析"，《Strategy 21》，2002年第5卷第1号，第12—15页。[韩]金明基："西海五岛周边水域的法律地位"，《国际法学会论丛》，1978年第23卷第1、2合并号，第135—136页。

线",尊重现有体制。①

第三,战争水域说:停战体制下"防御水域"或"作战水域"说。

韩国认为,"北方界线"以南水域是在停战体制下划定的,具有战争水域或防御水域的性质,在国际法上具有正当性。作为这一防御水域北侧分界线的"北方界线"当然是有效的。因此,在通过和平协定明确划定警戒线之前,"北方界线"都可以被看作是有效的海上警戒线。②

第四,有效控制说。

韩国认为,国际法秩序尊重事实上控制的有效性原则(Principle of Effectiveness),这里的有效性是指确认事实上的存在状态。国家、政府、参战者的承认、战时占领,封锁、抢占等广泛地适用有效性原则,因此,这一原则也可以适用于"北方界线"。一部分学者认为,联合国军司令部签订停战协定之时是占领全部朝鲜半岛海域的。也就是说,联合国军司令部将占领的海域单方面让渡给朝鲜,并不是与朝鲜就海上管辖权进行交涉。"西海五岛"周边海域在 1950 年 6 月 24 日之前就是属于韩国的海域。从 1953 年停战协定缔结到 1973 年 20 年期间,"北方界线"一直持续地(没有中断地)在韩国的主权管辖之下,朝鲜对韩国实际行使"北方界线"以南海域管辖权未提出任何异议。之后,虽然朝鲜不断采取进攻性行为,韩国海军实际上仍维护着"北方界线"。而且在《韩朝基本协议书》当中,双方事实上是承认"北方界线"的。因此,应当维护甚至是还原"北

---

① [韩]朴锺聱:《韩国的领海》,法文社,1985 年版,第 201—203 页。[韩]金濼奎:"北方界线与朝鲜半岛停战体制",《国际法评论》,1996 年第 7 号,第 105 页。[韩]柳炳华:《东北亚地区与海洋法》,进成社,1991 年版,第 281 页。[韩]金桢键:"西海五岛周边水域的法律地位",《国际法学会论丛》,1988 年第 33 卷第 2 号,第 143 页。

② [韩]白珍铉:"韩朝海运合作和国际法",《首尔国际法研究》,1994 年第 1 卷第 1 号,第 96 页。[韩]林圭廷:"北方界线的历史考察和现实课题",《现代理念研究》,1999 年第 14 号,第 57 页。

方界线"的历史，使之正当化。①

第五，必需的善后措施说。

韩国认为，"北方界线"是履行停战协定第 2 条第 13 款以及第 15 款的规定而设定的界线，是充分具备法律效力的。②"北方界线"虽然不是停战协定所协商的警戒线，但它是依据体现韩朝双方军事力量对比的军事接触线而设立的，是反映当时政治、军事现实的界限。在履行停战协定过程中，是作为防止双方的武力冲突以及停战体制的稳定管理所必须划定的界线，符合停战协定的根本宗旨和原则。"③

第六，《韩朝基本协议书》确认说。

韩国认为，尽管之前由于联合国军单方面设定"北方界线"使之并不完全具备法律约束力，但依据 1992 年 2 月生效的《韩朝基本协议书》第二章第十一条明确规定，韩朝互不侵犯的警戒线和区域是 1953 年 7 月 27 日签订的《朝鲜停战协定》中所规定的军事分界线和目前双方所管辖的区域。《韩朝基本协议书》的生效标志着韩朝双方明确地以文本形式承认了"北方界线"。④"北方界线"已经成为韩朝之间的"实际上的海上警戒线"，具有法律约束力。

第七，中间线原则符合说。

韩国认为，"北方界线"是根据"西海五岛"和瓮津半岛等朝鲜沿岸及邻近岛屿之间的等距离中间线处所划定的海上警戒线，是

---

① [韩] 金楨鍵："西海五岛周边水域的法律地位"，《国际法学会论丛》，1988 年第 33 卷第 2 号，第 141—143 页。[韩] 朴鍾聲：《韩国的领海》，法文社，1985 年版，第 203、388 页。

② [韩] 柳炳华：《东北亚地区与海洋法》，进成社，1991 年版，第 281 页。[韩] 崔震模（音）："北方界线的法律性质与和平利用方案"，统一部主办的"西海北方界线"实地访问与专家会议论文，2004 年 4 月 29—30 日，第 3 页。

③ [韩] 诸成镐："北方界线的法律有效性与韩国应对方案"，《中央法学》，2005 年第 7 卷第 2 号，第 118 页。

④ [韩] 裴正镐（音）：《21 世纪韩国的发展构想与对朝战略》，统一研究院，2002 年，第 97 页。[韩] 金荣球："韩朝基本协议书的法律性质与约束力"，《海洋战略》，1994 年 9 月第 83 号，第 103—130 页。

符合1958年的《关于领海及毗邻水域的协定》或是1982年的《联合国海洋法公约》等确立的海域划界原则（海岸相向或相邻国家间领海界限划定的中间线原则）的。①"北方界线"分明是韩朝海上军事分界线，朝鲜的管辖海域不可能延长至"北方界线"的南侧。"北方界线"是"西海五岛"和朝鲜的瓮津半岛之间的中间线，这无论在停战协定上还是在海洋法上都是合理的。②

韩国对朝鲜否认"北方界线"的意图进行分析，认为朝鲜在"北方界线"问题上的主张和态度具有战略意图。

首先，朝鲜在"北方界线"制造紧张局势是为推动朝美和平谈判制造有利时机。苏联解体后，朝鲜安全感极度缺失，试图通过与美国签订互不侵犯协定和和平协定获得制度上的安全保障。为凸显停战体制的脆弱性，表明其已失去效力，朝鲜不断加大军事进攻的力度。20世纪六七十年代，朝鲜违反停战协定的主要表现是绑架在"北方界线"附近从事捕捞作业的渔船，90年代之后，朝鲜则是利用警备艇直接穿越"北方界线"。90年代初，为维护停战体制而设立的朝鲜军事停战委员会（Military Armistice Commission）和板门店中立国监督委员会（Neutral Nations Supervisory Commission）事实上都失去作用。③朝鲜发动军事进攻，是企图将"北方界线"问题演变成为引入关注的热点问题，迫使美国回到谈判桌前，与朝鲜就划定海上分界线、签订和平协定等问题进行谈判。④

第二，确保对"西海五岛"周边海域的控制能力，实现政治和

---

① ［韩］金明基："西海五岛周边水域的法律地位"，《国际法学会论丛》，1978年第23卷第1、2合并号，第332—333页。［韩］金槇键："西海五岛周边水域的法律地位"，《国际法学会论丛》，1988年第33卷第2号，第143、154页。

② ［韩］全东镇（音）："北方界线的讨论与应对"，《统一战略》，2008年第12号，第54页。

③ ［韩］朴昌权（音）："西海北方界线与韩朝关系"，《Strategy 21》，2003年冬季第6卷第2号，第13页。

④ ［韩］金荣球："对朝鲜主张的西海海上警戒线和通航秩序的研究"，《首尔国际法研究》，2000年第7卷第1号，第28页。

军事目的。20世纪70年代初,朝鲜海军就拥有了韩国海军不具备的潜水艇、导弹艇、高速艇。基于这种海军实力和首都西部海域的重要战略地位,朝鲜开始强调"北方界线"附近海域的管辖权。1973年,朝鲜宣布对"西海五岛"周边海域的管辖权,1999年7月,朝鲜提出设定"海上警戒线",2000年3月,朝鲜发表"西海五岛通航秩序",限制船舶的进出。事实上,"北方界线"对朝鲜的海州、瓮津半岛、长山岬构成一条海上防御带,将朝鲜海军活动范围限制在沿岸海域。如果朝鲜摧毁"北方界线",就可以确保对"西海五岛"周边海域的控制,根据朝鲜的需要切断岛屿的海上交通,实现战略灵活性。

第三,《联合国海洋法公约》颁布之后,朝鲜以此为契机试图使"北方界线"丧失效力。朝鲜突然在国际海洋法的立场上进行讨论"北方界线"问题是因为1994年《联合国海洋法公约》生效后,领海从3海里延长至12海里。朝鲜从签订停战协定时起就提出12海里领海的主张,1955年,朝鲜将领海划定为12海里,1977年宣布200海里专属经济区。"西海五岛"包含在朝鲜12海里领海范围内,这大大增加了朝鲜的自信心。

第四,为了缓解严重的经济危机,朝鲜渔船每年渔汛前后都在延坪岛附近频繁越过军事分界线,从事捕捞作业。韩国认为,朝鲜渔船是由海军舰艇严格控制的,因此,朝鲜渔船的行为是朝鲜政府许可的故意越线。但"西海五岛"附近也是朝鲜渔民经济利益主要来源地,为获得经济收益,朝鲜不会放弃重新划定"北方界线"的目标。

(3) 韩国质疑"北方界线"的合法性

韩国也存在对"北方界线"合法性提出质疑的主张,其理由如下:

第一,从"北方界线"的法律性质来看,它是联合国军司令官克拉克未依据停战协定单方面提出的措施,其性质是内部作战规定。

从"北方界线"的名称上看，是朝鲜海军向南方行动的阻止线，也是规范和预防韩国海军向北进攻行为的内部分界线。①

第二，"北方界线"的法律效力问题。对停战协定的一部分进行修订或者增补都需要双方当事者间的正式通报和协商讨论，但在西海交战之后，联合国军司令部、板门店停战委员会或美国政府从未公开表示过"北方界线"是合法的。②

第三，从代表韩国政府的国防部提供的"西海五岛周边海域朝鲜主要挑衅日志"来看，1956年以来，朝鲜每年定期不计其数地"侵犯""北方界线"。这一材料是韩国国防部以强调朝鲜对"北方界线""挑衅"为目的提出的，反证了朝鲜是在通过武力不断持续地主张自己的权力。③

第四，韩国国防部提出"北方界线""实效性原则"和"凝固原则"，但问题是朝鲜是否接受这些主张。朝鲜不断地提出对"北方界线"的异议，使韩国主张"北方界线"有效的"实效性原则"和"凝固的原则"落实起来相当困难。

综上所述，1999年第一次延坪海战之后，韩朝对"北方界线"进行了自1953年设定以来最为积极、活跃的讨论。韩国在实际控制的基础上主张固守"北方界线"，朝鲜则在国际法基础上提出设立新的"海上警戒线"。比较韩朝双方对"北方界线"的主张可知，从实效性控制、默认的习惯、凝固理论等来看，对韩国有利；从地理状况、国际海洋法层面来看，朝鲜的主张显得更为合理。韩朝对"北方界线"的立场泾渭分明，可见，依据国际法调整和解决"北方界线"问题是相当困难的，因为国际法只有在当事国之间形成基

---

① ［韩］仝东镇（音）："北方界线的讨论与应对"，《统一战略》，2008年第12号，第59页。
② ［韩］朴钟声：《韩国的领海》，法文社，1985年，第385页。［韩］金明基：《白翎岛与国际法》，法文社，1980年，第43页。
③ ［韩］李泳禧："北方界线是合理的军事分界线吗？"《统一时评》，1999年第3号，第23—63页。

本协议的情况下，才能赋予履行协议的权威。如果只从韩朝对"北方界线"的各自主张来解释，今后延坪岛海战、西海海战等类似的军事危机还会反复出现，不排除升级为战争的可能。

5. 朝鲜宣布"西海五岛"通航秩序

朝鲜于1999年提出新"海上警戒线"之后，1999年9月2日，朝鲜人民军总参谋部宣布朝鲜设定的西部海上军事控制水域。2000年3月23日，为了避免授人"封锁韩国岛屿"的口实，朝鲜给延坪岛等五个岛屿留了两条狭长的通道，单方面宣布"西海五岛"通航秩序。

（1）"西海五岛"中白翎岛、大青岛、小青岛周边海域为第1水域，延坪岛周边水域为第2水域，隅岛周边水域为第3水域。

（2）美国方面舰艇和民间船舶只能通过第1水路到达第1水域，通过第2水路到达第2水域。

（3）美国方面舰艇和民间船舶在第1、2、3水域和第1、2水路必须严格遵守公认的国际航行规则。

（4）美国方面舰艇、民间船舶和飞机偏离指定水域和水路被视为对朝鲜领海和军事控制区域以及领空的侵犯。

（5）在既定水路通行时，不得对朝鲜造成任何威胁和障碍，这些水路和通行区域不阻止朝鲜舰艇和民间船舶的通行。

（6）这次制定的通行水域和水路是考虑美国方面管辖的岛屿位于朝鲜领海而划定的，这些地区和水路并不是美国水域。

宣布"西海五岛"通航秩序之后，朝鲜在2000年3月25日的《劳动新闻》发表题为"严格遵守通航秩序"的文章指出，在尖锐的军事对立和极度紧张的情况下，应符合双方利益，公正合理地解决海上军事分界线问题。同时指出，朝鲜视任何偏离指定水域和水路行为为侵略行为，将给予最严厉的打击。韩国对于朝鲜发表的"西海五岛"通航秩序采取无视和强硬对抗的态度。2000年3月23日，韩国海军发表立场声明称，绝不容忍朝鲜的"西海五岛"通航

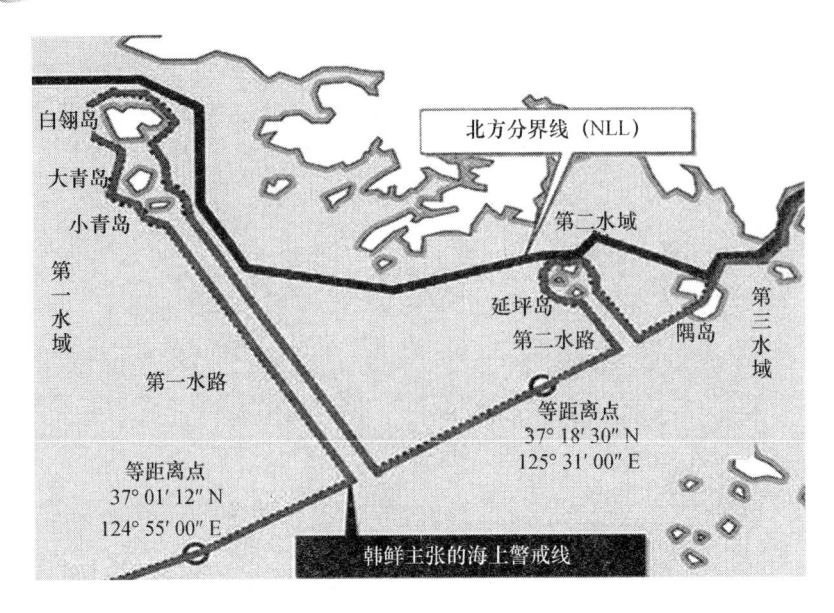

图 3—8 "北方界线"与朝鲜"海上警戒线"

秩序，"北方界线"是事实上的海上警戒线，朝鲜军队入侵"北方界线"将被看作是"挑衅"行为，韩方绝不容忍。在这种紧张的氛围下，2002年6月29日，韩朝爆发第二次延坪海战。韩国指责朝鲜的"挑衅"行为严重违反了停战协定，朝鲜则认为事件的根源是"北方界线"的不合法性，朝鲜的射击行为是正当防卫。第二次延坪海战再次提出韩朝就"北方界线"问题达成协议的重要性。

6. "西海和平合作特区"与"北方界线"

第二次延坪海战之后，"北方界线"附近的军事紧张局势暂时趋于平稳，2004年5月26日，为了切实履行"6·15共同宣言"，韩朝首次将军级会谈在朝鲜境内的金刚山举行，双方讨论了防止朝鲜半岛西部海域发生军事冲突和建立军事信任等问题。6月3日至4日，在雪岳山召开第二次韩朝将军级会谈，针对防止西部海域偶发性军事冲突的相关措施达成协议。其具体内容如下：

（1）彻底控制双方舰船在西部海域的迎面相遇。
（2）双方对西部海域的对方舰船和民间船舶不实施不恰当的武

力行为。

(3) 双方为防止西部海域的双方舰船航路迷失、遇难、求助等，（相互）不产生误会，使用国际海上超短波无线对话机（156.8，156.6MHz）。

(4) 双方规定和使用作为必要辅助手段的旗帜和灯光信号。

(5) 双方在西部海域敏感水域对非法捕捞的第三国渔船管制过程中可能偶发冲突，对此应采取外交手段解决，（相互）合作和交换非法渔船的动向信息。

(6) 双方利用西部海域设立的通信线路，就西部海域引发的各种问题交换意见。

在上述措施的基础上，2006年3月2日和3日，在板门店统一阁召开的第三次韩朝将军级会谈中，朝鲜主张，对"北方界线"问题进行讨论。朝鲜方面在会谈上提出，为防止西部海域冲突、实现共同捕捞，应放弃所有既有主张，在谋求民族共赢原则和尊重国际法原则的基础上解决问题。具体地说，朝鲜的提案是朝鲜放弃1999年9月提出的"西海五岛"通航秩序，韩国放弃"北方界线"，双方从零开始进行讨论。对此，韩国主张优先处理西部海域冲突防范措施、铁路、公路通行的军事协议保障和共同捕捞划定问题。[1] 韩朝双方通过三次将军级会谈对"北方界线"问题进行谈判，但结果以失败告终。2006年5月16日至18日，韩朝第四次将军级会谈召开，双方在原有立场上稍作让步，达成在国际法原则基础上营造西部海域和平捕捞环境和防止军事冲突的共识。2007年5月8日至11日，韩朝第五次将军级会谈召开。双方签订西部海域和平保障和共同捕捞协议，共同捕捞水域规划问题也在持续协商当中，双方还讨论了北侧民间船舶的海州港直航问题。7月24日至26日，韩朝第六次将

---

[1] ［韩］郑永泰（音）："第3此韩朝将军级军事会谈决裂背景与展望"，《统一研究院》On-line Series（CO06-02），2006年3月。

军级会谈召开。双方就防止西部海域冲突、实现共同捕捞的军事对策问题进行讨论。

2007年10月4日，韩国总统卢武铉和朝鲜最高领导人金正日在平壤发表了《韩朝关系发展与和平繁荣宣言》，表示将在民族精神基础上，合力开启民族共同繁荣和自主统一的新时代。这一宣言为"北方界线"问题的解决提供了新机遇。"10·4宣言"达成诸多协议，例如，建设"西海和平合作特区"，规划共同捕捞水域及和平水域，允许北方民间船舶直通海州港，共同利用汉江下游河口等等。①

11月27日至29日，第二次韩朝国防部长会谈在平壤召开，双方达成协议。协议第2条第2款规定，设立韩朝军事共同委员会，解决双方海上互不侵犯警戒线问题和军事信任构建措施。第3条第1款规定，双方为缓和西部海域军事紧张、防止军事冲突，达成规划共同捕捞水域及和平水域的共识，并决定在韩朝将军级会谈中尽快达成协议。第5条第2款规定，双方允许北方民间船舶直通海州港，为此设定航路和通行程序等军事保障措施。12月12日至14日，第七次韩朝将军级会谈召开，进一步具体讨论了西海和平合作特区问题。但李明博政府上台后，否定"10·4宣言"，2009年全面加入防扩散安全倡议（PSI）等措施导致韩朝关系急剧恶化。2009年1月，朝鲜宣布单方面退出"10·4宣言"，并同时废除关于"北方界线"的所有款项。5月，朝鲜宣布不再保障西北部领海船舶通行安全，"北方界线"附近再次陷入军事紧张状态。2009年11月10日，朝鲜警备艇越过"北方界线"，双方发生海上交战。此后，"北方界线"附近军事紧张对峙局面不断升级。2010年3月26日，在韩朝争议海域发生韩国"天安"舰爆炸沉没事件。韩国认定"天安"舰是受到朝鲜小型潜水艇发射的鱼雷攻击而沉没的，朝鲜则矢口否认。5月24日，李明博政府出台"5·24措施"，对朝鲜进行制裁。美韩

---

① 《韩朝关系发展与和平繁荣宣言》（第五条），2007年10月4日。

加紧军事演习,不断警示朝鲜。11月23日,韩朝爆发延坪岛炮击事件。12月8日,李明博总统提出将"西海五岛"逐步军事要塞化。[①]此后,韩国国防部在《2012国防白皮书》中首次将"北方界线"正式定性为"实质性的海上分界线",不断强化在朝鲜半岛西部海域的军事防御体系。

(四) 韩国政府应对韩朝海洋权益争端的措施及面临的挑战

迄今为止,目前,韩国政府在应对韩朝海洋权益争端方面主要有三种政策方向:第一,建设"西海和平合作特区",化"争议之海"为"合作之海","以合求稳";第二,加强对朝鲜半岛西部海域的军事防御,防范朝鲜的进攻行为,"以压求稳";第三,推动朝鲜半岛由停战体制向和平体制转变,为韩朝"西海五岛"海域争端的解决创造条件,"以和求稳"。

1. "西海和平合作特区"的构想与争论焦点

2007年"10·4宣言"提出建设"西海和平合作特区"的构想,即包括韩朝水产业合作、海州经济特区建设、仁川—开城—海州经济合作三角产业带等方案的西部海域沿岸边境地区综合开发构想。这一构想旨在增加双方互信,实现朝鲜半岛西部海域边境地区的和平稳定与共同繁荣,缓解军事紧张局势。

韩朝水产业合作是以西海岸邻近水域为中心进行共同开发合作的构想,包括共同捕捞和水产业开发合作两个方面。韩国希望推动韩朝在西部海域边境地区共同捕捞产业的发展,在边境地区设立韩朝共同养殖园区,向朝鲜传播养殖技术,提供必要设施,设立韩朝海洋水产共同研究中心。进而开展水产品加工与物流合作,向国内外输送水产品,依据客观条件开展多种形式的合作。

---

① "李明博:将西海五岛要塞化",《朝鲜日报》,2010年12月8日。

韩国计划第一步［A］，将"西海和平合作特区"建设成为朝鲜半岛和平稳定的桥头堡，将海州开发成朝鲜半岛对外经济特区，第二步［B］，将仁川—开城—海州三地联动形成"韩朝三角共同经济自由区"实现边境地区区域经济一体化，第三步［C］，构建首尔、平壤、南浦、仁川"朝鲜半岛中心经济区"，进而发展成为环黄海经济圈的经济枢纽。支持这一构想的人认为"西海和平合作特区"可以安全守护"北方界线"，是把"战争之海"转变为"和平、繁荣、机会之海"的有效方法。

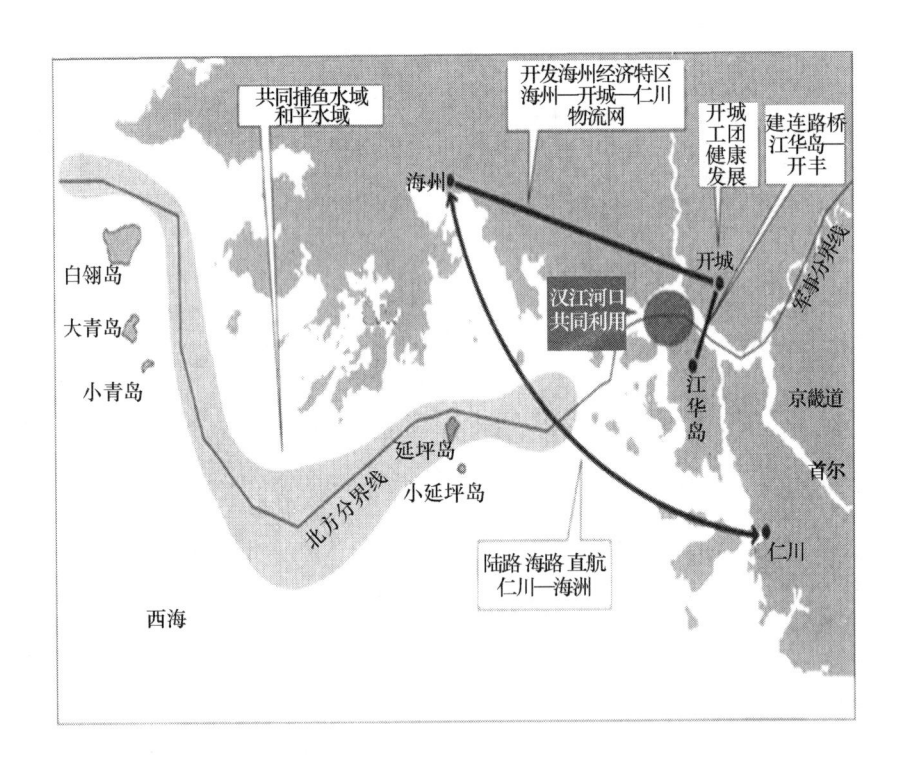

图3—9 西部海域的和平利用和共同开发构想图①

————————
① ［韩］张廷奎（音）："西海的和平利用和共同开发是 NLL 的解决方案"，《民族21》，2013年1月号，第120页。

"西海和平合作特区"从构想变为现实还存在诸多障碍因素：第一，韩朝对于西部海域共同捕捞水域的划定至今仍未达成协议。早在1982年2月，全斗焕政府就向朝鲜提出建设20个示范产业的建议。2005年7月，为了实现两国渔民共同利益、限制第三国非法捕捞，韩朝首次水产合作实务磋商会议就韩朝共同捕捞、渔业合作和水产加工合作等问题达成协议，但2006年朝鲜核试验等问题导致韩朝关系恶化，协议未能履行。2007年10月，韩朝首脑再次达成协议，但仍未得到落实。协议履行失败的主要原因是双方未就共同捕捞水域的划定达成共识，朝鲜要求共同捕捞水域扩大至"北方界线"以南，因此提出重新设立海上军事分界线，但韩国坚持以"北方界线"为中心，按照等距离、等面积的原则设定。[1] 之后的国防部长会谈和将军级会谈也因为双方对共同捕捞水域位置的设置存在差异而未能达成协议。第二，推动"西海和平合作特区"建设的经济费用也存在问题。特别是海州经济特区建设至今未能完成事前调查，到底需要投入多少资金仍不能确定。韩国政府预计到2015年建设海州港需投入2200亿元，韩国国内研究机构将其与开城工业园区的建设费用比较后推算，海州经济特区开发将花费数十亿美元。[2] 目前，韩朝关系仍处于紧张状态，"西海和平合作特区"建设也因此一再被拖延。第三，汉江河口开发使韩朝获得经济利益的同时也面临破坏这里自然环境的风险。环境保护团体认为，挖掘汉江河口的沙石将会破坏沙滩的生态系统，会对环境造成严重的影响。朝鲜有44个保护区，韩国有25个保护区分布在西部沿岸边境地区，特别是汉江河口是朝鲜半岛西部海域唯一的大型自然河口，是很多珍贵生物的栖息地，韩朝共同开发必须要保护该地区生态系统，

---

[1] ［韩］张廷奎（音）："西海的和平利用和共同开发是NLL的解决方案"，《民族21》，2013年1月号，第119页。

[2] ［韩］徐主锡（音）："西海和平合作特区的现状与课题"，《黄海文化》，2008年春季号，第271页。

使之可持续发展。

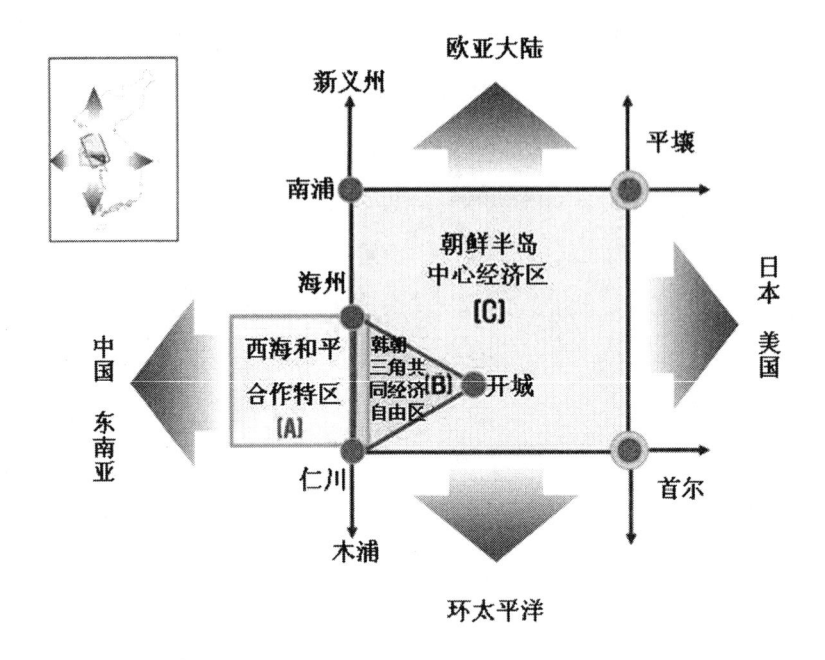

图3—10 西海和平合作特区的未来规划：A. B. C. 构想①

2. 西海军事防卫体系的构筑与困境

多年来，韩朝围绕朝鲜半岛西部海域海上分界线问题进行多次针锋相对的较量，可见，这片海域对韩朝双方都具有非常重要的意义。对于朝鲜来说，如果韩国占据"西海五岛"及其周边海域，就会对朝鲜开城、海州等西南沿海地区形成海上包围圈，进而从海上直接威胁平壤安全。对于韩国来说，如果"西海五岛"及其周边海域置于朝鲜控制之下，首尔将受到朝鲜炮火的直接威胁。因而，朝鲜半岛西部海域对韩朝双方都具有重要军事战略价值。朝鲜半岛陆地面积狭小，陆地资源相对匮乏，而西部海域蕴藏着丰富的矿产、

---

① ［韩］朴养镐（音）："朝鲜半岛与东北亚共同市场中的西海和平合作特区长远规划与发展构想"，《国土政策》，2007年第159号，第3页。

石油和渔业等海洋资源，这对韩朝双方都具有巨大的吸引力。因此，韩朝双方在西部海域激烈争夺，毫不相让。2010年以来，朝鲜海上局部进攻行动频繁。2014年，韩国共遭受朝鲜各种形式攻击45次，其中海上28次，占到60%以上。可见，海上防御是韩国防范朝鲜的重点区域。[1]

延坪岛炮击事件之后，韩国政府认为"西海五岛"存在潜在军事冲突的危险，因而不断强化其防卫能力。2011年6月15日，韩国成立西北岛屿防卫司令部，负责朝鲜半岛西部海域的防御工作。韩国军队在"西海五岛"附近部署了火炮定位雷达系统、K-9自行炮、K-10弹药运输车等武器，并计划修建机库等防护设施，部署武装直升机。[2] 一直以来，韩军的岛屿固守防御作战是以应对"大规模登陆战"而采取的守势防御概念。然而，西北岛屿防卫司令部是在"积极遏制战略"基础上建立起来的。"积极遏制战略"的主要内容包括：第一，向朝鲜传递明确信息，表明韩国绝不会容忍朝鲜突袭式进攻行为；第二，确立起韩国不惜发动先发制人打击的意志和战略态势；第三，在朝鲜发动进攻的情况下，战场可以扩大至朝鲜地区；第四，打造报复性攻势概念。[3] 2011年10月27日，西北岛屿防卫司令部首次正式参与在韩国全境进行护国军演，旨在锻炼其指挥和作战能力。西北岛屿防卫司令部还在"西海五岛"加紧构建防空体系，扩建军队装备的防御设施，提高防空能力、反登陆能力，并加强针对朝鲜进攻的"先发制人"的打击能力。

面对韩国的强硬态度，朝鲜毫不示弱，2012年12月12日，朝鲜发射远程导弹。2013年2月12日，朝鲜进行第三次核试验。3月，朝鲜以美韩"关键决断"演习和"秃鹫"演习为由，宣布《朝

---

[1] 韩国国防部：《2014年国防白皮书》，2015年版，第255页。
[2] "西部岛屿防卫司令部创建"，《国防和技术》，2011年7月，第8页。
[3] ［韩］孙汉别（音）："西北岛屿防卫司令部的作用与职能"，《战略论坛》，2012年第16卷，第156页。

鲜停战协定》和《韩朝互不侵犯协议》无效。为了进一步表明"北方界线"的有效性，韩国国防部在 2012 年 12 月 21 日发行的《2012 国防白皮书》中首次把"北方界线"确定为朝鲜和韩国的海上分界线。此后，韩国不断加强"西海五岛"军事防御，2013 年初，韩国宣布计划在韩朝"北方界线"附近部署"长钉"导弹，以应对朝鲜可能采取的进攻行动。2013 年 10 月，韩美两国召开第 45 次韩美安全协商会，联合制定针对性遏制战略，根据朝鲜核武器与大规模杀伤性武器构成威胁到朝鲜实际使用上述武器等不同情况，规定了不同的应对战略。2014 年初，韩美举行的"关键决断"联合军演即体现了针对性遏制战略的概念。2014 年 3 月，朴槿惠政府批准国防部提出的《国防改革基本规划 2014—2030》，韩军的核心军事战略从 2012 年提出的"积极遏制"转变为"灵活遏制"，以培养韩军同时应对局部进攻和全面战争的能力，旨在"以可信的威慑为基础来循序渐进地在韩国与朝鲜之间建立信任"。韩朝针锋相对的强硬立场使"北方界线"及其附近海域陷入重重危机，成为韩朝冲突的高发地区。

3. 停战体制向和平体制转变的迫切性及阻力

（1）构建半岛和平机制的迫切性

韩朝"北方界线"之争源于《朝鲜停战协定》对"西海五岛"的强行划分，这一纷争需要韩朝双方谈判协商解决，但谈判协商成功与否的根本前提是朝鲜半岛停战体制能否转变为和平体制，彻底消除半岛的军事对峙状态。1953 年 7 月 27 日，以中朝为一方，以美国为首的"联合国军"为一方签订了《朝鲜停战协定》，此后朝鲜半岛陷入长达 60 多年的停战状态。由于《朝鲜停战协定》本身效力的局限性，[①] 以及 60 多年来半岛局势和周边大国

[①] 朝美都早已违背《朝鲜停战协定》关于"停止自朝鲜境外进入增援的作战飞机、装甲车辆、武器与弹药"的规定，不断运进大量的现代化新式装备，严重威胁着半岛局势的和平与安全。

关系的结构性变化,①《朝鲜停战协定》早已名存实亡。2009年,朝鲜因韩国正式加入"防扩散安全倡议"而宣布不再受《朝鲜停战协定》的约束。2010年,朝鲜人民军板门店代表部针对美韩联合军演表示,朝鲜将不再受《朝鲜停战协定》约束。2013年,朝鲜针对美韩联合军事演习再次表示,自军演开始之时即宣布《朝鲜停战协定》"完全无效"。美韩联合军演不断升级、朝核问题久拖不决、韩国独立构建导弹防御系统、美国意欲在韩国部署美国导弹防御系统,种种军事对峙的加剧都反映出建立朝鲜半岛和平机制的迫切性。

关于构建朝鲜半岛和平机制的多边讨论始于第一次朝核危机后的中、美、韩、朝"四方会谈",尽管未取得实质性的进展,但却对和平机制的建立进行了有益的尝试。第二次朝核危机爆发后,"六方会谈"的召开使国际社会对构建半岛和平机制更加关注。第四轮"六方会谈"发表的《共同声明》中明确指出,为共同致力于东北亚地区持久和平与稳定,"直接有关方将另行谈判建立朝鲜半岛永久和平机制"。这一成果的重要意义在于它将为在朝鲜半岛结束冷战、建立和平机制奠定了基础,不仅有助于解决朝美、韩朝以及所有相关国家之间的安全忧虑,还能消除阻碍韩朝关系发展和经济合作的障碍。2007年,韩朝第二次首脑峰会宣布了"10·4宣言",双方一致认为,有必要推动建立朝鲜半岛和平机制,举行直接有关的三方或四方首脑会晤。韩朝关于"朝鲜半岛的和平、安全和统一"的提案也获得第62届联合国大会总务委员会一致通过。可见,在构建朝鲜半岛和平机制问题上,韩朝两国以及相关国家已取得共识。

(2) 停战体制向和平体制转变的阻力

在现实条件下,停战体制转变为和平体制仍将面临诸多问题:

---

① 中美于1979年、中韩于1992年分别实现了关系正常化;朝美在协商解决朝核问题的过程中开始奉行"接触"政策,双边关系朝着缓和的方向发展;朝鲜于1991年与韩国同时加入联合国,两国关系尽管一波三折,但双方已实现二次首脑会晤,具有和解合作的基础;当年的"联合国军"早已撤出朝鲜半岛,其中有些国家已与朝鲜建立了正式外交关系。

第一，各方对于朝鲜半岛和平机制问题的谈判主体问题仍存在争议。朝鲜是最先提出建立朝鲜半岛和平机制的国家。1958年志愿军单方面撤军后，美军打着联合国军的旗号继续驻扎韩国。60年代，朝鲜就曾提出"三方会谈"的建议，朝鲜当时的考虑是，由朝鲜出面，代表中朝方面同美国谈判撤走联合国军问题，同韩国讨论民族和解问题。1994年4月，朝鲜通过外交部发言人声明的形式提议将《朝鲜停战协定》转变为和平协定。朝鲜认为《朝鲜停战协定》是由"朝鲜人民军最高司令官及中国人民志愿军司令一方与联合国军总司令另一方"签订的，韩国并没有在《朝鲜停战协定》上签字，而中国人民志愿军已全部撤出朝鲜，目前驻扎在韩国的所谓"联合国军"实际上就是美军。[①] 因此，朝鲜主张朝鲜半岛和平机制问题的谈判不应包括中国和韩国，应由朝美双方谈判解决。然而朝鲜也认识到，韩国尽管没有在《朝鲜停战协定》上签字，从法理角度讲没有参与谈判的资格，但朝鲜半岛和平机制问题首先是朝鲜和韩国内部问题，没有韩国参与的和平机制没有任何意义，因此朝鲜主张由朝美韩三方进行谈判。中国认为，中国作为东北亚地区具有重要影响的国家和《朝鲜停战协定》的重要缔约方，涉及朝鲜半岛及东北亚和平机制的有关问题，中国自然要发挥重要的建设性作用。[②] 韩国政府于1996年4月与美国共同提议召开四方会谈，之后也一再明确表示半岛和平机制应由韩国、朝鲜、中国和美国参加。[③] 有了克林顿政府的"前车之鉴"，美国希望通过多边会谈来保证谈判结果的实施，因而主张当事国是四个国家。

第二，各方对构建和平机制与无核化的优先顺序存在歧义。朝鲜半岛无核化是构建朝鲜半岛和平机制的重要基础。但要真正实现半岛无核化，还应当明确的是，无核化不只是朝鲜单方面的无核化，

[①] 《关于朝鲜停战协定的文件》，人民出版社，1953年版，第8页。
[②] 中国外交部："中国对朝鲜半岛和平将继续发挥重要作用"，2007年10月9日。
[③] "韩国称朝鲜半岛和平机制应由中韩朝美四方参与"，《新华社》，2007年10月20日。

也取决于东北亚各相关国家对核的态度与企图。中、美、俄等国作为有核国家，应当率先拿出诚意，承诺不使用核武器。韩日等目前尚未开发核武器的无核国家，应当明确表示放弃拥核企图，特别是日本应拿出诚意贯彻"行动对行动"原则，改变拖延半岛无核化进程的做法。[①] 只有各方坦诚地达成这种共识，半岛无核化才能够成为有效且可行的目标。

对于构建朝鲜半岛和平机制与无核化的关系问题，相关各国立场不尽相同。美国的态度相当明确，即以朝鲜弃核为前提，主张在朝鲜对其核设施实现"去功能化"、进入弃核阶段后，进行有关朝鲜半岛和平机制的谈判。美国担心一旦先签订和平协定，美国在韩国军事存在的理由会被削弱，更加难以逼迫朝鲜放弃核武器。朝鲜认为，首先要建立朝鲜半岛和平机制，签订一个和平协定取代停战协定，正式结束战争，通过实现朝美、韩朝关系正常化，解决朝美、韩朝之间的政治军事问题，实现和平共处，朝鲜才能获得安全保证，赢得和平发展的良好外部环境。对于构建朝鲜半岛和平机制与无核化的关系问题，中韩两国认为，维护朝鲜半岛乃至东北亚地区持久和平，需要建立朝鲜半岛和平机制。而和平机制的建立必然要求半岛无核化及朝美关系正常化。但并不是朝美实现关系正常化后，再进行关于和平机制的讨论，而是伴随朝鲜半岛无核化谈判的进程同时展开谈判。

第三，各方对构建和平机制与驻韩美军撤离的态度不同。驻韩美军地位问题、美韩同盟问题、美国为韩国提供核保护伞的问题，是未来朝鲜半岛和平机制所要解决的三大难题。朝鲜半岛要建立和平机制，毫无疑问要讨论驻韩美军的地位问题。[②] 朝鲜认为驻韩美军

---

① 日本以绑架问题未解决为借口，将对朝经济制裁延长半年时间，并在朝核问题进入弃核阶段后，仍拒绝对朝提供应当承担的经济补偿，这种缺乏诚意贯彻"行动对行动"原则的做法，显然是在拖延半岛无核化进程。

② 石源华："朝鲜半岛和平进程还有三大难题"，《环球时报》，2007年10月10日。

的撤出是构建半岛和平机制的先决条件,是实现朝鲜半岛自主统一的根本保障。金日成主席就曾明确指出,"自主地统一国家,就意味着迫使美帝国主义者撤出南朝鲜,不让其他国家势力干涉我国的统一问题"。[1] 朝鲜明确提出对朝核进行验证的同时,也要就驻韩美军是否为韩国提供核保护伞进行验证。可见朝鲜始终把驻韩美军看作是对其安全的主要威胁。韩国则认为驻韩美军是国家安全及半岛局势稳定必要的平衡器。韩国希望借助驻韩美军制衡朝鲜,加大对朝鲜的控制力度,避免朝鲜采取极端行为。即使在自主意识很强的卢武铉总统执政时期,美韩同盟有所弱化,但韩国也仅仅是要求美韩同盟中的平等地位,并未要求解除同盟关系。李明博政府把致力于加强与美国的同盟关系作为首要任务,并声称,朝鲜半岛和平机制建立后,驻韩美军将继续留在朝鲜半岛。[2] 朴槿惠政府进一步夯实美韩同盟关系,将牢固的美韩同盟作为其外交政策的基石。美国认为驻韩美军是其在亚太再平衡战略实施的重要前沿存在,因而不断要求韩国与之协调一致,加强"战略灵活性"。中国曾视驻韩美军为周边安全的重大威胁。但是随着时代的变化,中美、中韩关系也发生了很大的变化。中国在处理地区安全方面开始采取互信、互利、平等、协作的新安全观,认为不能用冷战时期的所谓"军事同盟"来看待、衡量和处理当今世界或者各个地区所面临的安全问题。在这种安全观的指导下,中国认为美韩同盟只是一个历史遗留的产物,不应该成为中国与各大国沟通与互助合作的障碍。[3] 可见,朝鲜半岛和平机制问题不仅是韩朝两国关系问题,它实现与否还有赖于韩朝两国与中、美等相关国家之间的关系互动。

---

[1] 《金日成著作集·第五卷》,朝鲜外文出版社,1992年版,第304页。
[2] "韩国希望启动朝鲜半岛机制谈判",《新华社》,2007年10月26日。
[3] 中国外交部:"外交部秦刚就六方会谈、中美人权对话等答记者问",2008年5月27日。

三、韩日海洋权益争端

韩日海洋权益争端主要体现在"独岛"(日本称为"竹岛")之争上,韩国和日本都声称对该岛及其周边水域拥有主权,目前该岛由韩国控制。此外,韩日之间还存在《韩日渔业协定》问题以及"东海"(一般称"日本海")标记问题等等。

(一)"独岛"(日本称为"竹岛")的自然状况及战略价值

1. "独岛"(日本称为"竹岛")的自然状况

"独岛"(日本称为"竹岛")本岛是由东、西两个主岛以外(日本称:"女岛""男岛"),以及 89 个附属岛屿组成,以低潮时为基准计算,东西两岛间低潮时最近距离仅为 151 米。总面积达 187554 平方米,东岛为 73297 平方米,西岛 88740 平方米,其他附属岛屿面积 25517 平方米。其地理坐标是东岛位于北纬 37°14′26.8″、东经 131°52′10.4″,西岛位于北纬 37°14′30.6″、东经 131°51′54.6″。"独岛"位于庆北蔚珍郡竹边向东 216.8 千米处,距离韩国郁陵岛的东南面约 87.4 千米,故在晴朗的日子里,站在郁陵岛的圣人峰上可以依稀望见。

西岛呈锥体状,海拔 168.5 米,东岛海拔为 98.6 米,全长 5.4 千米(东岛 2.8 千米,西岛 2.6 千米)。两岛四周悬崖峭壁,航船难以停泊,只有东岛南部有点滩涂,拥有船舶停靠岸码头。在地质成因上,它和郁陵岛一样由 460 万年至 200 万年前熔岩喷发而形成,东岛由火山岩质中性长石构成,还有火山口;西岛由中性长石、玄武岩结合而成的凝灰岩构成。东岛与西岛也分别被称"岩岛"与

"水岛"。

"独岛"的东西两岛之间有"兄弟洞",东岛上有"天顶洞"等诸多海蚀洞穴、海蚀台及海蚀崖。过去由于"独岛"周围海风猛烈以及岛屿土壤不足原因,只有岩缝间能生长一些小植物,没有一棵树木。但后来人们把松树及山茶树移植到了"独岛",因此现在我们登上"独岛"便可以看到许多美丽的鲜花及树木。目前"独岛"上已经建有"独岛警备队"宿舍、渔民宿舍、直升飞机场、有人灯塔、海岸设施等。不仅如此还在岛上发现了几处水质较好的涌泉,解决了岛上的用水问题。岛屿周围寒流与暖流在此相遇,大量鱼群游至于此带来了很高的经济价值。1954年8月修建的灯塔24小时不间断地守卫着"独岛"。为了保护岛上栖息的海燕、𫛢、海猫等多种稀贵鸟类,1982年11月,韩国将"独岛"指定为"天然纪念物第336号——独岛海鸟类(海燕、𫛢、海猫)繁殖地",提升至国家保护范围。

"独岛"因受暖流影响,属于典型的海洋性气候,年平均气温约为12摄氏度。一年中1月气温最低,平均气温1摄氏度,8月气温最高,平均气温达23摄氏度,比较温暖。"独岛"经常刮风,年平均风速为4.3米/秒。夏季常刮西南风,冬季常刮东北风。"独岛"雾多,一年中近160天以上为阴天,降雨日达150多天。一年之中85%为阴天或降雨雪日,比较潮湿。"独岛"年平均降水量约为1240毫米,冬季降雪,连年大雪纷飞是郁陵岛与"独岛"地区重要的气候特征之一。又因岛上海风猛烈、土壤多为岩石,十分贫瘠,各种植物无法生长。但是各种候鸟却将"独岛"作为躲避风雨之所及栖息之地,过去这里也一直是大群海驴的栖息之地,2008年之后韩国重新引进灭绝的"独岛"海狮。这对韩国进行生物起源及分布等生物地理学研究具有巨大的价值。

2. "独岛"(日本称为"竹岛")的战略价值

(1)军事战略价值

朝鲜半岛东部海域是大陆势力俄罗斯进入海洋与海洋势力美国

和日本登上大陆的重要交通要塞，也是韩国和日本进出太平洋和物质运输的海上交通要冲。从战略上看，位于韩国郁陵岛和日本隐歧岛之间的"独岛"（日本称为"竹岛"），还是韩国东部沿海向东南方向最突出的岛屿，具有特殊的战略意义。历史上，日本在日俄战争期间曾派兵进驻该岛，作为监视沙俄海军动向的前哨基地，为1905年日本在对马海战中歼灭俄舰队立下了汗马功劳。一旦失去对它的控制，韩国东海岸就会门户大开，失去重要的战略屏障。从军事上看，"独岛"（日本称为"竹岛"）的利用价值颇高。拥有"独岛"（日本称为"竹岛"）的国家，其军队作战水域和防空识别区也随之扩大，保证排除海域、空域相连的周边国家对本土军事进攻及军事侦查的安全距离，对于国家防御具有重要意义。目前，韩国利用"独岛"的地理位置优势，在岛上派驻常驻海警，建设高性能防空雷达基地，在此观察俄罗斯的太平洋舰队与日本和朝鲜海军、空军的动向，将其建成监视朝鲜半岛东部海域动向的预警前哨、潜水艇作战基地等海军基地、紧急海难救助基地等等。

（2）渔业资源

从经济角度看，目前"独岛"（日本称为"竹岛"）的价值中水产业所占比重最大。"独岛"（日本称为"竹岛"）附近是著名的黄金渔场，北部南下的里曼寒流与南部北上的日本暖流（黑潮）在此交汇，使附近聚集了的大量洄游性鱼类，形成各种渔场，成为渔民重要收入来源地。韩国国内全部鱿鱼捕获量中，"独岛"（日本称为"竹岛"）沿岸与大和堆渔场占到60%以上。庆尚北道、庆尚南道、江原道、釜山等四个道、市的渔民在此捕鱼。"独岛"（日本称为"竹岛"）附近海洋水产资源总共137种（鱼类104种，无脊椎动物、海藻类等33种），主要栖息着鱿鱼、秋刀鱼、远东多线鱼、鲍鱼、海螺、红蛤蜊、海藻类等。"独岛"（日本称为"竹岛"）周边设有一个渔村和三个联合养殖渔业圈。水产品生产量约为18205公斤，占郁陵郡全部生产量的30%。[1]

(3) 能源资源

朝鲜半岛东部海域蕴藏着丰富的石油、天然气和天然气水合物。从20世纪60年代后期，韩国开始对国内大陆架蕴藏石油和天然气的可能性进行考察。70年代，韩国政府在周边海域大陆架划定七个矿区，与外国企业合作进行石油勘探。1983年开始，韩国石油开发公司开始独立进行勘探工作。目前，韩国已经在6-1矿区发现三个油气田，天然气可开采储量近3000亿立方米。

1997年至2001年，"独岛"（日本称为"竹岛"）南部距离90千米的郁陵盆地发现沉积层。此后，韩国国内能源和相关机构正式对东部海域的天然气水合物进行基础调查。2005年7月，韩国石油公司、韩国天然气公司、地质资源研究院共同组成天然气水合物开发团队，推动东部海域的勘探工作。2007年11月22日，韩国产业资源部（现知识经济部）宣布，在庆北浦项东北方向135千米的郁陵盆地海底发现了厚度达130米的大型天然气水合物层。之后，在距离该地以北9千米的地区还发现了厚度达100米的天然气水合物层，在以南42千米的地区发现了1米厚的天然气水合物层，共在3个地方钻探成功。韩国产业资源部次官李载勋表示："这次钻探成功使韩国成为继美国、日本、印度、中国后世界上第五个确认深海天然气水合物赋存的国家。"[2]

天然气水合物（Gas-Hydrate），即可燃冰，是天然气在低温、高压状态下与水结合而成的，具有易燃性质，是未来能够替代化石燃料的新一代绿色能源，其燃烧时排放的二氧化碳量仅为化石燃料的24%。只要商业生产技术成熟，韩国即可以开采出6亿吨的天然

---

[1] 韩国国土交通部："独岛一般现状"，2011年10月27日。http://www.molit.go.kr/USR/policyData/m_34681/dtl.jsp?id=590

[2] [韩] 朴淳旭："韩国东部海域发现大量天然气水合物"，《朝鲜日报》，2007年11月23日。

气水合物。据韩国政府推测，如果6亿吨都可以用于商业用途，相当于国内煤气30年的消耗量（以年2000万吨为准）。韩国政府从2008年开始启动第二阶段工作，在2012年开发出商业生产技术，在2015年实现商业化的目标。

韩国认为，"独岛"（日本称为"竹岛"）作为海洋资源开发的前哨基地具有重要意义。以该岛为基点主张专属经济区，可以获得约2万平方千米相当于庆尚北道大小的海洋面积。该岛作为海洋科学前哨基地也具有重要价值。韩国三面环海，如果在东、南、西三个海域都设有科学研究基地就能更为准确地进行气象预报，也会对海洋生物圈进行深入研究做出贡献。

(二) 1905年前的历史记载

1. 韩国相关历史记载

韩国认为早在6世纪新罗王朝就有关于"独岛"的记录。据《三国史记·新罗本纪》记载："十三年，夏六月，于山国归服，岁以土宜为贡。于山国在溟州正东海岛，或名郁陵岛。地方一百里，恃不服。伊异斯夫为何瑟罗州（现江陵地区）军主，谓于山人愚悍，难以威来，可以计服，乃多造木偶狮子，分载战船，抵其国海岸，告曰：'汝若不服，则放此猛兽踏杀之。'国人恐惧则降。"根据这段记载，新罗第22代智证王13年即512年6月，新罗将军异斯夫把郁陵岛和"独岛"组成的于山国收归新罗所有，此后，于山国每年向新罗进献土特产。韩国认为"独岛"是于山国的一部分，并由此推断"独岛"一直都是韩国的领土。

据高丽史书《三国遗事》记载："智哲老王，第二十二智哲老王。姓金，名智大路、智度路。谥曰智澄。谥号始于此。又乡称王为麻立干者。自此王始。……又阿瑟罗州东海中。便风二日程有于陵岛周回二万六千七百三十步。岛夷恃其水深。憍傲不臣王命伊餐朴伊宗将兵讨之。宗作木偶师子。载于大舰之上。威之云。不降则放此兽。岛夷畏而降。赏伊宗为州伯。"

据《太宗实录》第6卷记载，1403年8月，（江原道）监司的奏文，要求江陵道武陵岛居民搬迁到陆地，实行空岛政策。

据《太宗实录》第13卷记载："对马岛守护宗贞茂，遣平道全，来献土物，发还俘虏。茂请茂陵岛，欲率其聚落徙居。上曰：'若许之则日本国，王谓我为招纳叛人，无乃生隙欤。'南在，对曰：'倭俗叛则必从他人，习以为常，莫之能禁，谁敢出此计乎。'上曰：'在其境内，常事也。若越境而来，则彼必有辞矣。'"1407年（太宗7年）3月，对马岛守护宗贞茂送还抓去的人，并前来献贡，请求搬入武陵岛生活，但遭拒绝。

据《太宗实录》第32卷记载，1416年命三陟人前万户金麟雨为武陵等地安抚使。据《太宗实录》第32卷记载，1417年2月5日，金麟雨从于山岛带着一些土特产及三个军民返回，并报告岛上居住着15户人家共86人。最终决定禁止居民居住在于山武陵，并将所有居民赶出。

据《世宗实录》第153卷，《新撰八道地理志》"江原道三陟都护府蔚珍县条"记载，1432年，"于山武陵两岛的正东边有海，两岛相隔不远，晴日可以相互观望。"此内容也原封不动地被载入1454年（端宗2）编纂的《世宗实录地理志》。

1451年，此年编纂了《高丽史》，其中第58卷地理志东界蔚珍县条记载了"于山武陵两岛相隔不远，晴日可互观"的内容。

1481年，此年编纂了《东国舆地胜览》，据江原道蔚珍县山川条记载，"于山岛—郁陵岛或者武陵—羽陵在正东海中，晴日可看到树木，风力不大，2日即可到达"。同时也称"于山与郁陵原本是一岛……"此内容原封不动地被载入1530年（中宗25年）完成的《新增东国舆地胜览》。

1848年4月17日，美国Cheroke号捕鲸船发现"独岛"（北纬

37度25分，东经132度00分）。1849年1月27日，法国Liancourt号捕鲸船发现"独岛"（北纬37度2分，东经131度46分），并命名为"Liancourt Rocks"，"独岛"通过被标入法国海军海道图及海图传于西方。3月18日，美国William Thompson号捕鲸船发现"独岛"（北纬37度19分，东经133度9分）并记载了"看见了三个大岩石（3 rocks）"，这便使人联想朝鲜成宗的三峯岛。

1854年4月6日（俄罗斯旧历）Putiatin所指挥的俄罗斯远东远征队4艘船只中，Olivntsa号军舰从马尼拉向鞑靼海峡行驶过程中发现"独岛"。西岛借发现军舰名称而起名为"Olivntsa"，东岛被起名为"Menelai"，并且两个岛都被认为是朝鲜领土。Olivntsa号的"独岛"勘测内容、Bastok号的郁陵岛观测内容、Pallada号的朝鲜东海岸测量内容都被记入《海军志》1855年1月刊，成为1857年俄罗斯海军绘制《朝鲜东海岸图》的基础资料。1855年4月25日，英国舰队发现"独岛"，并根据发现"独岛"的军舰名称，给"独岛"起名为"Hornet"。

1882年6月5日，郁陵岛检察使李奎远复命，4月30日到达郁陵岛，5月2日起对郁陵岛进行了为期10天的调查，最后返回平海邱山浦。李奎远表示郁陵岛可以设邑，并建议在罗里洞设邑较为合适。在其调查过程中，揭发了日本在岛上砍伐树木，并竖起标木称之为"松岛"的事实，决定以此向日本公使及外务省提出抗议。8月20日，根据领议政洪淳穆的奏折，在郁陵岛设置岛长一职，并根据检察使李奎远的建议，任命居住在岛上的咸阳人全锡奎为岛长。1883年3月16日，金玉均被任命为"东南诸岛开拓使兼捕鲸等事使"。4月，郁陵岛迎来了第一批移住居民共16户54人。7月，朝鲜政府调查了第一批移住郁陵岛居民的安居状况。此后，朝鲜政府多次再募集百姓，开垦土地。1895年，郁陵岛不再设置岛长，改设郁陵岛监。

1900年10月25日，朝鲜末代国君高宗颁布第41号法令，宣布郁陵岛等归江原道三陟县管辖。当时三陟县将"独岛"命名为"石岛",1906年3月29日,郁陵郡守沈兴泽向中央政府提交的报告中最先正式使用"独岛"的名字。[1]

2. 日本相关历史记载

日本关于郁陵岛的记载,根据《权记》,1004年,"高丽藩徒,郁陵岛人,漂至"。同时,日本在遣送这漂流而来的11名郁陵岛人时,又记载道"高丽藩徒之中,有新罗国郁陵岛人。"并且此资料中对同一事实记载了"新罗宇流麻岛人至,宇流麻岛,即芋陵岛也。"[2] 居住在白耆州米子的大谷甚吉遭遇台风漂流至郁陵岛,因朝鲜王朝实行空岛政策,大谷甚吉以为这里是无人岛。此后,大谷甚吉和村川市兵卫一起向德川幕府申请关于到该地的"渡海许可"。1618年和1661年德川幕府两次下达"竹岛渡海许可"和"松岛渡海许可"。大谷九右卫门写了《竹岛渡海由来记拔书控》,说明了德川幕府把松岛献给了伯耆国的大谷和村川的家氏。1667年的齐藤弗缓著《隐州视听合记》中记载了"隐州在北海中,政隐岐岛……戌亥间行,二日一夜,有松岛。又一日程,有竹岛。"1681年呈给巡检使请愿书中记述该岛是草木不生的岩岛。1692年,到郁陵岛出海捕鱼的大谷村川一行与高丽人遭遇。1693年3月,日本人将两个朝鲜渔夫安龙福及朴於屯扣留,与朝鲜发生争执。11月,对马岛主判安福龙及朴于屯闯入日本领土之罪,并将其送还朝鲜,对马岛主称郁陵岛为"竹岛"。同时发出了"竹岛"是日本领土,请求阻止朝鲜人出入的书契。1695年10月,对马岛藩主宗义真入朝时对3年来"竹岛"争端向江户德川幕府将军(东武)请示。

《朝鲜通交大纪》记录了1696年1月幕府将军下达郁陵岛渡海禁止令,其内容为第一,郁陵岛距离日本白耆州约80千米,距离朝

---

[1] [韩]李相泰:《史料证明"独岛"是韩国领土》,经世院,2007年,第233页。
[2] [日]川上健三:《竹岛的历史地理研究》,古今书院,1996年版。

鲜20千米，距离朝鲜更近，应当看作是朝鲜领土。第二，今后日本人航海禁止出入该岛。第三，派遣对马岛太守执行此命令，并通告朝鲜方面。①1869年12月被秘密派遣至朝鲜的日本外务省官员回国，并于1870年4月提交了复命书《朝鲜国交际始末内探书》。此复命书记载了关于调查"竹岛（郁陵岛）与松岛（独岛）为朝鲜领土的始末缘由"的内容，明确标明"独岛"是朝鲜所属领土。1875年11月，日本陆军参谋局绘制了《朝鲜全图》，此地图中将"独岛"标为"松岛"，由此可知当时"独岛"及"竹岛"（郁陵岛）都被视为韩国领土。

1876日本海军绘制了《朝鲜东海岸图》。该地图是以1857年俄罗斯海军绘制地图为底本而绘制的作战地图。其中"独岛"及郁陵岛被标为附属于朝鲜的岛屿。10月16日，日本在调查国土地籍绘制军事地图的过程中，岛根县向内务省提出质疑询问"竹岛"（郁陵岛）及松岛（"独岛"）是否应包含于岛根县地图。对此，内务省以岛根县递交的附属文书、元禄年间安福龙事件为契机，历经约五个月的时间调查了与朝鲜交涉相关的所有文书后，做出结论认为"独岛"和松岛与日本毫无关系，为朝鲜领土。武藤平学向日本外务提交了"松岛开拓之议"后，海军省1878年4月及9月派出天成丸号军舰，对松岛实际情况进行调查，判明松岛为朝鲜的郁陵岛，并驳回武藤平学的松岛开拓之议。据《太政官公文禄》记载，1877年3月17日，日本内务省认为"竹岛"（郁陵岛）外一岛——松岛（"独岛"）与日本无关，但是因为版图的取舍是十分重大的事件应该向国家最高机关太政官同时递交质禀书及其附属文书，再做出最终决定。3月20日，日本国家最高机关太政官下达了内容为"对于质禀书中'竹岛'外一岛问题，此岛与我国没有关系"的指令文。3月29日，向日本内务省发出此指令文。4月9日，日本内务省向

---

① ［韩］李相泰："韩国领土独岛再探求"，《新教育》，2005年5月。

岛根县发送了太政官的指令文。韩国学术界把该文件看作是日本政府正式承认"独岛"归属韩国的"具有决定性的历史鉴证"。

日本1880年派军舰天成驶往郁陵岛，一方面进行实地考察，另一方面令北泽正诚调查郁陵岛、"独岛"的相关历史资料。1881年7月，北泽正诚编纂了《竹岛考证》，并将此书概括本《竹岛版图所属考》递交于日本外务省。此报告书结论为现今的松岛即元禄12年（1699）的"竹岛"，也就是郁陵岛不是日本领土。同时还附加了关于"竹岛"的内容，即"除郁陵岛外，还有'竹岛'，但'竹岛'只是一个非常小的岛"。

1904年2月10日，日本向俄罗斯宣战。2月23日，韩国被强制签订的《第一韩日议定书》正式生效，由此日本为了进行日俄战争，任意占领并使用韩国领土。8月22日，日本在大韩帝国政府内设置财政及外交顾问。9月1日，为了监视俄罗斯舰队的行动，在郁陵岛修建的瞭望台（东南、东北2处，人员分配各7人）竣工，9月2日，投入使用。9月24日，日本为了调查"竹岛"是否可以修建瞭望台，派军舰新高号从郁陵岛出发进行勘查，新高号在报告中表示在岛上可以修建瞭望台。9月23日，日本渔民中井养三郎将一封内容为"将竹岛划入日本领土，并将其租赁给自己"的《lianggo岛（竹岛）领土编入并贷下愿》递交于日本外务省、内务省级、及农商务省。11月20日，为了调查"竹岛"作为连接韩国及日本的海底电缆的中转站，是否可以修建电信所，日本派出对马号军舰前往"竹岛"。

1905年1月28日，日本内阁会议通过批准中井养三郎请愿的形式，单方决定"竹岛"是没有主人的无人岛，将过去的"松岛"改称为"竹岛"，在行政上隶属于日本岛根县隐岐岛司管辖。2月22日，日本岛根县知事发布《岛根县告示第40号》，宣布"隐岐岛西北85海里处的岛屿称为'竹岛'，属于本县"。韩国认为，这是日本根据国际法中规定无主地可先占的原则，试图捏造获取领土的合法性依据，而且没有任何证据可以证明此告示被公告于世。5月17日，日本将"竹岛"作为本国官有土地登载于岛根县土地清册。6月13日，日本军舰桥立号考察完"竹岛"瞭望台修建方法后，返回日本。7月16日，郁陵岛北瞭望台竣工（8月16日起开始使用，人员11人）。8月19日，日本"竹岛"瞭望台竣工（竣工日起投入使用，人员6人）。9月5日，《日俄和平条约》（《朴次茅斯条约》）正式签署，由此列强正式承认日本在韩的特殊权利。10月8日，郁陵岛北瞭望台与"竹岛"瞭望台间铺设海底电缆。11月9日，"竹岛"与日本岛根县松江间铺设海底电缆。11月17日，日本强行签署《第二韩日协约》（乙巳勒约），由此大韩帝国外交权被完全剥夺。

1906年2月1日，统监府及统监下属理事厅正式启用，大韩帝国进入日本统监指挥的时代。3月28日，岛根县第3副将神西由太郎及隐岐岛司东文辅等人走访郁陵岛，并告诉郁岛郡守沈兴泽"独岛已成为日本领土，本次是为进行视察而来"。翌日沈兴泽便立即向江塬道观察使署理春川郡守李明来发出以"本郡所属独岛…"为开头的报告书，李明来4月29日将此报告于内府及议政府。内府大臣李址镕见此报告后称"独岛为日本领地之言毫无道理，此报告内容令人吃惊"。议政府参政大臣朴齐纯发布指令内容为"称独岛为日本领土毫无根据"，并要求"再次调查独岛现况及日本人动向"。9月24日，郁岛郡被划入庆尚南道。

（三）韩日争论焦点

韩国认为"独岛"是韩国固有领土，日本认为"竹岛"是日本固有领土，韩日为争夺同一个岛屿的主权而产生矛盾。韩国以1905年之前的历史记载为依据，主张"独岛"是在韩国实际控制之下的，是韩国固有领土。日本主张"竹岛"是个无主地，并以1905年日本实际控制"竹岛"为依据，认为韩国所谓的对"独岛"的控制不是连贯的,"竹岛"是日本领土。

韩国学者从大量史料和国际法等角度强调"独岛"是韩国领土。慎镛厦认为,韩国对于"独岛"的认识和国家层面对"独岛"的管理远远早于日本。历史文献记载的于山国由郁陵岛和"独岛"组成,于山国的本岛——郁陵岛虽然有过武陵、于陵、茂陵、蔚陵、羽陵、芋陵等不同称呼,但"独岛"作为其附属岛屿在古代被称为"于山岛"或日本文献中的"松岛"是无可争议的史实。[①] 申奭镐是韩国最早研究"独岛"领有权问题的历史学者,他收集整理大量资料,认为"独岛"从15世纪开始就是朝鲜领土。[②] 朴观淑认为,1905年2月,日本依据岛根县告示第40号将"独岛"编入岛根县的做法在国际法上是不具有法律效力的。[③] 申东旭认为,"独岛"是郁陵岛的属岛,韩国并未放弃其领有权,只是在当时特殊的国内政治环境下,无力掌控"独岛",日本通过先占方式获取"独岛"是不具有正当性的。[④]

但日本学者冈岛正义在1828年出版的《竹岛考》中认为,朝鲜古文献记载的于山岛其实就是郁陵岛,而"竹岛"是郁陵以外的另一岛,推断其为日本领土。日本外务省书记官北泽正诚于1881年8月向外务省提出的郁陵岛关联调查报告书中指出,日本政府发放"竹岛渡海许可状"表明"竹岛"是日本领土,否定日本政府承认"竹岛"是韩国领土。川上建三认为,于山岛或者指的是郁陵岛,而非"独岛",或者可能指的是郁陵岛周边的其他小岛。否定从6世纪起"独岛"即为韩国领土的说法。[⑤] 大西俊辉比较分析了于山岛与

---

① [韩]慎镛厦:"独岛领有的历史",《独岛领有权研究论文集》,独岛研究保全协会,2002年,第17页。东北亚历史财团:《日本外务省独岛宣传手册反驳文》,独岛研究所,2008年,第10页。
② [韩]申奭镐:"关于独岛的所属",《史海》创刊号,1948年。
③ [韩]朴观淑:"独岛的法律地位",《国际法学会论丛》,1956年第1期,第35页。
④ [韩]申东旭:"独岛领有权论考",《国际法学会论丛》,1966年第11期,第345页。
⑤ [日]川上建三:《竹岛历史地理的研究》,古今书院,1966年版,第99页。

武陵岛、"竹岛"与磯竹岛、"竹岛"与"独岛"、"竹岛"与郁陵岛，认为于山、武陵、郁陵等是指同一个岛屿，"竹岛"早在17世纪已经隶属于江户幕府，因而是日本的固有领土。① 下條正男对不同历史时期"竹岛"的名称进行了考查，认为郁陵岛有于山、羽陵、蔚陵、武陵、嘰竹岛等不同的称呼。主张"竹岛"不是韩国领土。②

韩国学者认为，明治政府成立之后，《朝鲜国交际始末内探书》《太政官公文禄》等史料明确规定"独岛"是韩国领土，与日本无关。日本学者则依据《大韩地志》《大韩新地理志》中关于大韩帝国和郁陵岛的位置，表明"独岛"不在史书记载的范围内，因此，韩国不具有"独岛"领有权。

1905年1月28日，日本内阁会议正式宣布"竹岛"在行政上隶属于岛根县管辖，直至1951年，日本实际控制"竹岛"。这也成为日本政府现在宣称对该岛拥有主权的主要证据。在当代国际法上，领土主权的取得构成主权的一个最重要因素是它的持续性，即持续和平稳地行使领土主权。日本主张其在1905年通过立法形式将"竹岛"纳入日本管辖，对其实现了实际控制。但韩国认为，日本是通过战争形式占有的"竹岛"，并将朝鲜半岛作为殖民地加以统治，不能称其为和平占领。《盟军最高司令部训令（SCAPIN）第677号》将"独岛"归还韩国，目前韩国实际控制"独岛"，日本的占领不能说是持续的。

从国际文件来看，《开罗宣言》和《波茨坦公告》都未将"独岛"划归日本。《开罗宣言》要求日本归还自第一次世界大战以来在太平洋区域所占的一切岛屿，《波茨坦公告》规定日本之主权必将限于本州、北海道、九州、四国及其他小岛之内。《盟军最高司令部训令（SCAPIN）第677号》根据《波茨坦公告》明确规定了日本版

---

① ［日］大西俊辉：《日本海和竹岛—日韩领土问题》，东洋出版社，2003年版。
② ［日］下條正男："独岛呼称考"，《人文·自然·人类科学研究》，2008年第19号。

图的范围,将郁陵岛、利扬库尔岩("独岛"或"竹岛")、济州岛归属于韩国。《旧金山对日和约》前5次草案中均明确提到"独岛"为韩国领土,但在最终条约中却未对"独岛"归属问题做出规定。

韩国学者认为,日本是《旧金山对日和约》签订当事国,韩国只是第三国。如果没有韩国的书面同意,不能随意取消或修订条约的内容,因此,日本依据《旧金山对日和约》将"独岛"纳入日本领土,在法律上是无效的。《旧金山对日和约》没有明确如何划分"独岛",应依据之前的《盟军最高司令部训令(SCAPIN)第677号》的规定,判定韩国拥有"独岛"的主权。[1] 日本学者认为,《旧金山对日和约》第二条a款规定,日本放弃对包括济州岛、巨文岛及郁陵岛在内的一切权利、权利根据与要求。其中并未包括"竹岛",这是因为历史上韩国未对"竹岛"行使主权,所以"竹岛"不是从日本领土中分离出去的对象。[2]

值得注意的是,一些日本学者认为"竹岛"并不是日本的领土。例如山辺健太郎在分析日韩史料之后,认为"竹岛"是韩国的领土。日本政府所谓的"竹岛固有领土说"是依据帝国宪法对其固有领土的规定,是没有历史根据的。[3] 内藤正中指出幕府和明治政府于1696年、1877年两次承认"竹岛"不是日本领土,这与1905年日本内阁以无主地为由将"竹岛"编入日本领土是自相矛盾的。[4] 梶村秀树认为,历史资料表明"竹岛"是韩国领土,日本抢夺对"竹岛"的领有权是侵略行为。[5] 池内敏反驳《竹岛考》中主张的"竹

---

[1] [韩]慎镛厦:"独岛领有的历史",《独岛领有权研究论文集》,独岛研究保全协会,2002年版,第184、185、240页。独岛研究保全协会:《独岛领有权:领海和海洋主权》,独岛研究保全协会,1998年,第194页。

[2] [日]植田捷雄:"围绕竹岛主权进行的日韩纷争",《一桥论丛》,1965年第54卷第1号,第24页。

[3] [日]山辺健太郎:"竹岛问题的历史考察",《韩国评论》,1965年第7卷第2号。

[4] [日]内藤正中:《竹岛独岛问题入门》,新干社,2008年版。

[5] [日]梶村秀树:"竹岛·独岛问题和日本国家",《朝鲜研究》,1918年第1卷。

岛"自古是日本领土的观点,认为冈岛正义的观点带有侵略主义色彩。① 保坂祐二也指出,日本曾于 1696 年、1870 年和 1877 年三次承认"竹岛"是韩国的领土,这与日本政府 1905 年主张的"竹岛"领有权归属于日本是相互矛盾的。②

(四) 与"独岛"主权归属相关的主要国际文件

与"独岛"主权相关的国际文件主要有《开罗宣言》《波茨坦公告》《盟军最高司令部训令(SCAPIN)第 677 号》《盟军最高司令部训令(SCAPIN)第 1033 号》《旧金山对日和约》等等。美国在这些文件中对"独岛"(日本称为"竹岛")归属的摇摆态度,导致韩日"独岛"(日本称"竹岛")争端延续至今。

1. 《开罗宣言》

在世界反法西斯战争即将胜利之际,时任中国国民政府主席蒋介石、美国总统罗斯福、英国首相丘吉尔率代表团于 1943 年 11 月 22 日至 26 日在埃及首都开罗举行国际会议(即开罗会议)。1943 年 12 月 1 日,美国白宫发表宣言,宣示了协同对日作战的宗旨,承诺了处置日本侵略者的安排,这就是有名的《开罗宣言》。《开罗宣言》主要内容:第一,中、英、美三国坚持对日作战直到日本无条件投降为止;第二,日本归还自第一次世界大战以来在太平洋区域所占的一切岛屿;第三,日本自中国人偷得的所有领土,比如满洲、台湾及澎湖,应该归还给中华民国。第四,让朝鲜自由独立。③《开罗宣言》经过中、美、英三国首脑同意,并征得斯大林的完全肯定,是确定战后国际秩序和日本领土范围所有法律文件的"母本",其合

---

① [日] 池内敏:"《竹岛考》备忘录",《江户的思想》,1998 年第 9 号。
② [日] 保坂祐二:"围绕竹岛领有权未解决问题考察",《日本学报》,2002 年 12 月第 53 辑。
③ 《开罗宣言》

理性、严肃性、正义性和有效性毋庸置疑。

2.《波茨坦公告》

1945年7月26日，苏、美、英三国首脑在柏林近郊波茨坦举行会议，会议期间发表对日最后通牒式公告，即《促令日本投降之波茨坦公告》(《波茨坦公告》)。由美国起草，英国同意。中国没有参加会议，但公告发表前征得了中国的同意。苏联于8月8日对日宣战后加入该公告。《波茨坦公告》第八项重申开罗宣言之条件必将实施，而日本之主权必将限于本州、北海道、九州、四国及其他小岛之内。①

3.《盟军最高司令部训令（SCAPIN）第677号》

1946年1月29日，《盟军最高司令部训令（SCAPIN）第677号》根据《波茨坦公告》明确规定了日本版图的范围，明确把"独岛"排除在日本领土之外。其具体规定如下：日本的领土范围包括日本的四个主要岛屿（北海道、本州、四国、九州），以及对马群岛、北纬30度以北的琉球（南西）群岛等约1000个近海岛屿礁石。不属于日本的诸岛屿有：(1) 韩国：郁陵岛、利扬库尔岩（"独岛"或"竹岛"）、济州岛。(2) 中国：北纬30度以南的琉球（南西）列岛（口之岛）、伊豆、南方、小笠原、琉黄群岛、及大东群岛、冲之鸟礁、南鸟岛、中之鸟岛及其他涵括太平洋诸岛。(3) 苏联：千岛列岛、齿舞群岛（水晶、勇留、秋勇留、志癸岛、多乐岛）、色丹岛等。② 新的分界线被称为"麦克阿瑟线"。

4.《盟军最高司令部训令（SCAPIN）第1033号》

1946年6月22日，《盟军最高司令部训令（SCAPIN）第1033号》规定了日本的渔业和捕鲸业许可区域，日本船只及乘务人员不得接近37°15′N，131°53′E的利扬库尔岩（"独岛"或"竹岛"）12

---

① 《波茨坦公告》，第八条。
② 《盟军最高司令部指令（SCAPIN）第677号》，第三条。

海里以内的区域，并且对于同岛不得有任何形式的接近。① 允许日本渔船和其他船只越过北纬30度线，南下到24°00′N，165°00′E和26°00′N，123°00′E连线的以北地方。

5.《旧金山对日和约》

1951年9月4日至8日，美国纠集部分国家（主要是非对日作战国家）召开旧金山会议，操纵包括日本在内的49个国家通过并签署了《旧金山对日和约》，也称《旧金山和约》或《对日和平条约》。1952年4月28日，《旧金山对日和约》正式生效，这是在美国操纵下部分国家与日本签订的片面和约。《旧金山对日和约》第二条a款规定，日本承认韩国之独立，并放弃对包括济州岛、巨文岛及郁陵岛在内的一切权利、权利根据与要求。②

事实上，美国最初打算依据《开罗宣言》《波茨坦公告》等的规定，将"独岛"划给韩国，从1947年至1949年11月起草的《旧金山对日和约》草案都明确规定将"独岛"归还韩国。但随着东亚形势的发展，美国为了在亚太地区扶持日本对抗苏联，确立亚洲"冷战"格局，便单方面与日本媾和。在《旧金山对日和约》最后文本中没有提到"独岛"的归属，仅于条约第二条中写道："日本承认韩国独立并放弃其对韩国包括济州岛、巨文岛与郁陵岛之一切权利、名义与要求。"

（五）二战后韩日"独岛"（日本称"竹岛"）博弈

1."独岛"（日本称"竹岛"）问题萌芽期（1945—1951）

1945年8月15日，日本接受《波茨坦公告》并宣布投降，《波茨坦公告》第8项规定，"开罗宣言之条件必将实施，而日本之主权

---

① 《盟军最高司令部训令（SCAPIN）第1033号》，第三条b款。
② 《旧金山对日和约》第二条a款。

必将限于本州、北海道、九州、四国及吾人所决定其他小岛之内。"明治时期以后，日本的领土曾扩大到67.5平方千米，依据投降条约，只保留约37万平方千米的本土，25.6万平方千米的海外领土已经预计被剥夺，剩下的5万平方千米的本土周边的小岛们的命运，就交给联合国来决定。①当时日本最关心的是如何回避苛刻的谈判条件。1945年11月，日本外务省在战乱之中成立了"和平条约问题研究干事会"。1946年1月16日，开始召开第1届会议。时任日本首相吉田茂认为，此次谈判绝对不会成为以往朴茨茅斯会议，或是凡尔赛会议那样，战胜国和战败国相对而坐讨论谈判条件的会议，和平条约的内容应当是确认联合国占领期间已经既成的事实，而且在谈判过程中能够维护日本利益、为日本辩护的国家只能是美国。②日本一方面于1946年1月29日宣布《有关政治上行政上从日本分离若干的外围地区的事的觉书》，于6月22日宣布《有关被日本的渔业及捕鲸业认可区域的觉书》，将日本渔船限制在"竹岛"周围12海里以外。另一方面，为把美国变为日本的辩护人，从1946年秋天开始整理材料，到1950年12月，共完成36卷说明材料（有7卷是关于领土问题的材料），提交到美国国务院。其中《日本本土周边的小岛》的《第4部太平洋以及日本海的许多小岛》于1947年6月完成，9月23日，递交给美国国务院。在这份材料中，日本主张从很早以前就和郁陵岛、"竹岛"相关联。1950年2月22日，岛根县知事把"竹岛"划为隐岐的管辖权范围，正式宣布"竹岛"为日本的领土。这是日本在二战后第一次正式向美国提出日本拥有"竹岛"主权。

随着战后形势的变化，美国对日本的占领政策也发生逆转。《投降后美国的初期对日方针》规定，"日本必须完全解除武装、实行非

---

① ［日］高野雄一：《日本的领土》，东京大学出版会，1962年版。
② ［日］吉田茂：《回想10年（第3卷）》，新潮社，1957年版，第23—24页。

军事化,军国主义者的权力和军国主义的影响必须从日本的政治、经济以及社会生活中一扫干净。反映军国主义及侵略精神的制度,必须受到强有力的压制。"① 但从1948年末,美国开始把日本当作阻止共产主义的防波堤,重新武装日本,镇压工人运动和共产主义势力,重新任用已经开除公职的战前势力等。美国此时已经不再考虑使《旧金山对日和约》具有惩罚日本的性质,而是想通过和约解除日本的战败国地位。② 朝鲜战争加快了这种趋势,结果在1951年9月签订的《旧金山对日和约》中,本应具体、详细处理日本领土的条款变得简单而草率,成为导致日本与韩国、中国等周边国家领土矛盾的根本原因。

2. "独岛"(日本称"竹岛")问题形成期(1952—1965)

(1) 韩日通过普通照会相互抗议和主张主权

《旧金山对日和约》是在"独岛"(日本称"竹岛")归属模糊的状态下签订的,在条约生效的3个月前,1952年1月18日,韩国李承晚总统发表《对毗邻海洋主权的宣言》,划定"李承晚线",韩国称之为"和平线",宣布韩国对"独岛"拥有主权。但是24日,日本外务省信息文化局长发表了不承认韩国对"独岛"拥有主权的谈话,28日,正式向韩国政府提交普通照会。韩国在设定"李承晚线"之后,强化了对"独岛"的实际控制。日本岛根县为此向农林大臣要求把"竹岛"附近的海狮捕猎从战前的不合法变更为合法。1952年5月16日,日本部分修订《岛根县海面渔业调整规则》,优先采取把海狮捕猎变更为合法捕猎的措施。12月12日,为了保护渔业资源和划定管辖水域,韩国制定了《渔业资源保护法》。该法明确设定"李承晚线"的地理坐标,规定进入线内作业的渔船不论国籍,都要经过韩国政府批准,否则将被重罚。1953年6月19号,岛根县

---

① "U. S. Initial Post–Surrender Policy for Japan", SWNCC 150/4/A, September 22, 1945.

② "Recommendations with Respect to United States Policy toward Japan", NSC 13/2, October 7, 1948.

把"竹岛"附近海域的公共渔业权许可赋予给隐歧渔业协同联合会，同时允许2人在"竹岛"进行海狮捕猎，并决定派遣水产专业人士去"竹岛"调查。1953年6月2日、5日、9日，日本外务省三次召集相关省厅协商对策，出台《竹岛问题对策要纲》。[①] 1953年9月15日，韩国推出3种以"独岛"为主题的邮票，并售出总数3000万张，2韩元及5韩元的各有500万张，10韩元的售出了2000万张。日本方面拒绝派递使用这些"独岛"邮票的邮件。韩国后来也曾三度发行其他新款式的"独岛"邮票：一次在2002年，另外两次在2004年。

日本外务省自1952年1月28日向韩国政府递交最初的普通照会后，到1965年末为止的14年间，从未间断地递交33次普通照会。其中，1952年，日本2次就否认韩国对"独岛"的主权向韩国政府递交普通照会。1953年，日本共向韩国递交7次普通照会，申述日本对"竹岛"拥有主权的依据1次，抗议枪炮射击2次，抗议侵犯领海、非法捕捞、非法设施、警察常驻等1次，否认韩国对"独岛"主权3次。1954年，日本共向韩国递交9次普通照会，申述日本对"竹岛"拥有主权的依据、提议国际法院仲裁、抗议发行"独岛"邮票、抗议设置灯塔、否认韩国对"独岛"的主权各1次，抗议枪炮射击2次，抗议侵犯领海、非法捕捞、非法设施、警察常驻等2次。1955年，日本共向韩国递交2次普通照会，抗议设置灯塔1次，抗议侵犯领海、非法捕捞、非法设施、警察常驻等1次。1956年，日本只就日本对"竹岛"拥有主权的依据递交1次普通照会。1957年，日本就抗议侵犯领海、非法捕捞、非法设施、警察常驻等递交2次普通照会。1958年至1961年、1963年至1965年，日本每年就抗议侵犯领海、非法捕捞、非法设施、警察常驻等各递交1次普通照会。1962年，日本共向韩国递交2次普通照会，申述日本

---

① 日本外务省：《韩日会谈第五次公开文书：竹岛问题15》，2008年5月2日，第3—8页。

对"竹岛"拥有主权的依据1次，抗议无线通信非法活动1次。1964年，日本为反驳韩国的抗议递交1次普通照会。从1952年至1965年，日本向韩国递交普通照会原因当中次数最多的是抗议侵犯领海、非法捕捞、非法设施、警察常驻等13次。其次是否认韩国对"独岛"主权6次。第三是向韩国申述日本对"竹岛"的主权依据、抗议枪炮射击各4次。第四是抗议设置灯塔2次。第五是提议国际法院仲裁、抗议发行"独岛"邮票、抗议无线通信非法活动、反驳韩国的抗议各1次。[1]

对此，韩国政府也在1953年9月、1954年9月、1959年1月共三次递交反驳日本对"竹岛"拥有主权的普通照会，包括这3次在内韩国共向日本递交了26次反驳日本政府主张的普通照会。[2]

（2）韩国向"独岛"派出海上保安厅巡逻艇

从1953年开始，韩国海上保安厅的巡逻艇开始在"独岛"附近巡逻，扣押越过"李承晚线"的日本渔船。1953年派出16次，1954年派出14次，巡逻次数最为频繁，此后逐渐减少，1955年派出5次，1959年派出2—3次。1965年韩日实现邦交正常化之前，除1963年之外，每年派出1次左右。

（3）日本向国际法院提起诉讼

1954年9月25日，日本政府通过普通照会向韩国建议通过国际法院审理领土争端，遭到韩国政府拒绝。韩国认为"独岛"是韩国领土，韩国不承认"独岛"的主权地位有争议，因而没有必要将"独岛"问题提交国际法院仲裁。1962年3月12日，在东京召开的第1次韩日外交部长会谈第1次会议上，日本外相小坂善太郎向韩国外交部长崔德新提议就"竹岛"问题向国际法院提起诉讼，要求

---

[1] 韩国东北亚历史财团：《1952—1969关于独岛日本方面外交文书》，东北亚历史财团，2011年版，第58页。

[2] 韩国东北亚历史财团：《1952—1969关于独岛日本方面外交文书》，东北亚历史财团，2011年版，第46页。

在韩日邦交正常化之前,就向国际法院提起诉讼的原则进行协商。此后,在金钟泌与池田、金钟泌与大平正芳的数次会谈过程中,日本多次提及向国际法院提起诉讼的问题,都被韩国拒绝。

(4) 对于"占领"的默认谅解

在美国政策性压力下,韩日两国从1962年开始加快谈判进度。日本方面相继提出"竹岛"保留论、"竹岛"爆破论、"竹岛"共有论等等。[①] 1965年6月17日,日本向韩国提出包含共5条内容的《关于纷争解决的议定书》。韩国提出《交换公文提案》,主张两国之间的纷争中无法通过外交途径解决的事情,通过第三国调解来解决。日本接受《交换公文提案》,但仍坚持提议两国之间无法解决的纷争交给仲裁委员会解决。6月21日,在日本外相椎名悦三郎和韩国外交部长李东元的第1次外长会议上,日本提出最终方案,即"两国间的所有纷争首先通过外交途径去解决……根据两国政府协商的程序,通过委托仲裁解决。"6月22日,第2次外长会议上,李东元外长主张把交换公文中的语句改为"两国之间发生的纷争"并删除"仲裁"。对此日本方面拒绝放入"发生的纷争"这样的语句。韩国方面提出接受"两国之间的纷争"这个语句,但要删除"仲裁",换为"调解"。最终,韩日实现了交换公文中的"两国之间的纷争"和"调解"的妥协。韩日以关于解决纷争的交换公文的方式,实现了对韩国"占领独岛"的默认谅解,此时距离韩日邦交正常化的《韩日基本条约》签字仪式的预定时间仅差25分钟。

3. "独岛"(日本称"竹岛")问题稳定期(1965—1996)

韩日实现邦交正常化后,两国政府暂时搁置"独岛"(日本称"竹岛")主权问题,"独岛"(日本称"竹岛")问题进入休眠状态。朴正熙政府曾为解决请求权问题而在"和平线"上让步,两国

---

① [韩]玄大松:《日本国会对独岛的讨论研究》,韩国海洋水产开发院,2007年版,第44—55页。

政府因此都刻意压制"独岛"（日本称"竹岛"）问题。日本改变了"不能妥协协商"的顽强姿态，逐渐缓和为"制定尽量解决的目标"、"通过国际法院的裁判"、"通过第三国仲裁"、"通过第三国调解"，但是日本方面为了阻止韩国"和平的、持续的"实际控制状态，在韩日邦交正常化之后，持续递交普通照会抗议。日本从1963年开始在《外交蓝皮书》记述关于"竹岛"的内容，进入90年，每年的《外交蓝皮书》都更加明确地记述"日本与韩国之间有归属纷争的竹岛，无论是在法律上还是历史上，都是日本领土"、"抗议韩国非法占领"等内容。

从18世纪开始，国际习惯法上划定的领海便是3海里。19世纪以来，海洋科学有了较大发展，特别是1872年至1876年英国皇家舰队"挑战者"号调查船的环球海洋考察，使各国开始关注对海洋的开发利用，并强烈要求扩大对海域的管辖范围。第二次世界大战结束后，1945年9月28日，美国总统杜鲁门就发布了《美国关于大陆架底土和海床自然资源政策宣言》（简称《大陆架公告》），宣称鉴于养护和慎重地利用其自然资源的紧迫性的关心，美国政府认为连接美国海岸、处于公海之下的大陆架底土和海床的自然资源归属于美国，并受其管辖和控制。同日，白宫新闻处还宣布，大陆架的范围是自海岸至183米的海底。"杜鲁门宣言"掀起了"蓝色"圈地运动，墨西哥、巴拿马、阿根廷宣布大陆架外界固定在200米等深线处，智利、秘鲁、厄瓜多尔等主张200海里领海等等。1958年的联合国第一次海洋法会议和1960年的联合国第二次海洋法会议上开始讨论，都未能达成协议，但主张12海里领海的国家开始增多。1977年5月，日本修订《日本领海法》，以"竹岛"为日本领土为前提，将领海扩大至12海里。12月31日，韩国国会通过并颁布了《韩国领海法》，确定了包含"独岛"在内的12海里领海。在此后的20年中，作为美国盟友，韩日出于联合反共的共同目标，未在"独岛"（日本称"竹岛"）问题上引发过多争论。

4. "独岛"（日本称"竹岛"）问题转折期（1996—2012）

20世纪90年代初，随着苏联的解体和冷战的结束，韩日长期压制的矛盾开始表面化。1982年12月10日，在牙买加召开的联合国海洋法会议上通过了《联合国海洋法公约》，1994年11月16日，《联合国海洋法公约》正式生效。1996年1月29日，韩国宣布加入《联合国海洋法公约》。1996年6月20日，日本宣布加入《联合国海洋法公约》。日本在批准《联合国海洋法公约》的同时，把"竹岛"作为划定专属经济区的基点。从此，"独岛"（日本称"竹岛"）问题从岛屿归属问题扩大至岛屿所涉及的海洋专属经济区划界问题，韩日"独岛"（日本称"竹岛"）争端开始从共同抑制向激烈对抗演化。

2005年，日本岛根县政府制定的将2月22日定为"竹岛日"的条例于25日下午开始生效实施，韩国政府通过外交部发言人发表了对于条例的抗议和批评。3月16日，日本岛根县议会通过"竹岛日"条例后，韩日两国间就"独岛"（日本称"竹岛"）归属再起争端。"竹岛日"的条例制定3个月后，日本岛根县成立了"竹岛问题研究会"，2006年4月，任命了担当"竹岛"问题的科长级专职人员。2007年4月，岛根县设立了"竹岛资料室"，9月，开设了岛根县官方网站"Web竹岛问题研究所"，2008年2月，在岛根县最大都市松江市中心—JR松江站前，设置宣传"竹岛"的广告塔，以引起市民关注，并以市民为对象开展"思考竹岛问题的讲座"。最初"竹岛日"只是地方纪念活动，从未有政府高官参加。2009年8月，在日本众议院选举上，民主党获得了480个席位中的308个，获得了战后日本的选举史上最具压倒性的胜利，为长达半世纪的自民党执政画上了句号。自民党失去政权以后，积极参与领土问题。2010年的"竹岛日"活动，有8名自民党议员参加。随后在2011年，执政的民主党也有13名议员参加，由此参加"竹岛日"活动的政治人物数量开始增加。2012年11名，2013年20名，2014年也有16名国会议员参加。[①] 特别是2013年在安倍首相的指示下，担任海洋政策、领土问题的内阁府政务官也参加了"竹岛日"纪念活动，事实上已将"竹岛日"纪念活动升格为政府活动的水平。

2006年4月，韩国政府表明将要就韩国东部海域专属经济区内的海底地名向国际航道测量组织（IHO）提交议案。4月14日，日本政府也向国际航道测量组织通报，为调查"竹岛"周边的海洋将派遣探测船，以阻止韩国的更名计划。18日，2艘日本海洋保安厅海洋探测船从东京港口出航。对此，韩国政府表示强烈反对，卢武铉总统指示，如果日本探测船到达"独岛"附近的话，海洋警察厅舰艇会撞毁探测船，韩国社会的反日舆论也被推向高潮。

韩国以往一直实施保持实际控制，尽量避免"独岛"问题升级的"安静外交"策略。但这一事件使韩国政府认识到，日本正通过各种"搅局"手段使"独岛"问题国际化、争端化，为日本对"独岛"的领土要求制造舆论，伺机浑水摸鱼，谋求利益。日本从1978年开始在《防卫白皮书》上出现关于"竹岛"的记述，从2005年开始至今，日本明确记述为"日本固有领土北方四岛以及竹岛的领土问题仍旧处于未解决的状态"。在日本咄咄逼人的战术面前，韩国政府转而采取攻势。25日，卢武铉总统发表了亲自撰写的《关于韩日关系对国民特别谈话》，表明守护"独岛"的意志和决心，同时，放弃在"独岛"问题上采取的"安静外交"方针，宣称"日本教科书歪曲独岛问题、参拜靖国神社问题，将从韩日两国清算历史和历史认知、自主独立的历史和主权守护角度上正面处理"，并表明"对于武力上的进攻，强力并坚决地应对"，"直到日本政府纠正错误为止，将动员一切国力和外交资源不懈努力"，"除此之外要做需要做的所有事情"。

[①] ［韩］玄大松："战后日本的独岛政策"，《韩国政治学会报》，2014年第48卷第4号，第63页。

2006年6月1日，韩国确定在"独岛"邻近海域实施海洋调查计划，5日，决定要在下周在东京召开的韩日专属经济区协商会上，把韩国方面的领海基点，从原来的郁陵岛变更为"独岛"。7月2日，韩国政府向"独岛"海域派遣韩国海洋研究院的海洋调查船"海洋2000号"，进行了一次海洋调查。由于韩日两国都声称对附近海域拥有专属经济权，日本对韩国的这次调查表达了强烈的抗议，并派出海洋保安厅巡逻艇跟踪和监视韩国船只，要求其停止行动。当时卢武铉总统甚至下达了派遣海军舰艇并允许开火的命令，在事态极易恶化为海上武力冲突的情况下，日本最终未采取进一步行动。本次韩国实施的海上调查，是韩国在"独岛"问题上的一次主动出击，也是对4月日本企图在"独岛"附近实施海上勘测的一次回应。韩日两国通过外交部副部长会谈达成妥协，韩国延期海底地名的登载申请，日本停止"竹岛"邻近海域的探测计划。韩国外交部门展开各种国际宣传和游说，宣示韩国对"独岛"的主权。政府成立了专门委员会，负责"独岛"事务，并制订耗资3600多万美元的"独岛"周边资源开发计划。更为重要的是，韩国提出"独岛"是韩国领土，因此有必要修正韩日以韩国郁陵岛和日本隐岐岛为基准划分的所谓"中间线"，改为以"独岛"和隐岐岛中间线划分。郁陵岛和"独岛"距离大约90千米，"独岛"与隐岐岛距离大约160千米，如果韩国的主张得以实现，那么韩日间长期保持默契的海上中间线将一举向日方推进55千米左右。

2007年开始，日本关于"竹岛"问题的决策过程发生了重大的变化。当时在海洋上寻找21世纪新的经济发展动力、探索"海洋立国"的日本，面临日益复杂的海洋问题。海洋环境污染、水产资源减少、海盗事件等频频发生，给日本海洋利益带来诸多消极影响。日本各界认为现有法律已经不能适应新形势的需要，纷纷要求政府制定海洋领域的基本法。2007年4月20日，日本政府国会参议院和众议院分别以多数票通过《海洋基本法》，7月20日正式实施。日本还建构新的制度框架，以综合推进海洋计划，在内阁官房设置了以首相为本部长的综合海洋政策本部，决定和推进关于海洋问题的主要政策。在实施《海洋基本法》之前，日本主要通过与海洋相关的省厅的领导参加"海洋开发关系省厅联络会议"（内阁官房，文教科学省，总务省，外务省，农林水产省，经济产业省，环境省参加）和"关于大陆架调查、海洋资源等的相关省厅联络会议"（内阁官房，外务省，文教科学省，农林水产省，经济产业省，国土交通省，环境省，海洋安保厅，防卫省参加）来协调政策。《海洋基本法》实施之后，综合海洋政策本部干事会承担这项职能，强化了内阁官房的作用。通过这种制度变化，领土政策的核心部门从外务省，移动到首相官邸，在领土问题上的政治色彩更加浓厚，这意味着"竹岛"政策将会进一步受到民粹主义和国粹主义的影响。

2006年，日本大约时隔60年修订《教育基本法》，规定以"培养尊重传统和文化，爱护我们国家（日本）和乡土的态度"为教育目标，全面培养爱国心和领土爱。2008年，文部科学省依据新修订的《教育基本法》，重新制定中小学学习指导纲要，2009年，重新制定高中学习指导纲要，大幅度增加了对于领土问题的记述。文部科学省在审核阶段，明确要求记述"竹岛"是日本固有领土的内容。2013年3月26日，日本发表的高中社会学教科书审核结果的21种教科书中，记述"竹岛"的教科书有15（71%）种。[1] 2008年2月，日本外务省在官网上刊登了多国语言的"理解竹岛问题的10个要点"的小册子。2009年12月，日本外务省刊登"竹岛问题的概要"的同时，译成10国语言，以向国际社会传播日本对"竹岛"的主权主张。可见，自2008年起，日本宣传对象已从两国国民扩大至整个国际社会，正在进行一场全方位的宣传战。

---

[1] ［韩］玄大松："安倍内阁的独岛政策和韩日关系"，《独岛研究期刊》，2013年第21卷，第12—13页。

一直以来，韩国举国动员巩固"独岛"实际控制权。自20世纪60年代开始，韩国在岛上建设民间设施。1966年建成3000升储水箱，至今韩国在"独岛"的东西两岛上修建了渔民住所、20吨储水箱、净水设施、食品储藏设施、发电室、通讯设施及简易气象站等生活设施。为保留韩国居民在"独岛"生活的证据，1981年10月，郁陵岛渔民崔钟德决定把居民登记地（即户口）迁移到"独岛"。最初在"独岛"居住的居民只有三人，1990年之后韩国开展了"泛国民独岛户籍迁入运动"，据韩国《文化日报》报道，截至2010年1月底，已有2204人将户籍迁到"独岛"。1981年12月，韩国政府为了应对突发事件及增强海上补给能力，在岛上修建直升机场，并于1997年8月进行扩建。1996年，韩国在"独岛"上修建了耗资180亿韩元（当时约合1850万美元）、可停靠500吨船舰的码头。

韩国政府设立专门机构应对"独岛"和教科书问题。2005年4月20日，韩国政府成立由总统直接领导的"为实现东北亚和平确立正确历史企划团"（简称"正确历史企划团"），对"独岛"和历史教科书等问题进行综合和系统地应对处理。"正确历史企划团"将强烈要求日本方面删除历史教科书中严重违背史实的部分，并联合韩日两国市民和学术团体，努力降低日本扶桑社出版的历史教科书的采用率。2008年7月14日，日本政府在其中学新教科书中指出"竹岛"是其固有领土。7月20日，韩国将以往对"独岛""实际控制"的说法改为"领土守卫"，守护"独岛"的态度十分强硬。韩国庆尚北道组建了11名公务员的护独岛运动，制定了包括领土管理、海洋生态资源开发、教育研究与宣传、郁陵岛和"独岛"联合开发、合作机制5大领域、13个主要课题及38项具体项目构成的守卫"独岛"综合对策。2010年8月12日，韩国政府表示，将鼓励在全国中小学增设"独岛"教育。韩国教育科学技术部当天表示，日前举行的全国16个市、道副教育监会议决定，鼓励各地教育厅在编制教程指南时加入"独岛"相关内容，并在全国中小学校实施"独岛契机教育"。所谓契机教育，是指除正规课程之外，学校对具有重大社会意义的课题或事件进行必要教育。此前，韩国教育科学技术部已在新编制的中小学社会科教程中，增加了"日本帝国主义将独岛表述为日本领土的不正当性"、"独岛等东北亚领土问题"等世界历史、韩国历史教程标准，2011年3月开始在全国高中韩国历史课本中普及。2010年10月25日，韩国教员团体总联合会与韩国青少年联盟、我们历史教育研究会、"独岛"学会等民间团体在首尔举行"独岛日"启动仪式。1900年10月25日，朝鲜末代国君高宗颁布第41号法令，宣布"独岛"为郁陵岛的附属岛屿。为了纪念这一法令，韩国决定将每年的10月25日定为"独岛日"，以强化韩国学生对这座岛屿主权的认识。韩国郁陵郡政府2010年10月11日宣布，从12月起向访问"独岛"的游客发放"独岛名誉居民证"，以加强对"独岛"实际控制。韩国网络、公营、私营电视台的天气预报都会播报"独岛"这个按地图比例不应出现在地图上的、只有三名居民居住的小岛的天气情况，借天气预报不时提醒着国人"'独岛'是我们的"。

5. "独岛"（日本称"竹岛"）问题爆发期（2012—）

2012年8月10日，李明博总统登上"独岛"宣誓主权。这是韩国总统第一次踏上"独岛"，此前在韩日围绕"独岛"争议激烈的2008年，韩国国务总理韩升洙曾访问"独岛"宣示主权。历届韩国总统都坚持韩国拥有"独岛"的主权，但考虑到韩日关系，并没有造访"独岛"。李明博此番登岛，一是为了在韩日围绕"独岛"争议升温的情况下强烈宣示"独岛是韩国领土"的主张；二是在国内显示对日外交坚持原则的形象。8月19日上午，韩国庆尚北道政府在"独岛"的东岛望洋台举行"守护独岛标志石碑"揭牌仪式。韩国行政安全部长官孟亨奎、庆尚北道道知事金宽容等人士出席揭牌仪式。这块碑石用黑曜石来制作，高115米，横竖各0.3米。碑石前面和后面分别用韩语刻有"独岛"和"大韩民国"字样。韩国总统李明博亲自题字并在碑上落款。以总统名义的碑石被设置在"独岛"尚属首次。10月28日,韩国国土海洋部下属的国土地理情报院宣布,在最近举行的国家地名委员会会议上将把构成"独岛"的两座岛屿中的东岛命名为"于山峰",西岛命名为"大韩峰",从29日开始启用新名称。此次修订名称的主要目的是行使国家领土主权,防止滥用地名造成的混乱。

李明博登岛后,外务大臣玄叶光一郎召见韩国驻日本大使申珏秀,提出强烈抗议。玄叶说,"竹岛"在历史上和国际法上都是日本的领土,李明博总统此次访问"竹岛"完全不能让人理解。时任日本首相野田佳彦表示,日本政府强烈抗议韩国总统李明博当天访问"竹岛"。在当晚的首相官邸举行的记者会上野田说,"竹岛"在历史上国际法上都是日本固有的领土,李明博总统访问"竹岛"是完全不能接受的。野田表示,他和李明博都为推进面向未来的日韩关系做出了各种努力,但李明博登岛之举非常令人遗憾,日本政府必须采取严厉的应对措施。

在李明博总统访问"独岛"十天之后的8月21号,日本政府召开了关于"竹岛"领土问题的相关阁僚会议。参加人员有野田首相、副总理、官房长官、外相、财务相、经济产业相、国土交通相、还有担当经济财政政策和科学技术政策的特命担当大臣等共8名,为了不刺激韩国,将防卫相排除在外。在此次会议上,野田首相提出与韩国达成向国际法院提起诉讼的协议,以及依据解决纷争的交换公文而调整提案。这是自1954年9月25日韩日会谈、1962年3月12日第一次韩日外交部长会谈第一次会议上提出向国际法院提起诉讼的提案以来,近50年间,"独岛"(日本称"竹岛")问题又重新回到这一问题形成时期的"固有领土主张"和"国际法院起诉"两个中心轴上来。

表3—1 对"竹岛"问题日本政府的应对方法

分类	非常赞成	赞成	不知道	反对	绝对反对
抛弃主权	2.8	2.7	9.0	10.6	67.5
提交国际法院	54.3	17.0	9.2	2.0	1.2
限制文化交流	21.9	16.6	21.3	20.3	13.7
考虑经济交流	40.4	24.2	16.5	2.1	3.6
自卫队解除韩国的实际控制	17.5	14.5	25.5	17.5	17.3

注：不包括无应答的数字。

2012年9月下旬，饭田敬辅、河野胜、境家史郎的教授研究小组获得日本学术振兴财团支助，针对2011年10—2012年9月的民意调查结果进行分析，发表了"尖阁·竹岛——国民对政府的应对政策如何评价"的文章。调查期间正逢2012年8月李明博总统访问"独岛"和实施"独岛"国有化措施、韩日矛盾开始激化之时。从表3—1可见，78.1%的日本人反对抛弃"竹岛"主权，主张提交至国际法院和考虑经济交流的比例最高，对于文化交流，赞成与反对约各占一半，32%的日本人主张利用自卫队解除韩国的实际控制，如果这一比例再增加引发战争的可能性就会增大。[①] 从这一调查结果可见，日本国内对于"竹岛"问题的态度是非常强硬的。

2012年12月16日，日本自民党在举行国会众议院选举时承诺，将每年2月22日岛根县举行的"竹岛日"活动升级为政府层次的活动。大选胜利后，自民党总裁安倍晋三决定，为修复逐渐恶化的日韩关系，在自己上任之初没有必要举行这项仪式。因为朴槿惠曾表示，如果日本政府坚持举行"竹岛日"纪念活动，将不会邀请安倍晋三参加2013年2月25日的韩国总统就任仪式。韩国政府认为，韩国与日本的合作关系非常重要，但"独岛"作为韩国固有领土不

[①] [日]饭田敬辅、河野胜、境家史郎："尖阁·竹岛—国民对政府的应对政策如何评价"，《中央公论》，2012年第12月号，第138—145页。

属于协商对象。

2013年2月22日，日本岛根县在首府松江市举行"竹岛日"活动，日本政府首次派遣高级官员出席该活动。主管领土问题的日本内阁府政务官岛尻安伊子出席了"竹岛日"活动。此外，执政党自由民主党代理干事长细田博之等19名国会议员也出席了活动。2013年2月20日，韩国外交通商部官员就日本政府打算派遣次官级官员参加"竹岛日"活动表示，韩国政府对这一活动本身持反对立场，对日本政府拟派遣官员参加这一活动表示遗憾。他说，尽管韩国政府没有召见日本驻韩国大使，但是韩方已经向日方转达了韩国政府对此表示遗憾和担忧的立场。当天，韩国新国家党代表黄佑吕也强烈谴责日本政府的这一计划。此外，韩国"守护独岛全国联盟"在日本驻韩国大使馆前举行记者见面会时表示，将于22日派成员赴日本岛根县进行抗议示威。此前，日本外务省曾以外务省影像宣传部门的名义，在视频网站YouTube上传主张"竹岛"为日本领土的视频，日本政府还计划开设"竹岛"宣传网页。此外，日本文部科学省也已经决定修改教科书审定标准，宣传"竹岛"主权。针对日本对韩日争议岛屿的举动，韩国外交部发言人赵泰永曾表示，日本此举让人联想到帝国主义国家侵吞他国领土的野心。"独岛"是韩国的固有领土，日本一方面觊觎"独岛"，一方面大谈韩日友好关系，这显然是自相矛盾的。

韩国2011年设置"独岛"课程以培养学生"正确的历史和领土观"，不过没有规定课时。2013年2月26日，韩国教育科学技术部表示，从3月新学期开始，韩国全国中小学生每年会接受有关"独岛"的教育10个小时。韩国各级学校将在授课时间、创意体验活动、自习时间教导学生"独岛"的重要性以及东北亚领土争端的历史背景。韩国教育科学技术部的相关负责人表示，最近日本政权趋向右倾化，韩日两国围绕"独岛"问题的紧张局面升温，因此认为需要进行相关教育，引导学生树立正确的领土主权观。"独岛学校"

开校仪式也于当地时间 28 日上午 11 时在位于忠清南道天安市的独立纪念馆举行。"独岛学校"将向国民提供有关"独岛"的知识，介绍如何应对日本对"独岛"的主权主张。"独岛学校"由韩国独立纪念馆负责运营，从 4 月开始，每年针对 2980 名韩国民众进行有关"独岛"的培训。培训分为小学团体培训、家庭培训、展览馆培训、考察"独岛"等 4 项活动。韩国 SK 电讯公司、KT 和 LGU+决定于 2013 年 2 月在"独岛"同时开通第 4 代通信网 LTE 网，三家公司还打算共同使用"独岛"上已经建好的 KT 铁塔和无线传送设施。2013 年 10 月 25 日，韩国于"独岛日"当天在"独岛"周边海域举行联合防御军演。这是韩国首次在"独岛日"公开举行军演，韩国自 1986 年起每年进行两次"独岛"防御军事演习，意在宣示对"独岛"的主权。但是，韩国在"独岛日"举行军演尚属首次，此举是对日本政客参拜靖国神社以及日本政府通过互联网宣示对"竹岛"拥有主权视频的回应。

2014 年 2 月 22 日，日本政府再次派遣内阁府政务官龟冈伟民参加岛根县举行的"竹岛日"活动。日本首相安倍晋三强调，"竹岛"无论从历史上还是国际法上都是我国固有领土，这一点毋庸置疑。2014 年 2 月 24 日，日本首相安倍晋三出席众议院预算委员会会议，表示将慎重考虑政府是否在岛根县设定的每年 2 月 22 日"竹岛日"主办纪念活动。他称："希望在考虑各种事项的基础上妥善应对。"2014 年 2 月，韩国外交部表示，"独岛"是日本帝国主义侵略的"牺牲品"，继 2013 年之后，日本再次企图举办所谓的"竹岛日"活动，这是让人无法容忍的事情。若日方坚持举行活动，韩方将根据其基本立场进行坚决应对。韩国外交部方面当天上午召见日本驻韩大使馆官员，敦促日本政府取消活动并收回派遣政府人士参加活动的决定。在此之前，韩国外交部发言人赵泰永 11 日在例行记者会上表示，"独岛"是韩国的领土，日本举行所谓的"竹岛日"活动是不可理喻的行为，日本政府人士参加该活动更是让人无法理解。

安倍首相从第一次内阁时起,就明确开展首相发挥领导作用的官邸主导政治。为了增强官邸的政策职能,安倍实施了不受国会牵制的首相辅佐官制度。在第一次内阁中,安倍任命了国家安全保障问题、经济财政、绑架问题、教育再生、宣传等五个部门的辅佐官。第二次内阁时设置了主管海洋政策、领土问题的内阁府特命大臣,也任命了以山本一太参议员为首的关于故乡、国家安全保障会议及选举制度、国情重要课题、国土强化及重建等社会资本改制重组、促进区域发展及健康医疗的发展战略和政策计划等五个部门的辅佐官。第二次安倍内阁,决定把教育再生和经济再生作为最重要的课题。2013年1月15号,内阁决议决定设置由首相、内阁官房长官、文部科学大臣兼教育再生长官,以及知识分子组成的教育再生执行会议,每月举行2次。2月5日,日本新成立"领土主权对策企划调整室",以对外宣传日本在"尖阁诸岛"(即中国钓鱼岛及其附属岛屿)和"竹岛"问题上的主张。调整室有15名工作人员,负责在政府内部进行协调,制定有效的对外宣传战略,以加大关于"尖阁诸岛"、"竹岛"和北方四岛(俄罗斯称"南千岛群岛")是"日本领土"的国内外宣传力度。新成立"领土主权对策企划调整室"是日本对在内阁官房设立的"竹岛问题对策准备小组"进行的改组,[①]由负责北方领土问题的"北方对策本部"工作人员兼职。韩国外交通商部新闻发言人5日在例行新闻发布会上表示,韩国政府坚决不能容忍日本设置"领土主权对策企划调整室"一事。日本政府宣布设置"领土主权对策企划调整室",表明日本政府未能对侵占"独岛"的帝国主义历史行径进行反省,韩国政府对此表示遗憾和强烈抗议,并敦促日本立即撤销该机构。他说,根据国际法,"独岛"在历史上、地理上都属于韩国的固有领土,这是不争的事实。韩日之

---

① 为应对2012年8月李明博总统访问"独岛"事件,日本于当年11月成立了"独岛问题对策准备小组"。

间不存在所谓的领土纷争,韩国政府强烈要求日本立刻停止对他国领土毫无根据的主权主张,正视历史,展现出纠正错误的诚意。

2013年12月17日,日本执政的自民党"有关领土特命委员会"向日本政府提出一份建议书,要求政府下令各电视台在预报天气时,加上"尖阁列岛"(即中国的钓鱼岛)和"竹岛"的天气预报,以彰显日本的"主权",强化国民对这两个岛屿的"主权意识"。自民党的这份建议书还要求,在教科书的学习指导纲要中增加"尖阁列岛"(即中国的钓鱼岛)和"竹岛"的内容,以加强对学生们的"领土教育"。建议书还要求政府增加一笔特别的宣传经费,以扩大在国际社会宣示日本"主权"的宣传。韩国针对"独岛"、中国针对钓鱼岛向日本提出强烈抗议。为巩固实际控制权和向世界宣传韩国对"独岛"具有主权的事实,韩国政府、军队、文化界、国民及海外韩人集体动员有组织地、坚持不懈地举行着的"维护独岛运动"。

"独岛"标记法与"独岛"领土权问题密不可分,因此韩国政府为进一步促使"独岛"单一名称的使用,付出了不懈的努力。在此原则之下,韩国政府积极采取措施,针对一些因缺乏关于"独岛"知识而混用"独岛与竹岛"的海外地图制作社以及媒体,纠正其使用的错误"独岛"标记法。韩国政府在向国外进行说明时,为了防止出现混乱,统一并制定了如下的罗马标记法。"独岛"的罗马字标记为"Dokdo"(参照文化观光部告示2000-8号)(由于此罗马标记法中已经包含了表示岛屿的后缀"do",因此不使用"Dokdo Island"方式进行标记)。东岛及西岛的罗马字标记为Dongdo、Seodo,必要时,还可以标记为 Dongdo(East Island)及 Seodo(West Island)。韩国政府从2013年开始调查世界各国地图就韩国"东海"和"独岛"的标记状况,加大对外宣传,在网上发布介绍"独岛"的宣传片,强调"独岛"是韩国的固有领土,以此让更多的人知道无论从历史、地理还是国际法的角度来看,"独岛"都是韩国的固有领土。

早在2011年9月，韩国政府计划在郁陵岛建设大规模海军基地，以加强对"独岛"的防御。2015年11月，为了加强战略岛屿郁陵岛的防御力度，韩国专家讨论应将海军陆战队战斗兵力作为中队级规模的迅速机动部队部署在郁陵岛上。

对韩国来说，韩日"独岛"（日本称"竹岛"）争端与中韩苏岩礁（韩国称"离於岛"）之争和韩朝"西海五岛"周边水域分歧是不同性质的问题。对于苏岩礁（韩国称"离於岛"），韩国主张通过谈判协商的和平途径实现长期和平地占领。对于韩朝海洋权益争端，韩国以经济合作化解双方分歧、以军事防御遏制武装冲突、以签订和平协定获得制度化安全保障，宣称维护朝鲜半岛局势稳定。历史上，韩国数度遭受日本入侵，韩日两国历史问题尚未解决，现实矛盾也不容忽视，韩国仍视日本为"最危险的国家"，上述不同时期韩国对"独岛"问题的举措反映出韩国固守"独岛"的决心，韩国势必坚持到底，绝不让步。

（六）《韩日渔业协定》问题

1965年6月，韩日签署第一次《韩日渔业协定》，从两国各自的领海基线算起12海里的水域为各自国家对其渔业活动行使专属管辖的水域。但根据1994年出台的《联合国海洋法条约》，包括沿岸200海里在内的海域成为专属经济区，韩日间出现了重叠水域，为了对两国专属经济区的资源进行管理，两国认为有必要签署新的《韩日渔业协定》。1996年5月，韩日开始渔业协定谈判，由于韩国不希望改变旧渔业协定的管辖范围，加之"独岛"主权归属尚未解决，谈判陷入僵局。1998年1月，日本单方面宣布终止执行《韩日渔业协定》，使双方的谈判期限被限制为一年。11月，在双方共同努力之下，最终达成新的《韩日渔业协定》。双方争论焦点是专属经济区的起点，如果以"独岛"（日本称"竹岛"）为起点设定，日本近海都将成为韩国的专属经济区。因此，最终韩日双方把"独岛"（日本称"竹岛"）列入了专属经济区"中间海域"（两国都无权主张专属权的公海性质海域），以此为基础达成了新《韩日渔业协定》。

2005年，日本岛根县政府制定"竹岛日"条例，引发韩国强烈抗议。韩国一些学者主张撕毁1998年签署的第二次《韩日渔业协定》，认为"这一协定没有把'独岛'看作是岛屿，而是看作岩礁，因此损毁了韩国对'独岛'的主权。"且《联合国海洋法》规定："不能进行独立经济活动的暗礁不能拥有专属经济区。"对此，韩国海洋水产部长官吴巨敦解释说，在《韩日渔业协定》中，专属经济区只局限于渔业，也就是说，即使"独岛"在《韩日渔业协定》中未被列入韩国的专属经济区，也不会对"独岛"的地位及主权（包括周围12海里海域）造成任何影响。如果撕毁渔业协定，韩国渔船将不能在日本专属经济区内作业，这有可能导致近海渔业的崩溃。在1999年渔业协定生效后，韩方渔船在日本专属经济区内的捕鱼量达到日方渔船在韩国专属经济区内捕鱼量的1.6倍。如果因撕毁渔业协定而导致两国在专属经济区中间线上发生冲突，日本试图将"独岛"转变为纷争地带的意图将得逞。

2001年12月，韩日举行渔业协商，双方就本国渔船2002年在对方专属经济区捕鱼问题达成了协议。根据这一协议，韩日两国渔船在对方专属经济区捕鱼首次实行等量原则。2002年双方渔船在对方专属经济区的捕捞配额分别为8.9万吨。对于韩国来说，这一捕捞配额比2001年减少了2万吨；而对日本来说，这一捕捞配额比2001年减少了4000吨。按照协议，2002年双方进入对方专属经济区的渔船也实行等量原则。2001年，围绕韩国渔船在"千岛群岛"（日本称"北方四岛"）南部海域捕鱼问题，韩日发生分歧，日本为此没有向韩国渔船颁发在三陆海域捕鱼的许可证。在这次协商中，日本同意韩国渔船2002年恢复在日本三陆海域捕鱼。

2009年2月26日，韩国宪法法院裁定韩国和日本1998年签订的《韩日渔业协定》符合宪法，该协定的有关规定不会影响韩国对位于"中间海域"内的"独岛"所拥有的领土主权。裁决认为《韩日渔业协定》是关于两国间的渔业问题，而且涉及的是领海以外海域，所以该协定与"独岛"的主权或领海问题无关。

（七）韩日"东海"（一般称"日本海"）标记问题

韩国和日本围绕朝鲜半岛和日本列岛之间海域的国际通用名称发生争执，这一海域濒临韩国、朝鲜、日本、俄罗斯等四国。16世纪初为了去东方探险，西方人开始制作各种地图，在其地图上也出现了"东海"地区。16世纪及19世纪初绘制的西方地图上，使用着朝鲜海、韩国海、东洋海、中国海、日本海等各种各样的名称，但是其中韩国海（Sea of Korea）名称的使用最为频繁。19世纪中叶以后，"韩国海"及"日本海"在国际地图上所占的比例几乎相等。自19世纪后叶起，"日本海"使用的频度骤升，到20世纪初各种地图通常都使用"日本海"这一名称。拉裴乐兹（音译）对韩国、日本、萨哈林海域进行探测后所发行的海图（1797年），以及1798年阿罗史密斯的太平洋海图中都使用了"Sea of Japan"这一名称，然而"Sea of Korea"的使用频度逐渐减少。1904年日俄战争爆发，世界各国及媒体逐步采用"Sea of Japan"，韩国被日本帝国主义强占后，"Sea of Japan"成为世界通用名称。

日本认为，"日本海"已经是国际确立的标记，如今世界地图95%都采用了"日本海"这一名称，因此名称改变时，只会引起不必要的混乱。"日本海"是18世纪末至19世纪初由西方各国所确立的名称。随着19世纪末日本国际影响力的扩大，日本并没有故意抑制"东海"这一名称的使用，而促使世界各国使用如今的"日本海"这一名称，这与日本的殖民地统治毫无关系。"日本海"是根据日本列岛所分割的太平洋地区的地理特性而选取的名称，并不是主张日本的所有权而选用的。

韩国认为，"东海"这一名称据《三国史记·高句丽本纪·东明王》记载自公元前37年起开始出现的，韩国众多文献、古地图包括广开土大王陵碑、八道总图、韩国总图上都有它的记录。而日本正式的国号"日本"8世纪才开始使用，"东海"比作为"日本海"名称根源的日本国号的出现还要早700年。最重要的是地名蕴含着使用该地名的人的历史和文化、民族属性。韩国国歌《爱国歌》的第一段有"东海"一词，韩国的大海"东海"这一名称和韩国国民的生活、韩民族的历史息息相关。然而，过去2000年间所称的"东海"却在大多数国家被广传为"日本海"，其原因是在世界地名标准化工作展开的20世纪初，韩国丧失主权无法参与正常的意见表决，加之日本不断扩大其国际地位，大大影响了西方地图制作者的认识。为了制定国际规范以便海洋地名的国际标准化和航海安全，1921年国际水文局宣告成立，经过多年论证，于1929年发行了《海洋与大海的界限（S-23）》手册。这本手册被当作全世界大海名称的标准资料，成为世界各国地图上的"日本海"标记扩散的重要契机。尽管如此，当时韩国由于是日本殖民地，所以对于国际社会标记"东海"水域的问题无法提出合理的意见。此后《海洋与大海的界限（S-23）》的第2版（1937年）和第3版（1953年）相继出台，"东海"海域继续被标记为"日本海"。在此期间，韩国是日本的殖民地或正遭受战争，无法表达自己的意见。1991年，韩国加入联合国，1992年，在"联合国地名标准化会议"上，才向国际社会正式提出"东海"名称标记问题，此后为了找回"东海"地名，不断开展活动。

韩国认为在国际规范中与"日本海"一起标记"东海"是正当可为的。国际水文组织的技术决议（A.4.2.6）和联合国地名标准化决议（Ⅲ/20）劝告共有地理实体而各自使用不同名称的相关国家应努力统一地名，如果不能实现统一命名，地图上应该共同标记各国使用的地名。按照惯例，海洋地名应当根据位于相关海域左侧大陆的名称而定，"东海"不仅位于朝鲜半岛，还处于欧亚大陆东侧，因此韩国依据客观事实和国际社会的一般原则，向国际社会说明单独标记"日本海"的不合理性和使用"东海"标记的合理性。韩国希望"东海"这一名称在世界各国的地图上广为使用，但考虑到韩国和日本对于两国共有的海域名称未能达成一致的现实，根据"东海"水域的地形特性、地名制定相关的国际社会规范、"东海"名称的历史合理性等情况，应共同标记"东海"和"日本海"两个称呼。

  日本主张国际上对"日本海"这一名称已成惯例，联合国已正式承认"日本海"，表示不能接受除"日本海"之外的任何其他名称。对此韩国认为，使用"日本海"名称的不是联合国，而是联合国主要组织之一联合国秘书处，该组织使用"日本海"标记，这和192个联合国成员国的立场没有关系。并且联合国秘书处只是根据"对于争议地名，两者之间尚未达成协议之前则使用最广泛被使用的名称"的内部惯例，单独标记使用"日本海"。联合国秘书处表明这种惯例对于相关国家的争议问题并不是支持某方立场，同时阐明不得引用该惯例来加强争议当事国某方的立场（2004年6月，联合国秘书处致驻联合国代表副大使信函）。关于"东海"标记问题，美国地名委员会也强调韩日两国协商的重要性，两者尚未达成协议之前，美国只是按照采用当前广泛被使用的名称的惯例，使用"日本海"标记。所以不应认为美国承认"日本海"名称或者认可该名称。在韩国的努力之下，多数世界地图制作公司也改变立场，原先单独标记"日本海"，如今共同标记"东海/日本海"。依据韩国政府进行的2007年度世界地图调查，共同标记"东海"和"日本海"的比率达到23.8%。通过日方资料也能确认这种趋势，日本政府

2000年和2005年进行世界地图调查显示,"东海"和"日本海"共同标记比率从2.8%上升到18.1%。

总之,韩国政府力图纠正"日本海"名称在国际上通用的现象,韩国政府的最终目标是促使国际社会使用"东海"英文名称"East Sea"。若"East Sea"单一标记现实中较难推行,根据纠纷地区地名相关的国际规范,积极推动"East Sea"与"Sea of Japan"的共同使用。在联合国地名标准化会议等相关国际会上大力宣传"东海"名称使用的正当化,并积极敦促世界各国政府、国际机构、地图制作社、舆论媒体以及各种民间相关机构使用"东海"名称,东北亚历史财团计划将一如既往地不懈努力,促使政府的努力与民间的合作走上系统化、效率化的新台阶。

第四章　韩国海洋开发与管理

一、韩国海洋经济政策演变

从地理环境上看，韩国三面环海，其社会经济生活与海洋密不可分。随着科技水平的提升、海洋经济活动范围的扩大及国际竞争的激化，韩国对海洋的认识逐步深入，经略海洋的意识不断提高，其所制定的海洋政策也日趋完善，涉及海洋资源的开发与利用、海岸综合管理、海洋环境保护等等多个领域。韩国海洋经济政策所涉及的地理范围从沿岸扩展至大洋，再从大洋开拓至极地地区。海洋资源开发政策从关注鱼类、海藻等海洋生物资源，发展至关注海底蕴藏的石油、天然气、天然气水合物、锰结核等矿产资源，以及海面潜在的潮汐能、波浪能、风能、太阳能等等。韩国海洋经济政策所涵盖的产业越来越广泛，包括渔业（捕捞业、养殖业、水产加工业）、海底资源开发产业、造船产业、海上运输产业、旅游产业、以及海洋新医药产业、再生能源产业、海上休闲运动产业等等新兴产业。在《海洋韩国21》和《海洋水产开发基本计划》等综合政策基础之上，韩国还在国土、环境、物流、科技等方面制订具体计划，通过各种计划之间相互协调实现综合效应。

(一) 2000 年之前韩国海洋经济政策变化

建国之初，韩国百废待兴。1952 年 1 月 18 日，韩国总统李承晚发表了《对毗邻海洋主权的宣言》，划定"李承晚线"，旨在宣示海洋主权范围，保护其主权范围内的各种资源。尽管如此，当时韩国尚不具备对海洋资源进行大规模开发的能力，凭借自然地理环境优势，传统的海洋渔业成为当时条件下韩国的主要产业。12 月 12 日，为了保护渔业资源和划定管辖水域，韩国制定了《渔业资源保护法》。20 世纪五六十年代，韩国海洋资源开发重点是渔业资源，水产业严重依赖于捕捞业，捕捞业约占水产品总量的 98.93%。70 年代，捕捞业在韩国水产品总量中的比重下降至 85.8%，水产养殖业得到迅速发展，约占韩国水产总量的 14.2%，水产品加工业也开始起步。80 年代，水产养殖业约占韩国水产总量的 26.0%，成为增长较快、获利较高的行业。90 年代，韩国水产加工业达到历史高峰，约为 174.87 万吨。

20 世纪 60 年代末，世界范围内掀起了开发东海大陆架海底油田的热潮。1970 年 1 月 1 日，韩国出台了《海底矿物资源开发法》，完全依靠引进外国石油公司的资本和技术开始正式对国内大陆架进行勘探，积极抢占周边海域海底资源。1979 年 3 月 3 日，韩国石油公司成立，1983 年，开始自主物理勘探石油。经过 10 年的努力，进入 90 年代，韩国已经发展成为产油国。

20 世纪六七十年代，朴正熙总统执政期间，韩国制定了出口导向型经济发展战略。海洋既是维护国家安全的屏障，也是韩国对外联系的通道。1962 年，朴正熙政府制订了第一个"五年计划"，确立"工业立国"、"出口第一"的经济发展政策，继而带动以远洋运输为主的海运产业的兴起。作为远洋运输业的重要基础，造船业逐渐成为韩国制造业的一个部门，而且在海洋产业中占有非常重要的地位。韩国造船业既是海洋经济的一个重要组成部分,又是韩国重工业中的一个分支。韩国造船业的发展离不开其大力发展重化工业的大背景。朴正熙政府将大量外资援助集中投入到钢铁、造船、汽车等重工业的建设中,通过信贷手段引导韩国企业积极发展重工业,并辅之以巨额的投资奖励政策。韩国的造船产业在政府的大力扶持下开始腾飞。1962年,韩国政府颁布《造船工业奖励法》;1967年,韩国又制定了《造船工业振兴法》和《机械工业振兴法》。良好的法律环境加快了韩国造船工业的现代化。1968年,韩国首次实现了船只的出口,向中国台湾出口了20艘250吨级用于捕捞金枪鱼的远洋渔船。进入70年代,韩国政府大力发展重化学工业,确立了包括钢铁、石化在内的十大支柱产业,造船业也位列其中。1973年1月,韩国政府发布了"重工业—化工业宣言",积极推动重工业现代化,利用西方发达国家进行产业结构调整,把能耗高、资本密集型的产业转向国外的机会,迅速实施重工业化发展计划,把70%—80%的资金投向钢铁、造船、机械、汽车、石化、水泥及有色金属。韩国政府还把钢铁、造船、机械、汽车、石化、电子等六大产业作为战略产业,提供财政、金融、税收等方面的保护和优惠。[①] 1973年,韩国政府发表了造船业长期振兴计划,喊出了"造船立国"的口号,并说服现代、三星、大宇和大韩四大企业的造船公司建设服务于出口的大型造船厂,由政府提供金融支援。20世纪70年代建立的具有2000万吨造船能力的现代蔚山造船厂,120万吨规模的大宇玉浦造船厂,都是在韩国"重工业—化工业宣言"契机下建立起来的。[②] 1973年,韩国现代集团的现代重工建造了第一艘大型货轮,开启了韩国现代造船业的序幕。1974年,韩国接收的造船订单仅占全球的2.8%。到1984年,造船订单占全球的17.4%。90年代中期开始,

---

① 崔志鹰、朴昌根:《当代韩国经济》,同济大学出版社,2010年版,第100页。
② [韩]金正濂,张可喜译:《韩国经济腾飞的奥秘"汉江奇迹"与朴正熙》,新华出版社,1993年版,第196页。

韩国造船企业纷纷走出国门到海外发展造船业。2000年，韩国造船业的订货量占全球市场份额45%，达到历史峰值。

（二）第一个海洋发展综合计划——海洋开发基本计划，即《海洋韩国21》

20世纪90年代，世界形势发生重大变化。1992年6月，联合国环境与发展大会通过《地球宪章》（Earth Charter）和《21世纪议程》（Agenda 21），制定了可持续发展的基本政策，其中海洋环境保护是重要课题。1982年12月，《联合国海洋法公约》在牙买加开放签字，《公约》应在60份批准书交存之后一年生效。从太平洋岛国斐济第一个批准该《公约》，到1993年11月16日圭亚那交付批准书止，已有60个国家批准《联合国海洋法公约》，这就意味着该《公约》到1994年11月16日正式生效，海洋自由利用时代将向海洋分权时代转变。1993年6月，146个沿岸国家中宣布200海里专属经济区的国家已达到81个，而且还在持续增加。如果所有沿岸国家都宣布200海里专属经济区，这些经济水域将占有世界36%的海洋、90%的主要渔场、90%的大陆架石油储量，可见其经济价值之高，因而世界各国在海洋经济领域的竞争日益激烈。随着人类对海洋的开发和利用海洋环境急剧恶化，海洋开发与环境保护的矛盾越来越突出。为实现经济发展，防止环境污染，联合国成立世界环境与发展委员会（WCED：World Commission on Environment and Development），推进可持续发展政策。联合国环境计划署（UNEP：United Nations Environment Programme）为了实现人类可持续发展提出12大政策课题，其中之一是"海洋与沿岸资源保护"，制定71个国家的1000个地区为沿岸生态系统保护区域，严禁对滩涂和湿地的盲目开垦。① 沿岸区域是陆地环境与海洋环境交叉的"第3空间资源",美国、法国等国家已经制定《沿岸区域管理法》《沿岸区域综合利用计划》,有效加强对沿岸地区的综合管理,最大限度地实现沿岸空间资源的经济价值。

90年代,韩国国内海洋开发环境步入新阶段。随着200海里时代的到来,韩国与周边国家海域划界问题进入激烈的谈判阶段。随着技术的发展和国际化深入引发的产业升级,曾被看作是第一产业的韩国海洋产业,不断向第二、三、四等产业转化。韩国开发海洋的需要持续增加,从陆地开发为主开始向"第二领土空间"拓展,保护海洋的意识也不断提高,开始向世界海洋强国的目标迈进。

韩国为了适应国际与国内形势需要,合理开发和利用海洋资源,对海洋的管理模式从分散趋向集中,对海洋的开发和利用逐步走向制度化。韩国国务总理室于1992年7月成立"海洋发展综合计划树立企划团",着手制订《韩国海洋发展综合计划》,以有效应对21世纪海洋时代的到来。《韩国海洋发展综合计划》是依据《海洋开发基本法》第3条和《海洋政策审议委员会规定》第2条制订的海洋政策领域最高级别的国家计划。《韩国海洋发展综合计划》预计2000年全部制订完成,1992年—1996年是酝酿第一阶段《海洋发展基本计划》期间,1996年1月制定完成。

《海洋发展基本计划》制订了基本目标、五大基本战略、八大政策课题。基本目标是建设海洋强国,应对世界海洋资源挑战:培育具有国际竞争力的海洋产业、开拓海洋经济活动领域。五大基本战略:(1)开发具有国际比较优势的尖端海洋产业技术,并扩大投资。向传统海洋产业注入尖端科学技术,占领世界海洋产业市场;开发海洋强国标准的先进技术,以促进未来海洋资源开发。(2)有效利用和管理第三国土空间,即沿岸地区。制定《沿岸地区管理法》,设

---

① "World Resources Institute: World Resources 1992 – 1993", 1992, p.176.

定沿岸环境保护地区（Blue Belt）。（3）维持和管理舒适的海洋环境。（4）积极推进朝鲜半岛周边海洋和公海海洋资源开发。宣布200海里专属经济区，通过双边或多边国际协商，合作开发他国200海里专属经济区蕴藏的海洋资源和公海水产和矿物资源。（5）实现海洋政策的统一管理，提高海洋政策优先地位。计划将1993年确定为"海洋开发元年"，宣布正式推进海洋政策；设立海洋产业部或海洋部；宣布朝鲜半岛周边水域为"和平与合作之海"，提议韩国与中国、日本、朝鲜、俄罗斯五国建立海洋保护机构。根据上述五大基本战略，提出八大政策课题。（1）通过开发尖端海洋科学技术，提高海洋产业的国际竞争力。（2）通过自律开放提高海运产业的国际竞争力和港口体制的效率。（3）培育水产粮食产业，确保国民动物性蛋白质的稳定来源。（4）提高海洋能源和矿物资源的长期供给能力。（5）引进用途指定制度，有效管理沿岸地区。（6）强化海洋环境污染防治技术和海洋污染管理体制。（7）为拓展海洋经济领域开展海洋外交。（8）为迎接21世纪的海洋时代构筑海洋行政基础。

1996年8月，韩国成立了海洋水产部。1999年7月，韩国海洋水产部召集学术界、产业界、舆论界的相关专家学者，确定海洋发展综合计划（《海洋韩国21》）制定的基本方针。并设立了副部长领导的各领域专家联合组成的计划团和各业务局长负责的工作组，具体推动海洋发展战略的正式出台。7—8月，在网上征集意见，8月，成立"海洋韩国21咨询委员会"，由学界、产业界、研究界、舆论界等各界专家共31名组成。9月，海洋开发、海洋环境、海岸带管理、海洋安全、海运、港口、水产、渔业资源管理、国际合作等9个部门提交草案。9月，开始推进水产振兴综合对策、海洋开发中、长期计划、海洋环境保护国家基本战略、沿岸综合管理计划等中、长期计划。9月3日，召开海洋水产专家工作会议，共50多名各界专家参会。10月1日，在国政监查时提出基本框架。10月26日，召开《海洋韩国21》听证会，各领域海洋水产人士约170人参加会议。11月8日，根据听证会结果对草案进行修订。11月9—27日，各部门工作组召开工作会议，开展讨论，30日，确定《海洋韩国21》最终方案。12月17日，海洋韩国21咨询委员会召开，至2000年2月，相关部门开展讨论。2000年3月10日，召开海洋开发实务委员会，5月，韩国海洋水产发展委员会和国务会议批准了这项国家海洋发展战略——《海洋韩国21》。

《海洋韩国21》根据《海洋开发基本法》第3条，在全面修订《海洋发展基本计划》的基础上制定而成。这部海洋发展战略规划提出了三大基本目标：创造有生命力的海洋国土、发展高新技术海洋产业、保持可持续的海洋资源开发，旨在"通过蓝色革命增强国家海洋权利"，将韩国打造成21世纪世界级海洋强国。

第一，创造有生命力的海洋国土。

实现沿岸地区的综合管理计划，将全国沿岸地区再次打造成为充满生命活力的空间，将沿岸地区的水质从二级、三级提高到一级或二级，使沿岸地区人口居住比重从2000年占全国人口的33%增加到2030年的40.6%。扩大海外渔场、国外港口专业集散地、海洋开发前沿基地等的建设，确保在五大洋、六大洲都设有全球海洋基地。[①]

第二，发展高新技术海洋产业。

将海运、港口、水产等传统海洋产业升级为高新技术产业，力争2010年发展成为世界第五大海洋强国。将海洋科学技术水平从占发达国家的43%提升至2010年的80%，到2030年达到100%的水平。培育海洋水产高新技术创新企业、海洋旅游、海洋水产信息等高附加值知识产业，在今后10年间为500个高新技术企业提供创业援助。

第三，保持可持续的海洋资源开发。

[①] 韩国称南极洲为南极洋，故而有"五大洋、六大洲"之说。

将全部水产品生产量中养殖业的比重从 2000 年的 27% 提高到 2030 年的 45%。正式开发深海矿产资源，2010 年以后，每年达到 300 万吨的商业性生产规模。利用海洋生物工程技术开发海洋新材料，2010 年之后，每年创造 2 万亿韩元以上的新海洋产业市场。到 2010 年开发 87 万千瓦/时发电量的无公害海洋能源。[1]

《海洋韩国 21》提出七大战略课题：创造生命、生产、生活的海洋国土，打造洁净安全的海洋环境，振兴高附加值海洋高新技术产业，开创引领世界的海洋服务产业，建设可持续的渔业生产基础，实现海洋矿物、能源、空间资源的商业化，强化全方位海洋水产外交和韩朝合作。

第一，创造生命、生产、生活的海洋国土。

《海洋韩国 21》强调树立 21 世纪国土新概念，陆地领土和陆地资源是有限的，海洋却有着无限的开发潜力，应将国土的概念从封闭的、有限的陆地领土为中心的概念向延展的、动态的海洋为中心的国土概念转变。海洋领土的范围既包括朝鲜半岛沿岸水域，也包括专属经济区和大陆架等广阔的海洋经济活动水域，还包括太平洋、南极以及全球海洋基地。[2] 为加强对沿岸环境与资源的保护，实现可持续开发，制定沿岸地区环境、旅游、水产等综合管理政策，以高科技和信息化为中心开展综合、有效地沿岸国土管理。构建具有实际控制能力的海洋主权管理体制，对沿岸岛屿按照其经济性、生态性和安全性分类制定岛屿开发战略。开拓全球海洋基地，开发远洋渔场和海外养殖场，构建全球海运服务网络，加强太平洋、南极等地的海洋前沿基地建设，将韩国建设成为充分利用五大洋的海洋国家。

第二，打造洁净安全的海洋环境。

---

[1] 《韩国海洋开发基本计划：海洋韩国 21》，2000 年 5 月，第 26 页。
[2] 《韩国海洋开发基本计划：海洋韩国 21》，2000 年 5 月，第 37 页。

建立海洋环境管理体制，打造洁净、舒适的海洋环境。防止陆地污染源污染海洋，加强对已污染海域的特别管理，到2010年将沿海水质提升到二级以上。保护和恢复海洋生态系统的多样性，形成人类与海洋生物和谐共存的海洋空间。分析气候变化对海洋的影响，建立海洋气象资料收集和预报体制，采取系统地应对策略。构建海洋安全管理体制，强化海洋事故事前预防和海洋事故应急处理能力，加强港口国监督（PSC）管理工作，保证船舶的安全性，建立海上交通安全综合管理网络，提高船舶工作者的安全管理能力，保护国民的生命和财产安全。建立专门和科学的海洋环境评价体系，改进海洋污染影响评价及补偿制度，对有害化学物质强化系统监管，加强与周边国家的区域合作，以实现对海洋的有效保护。

第三，振兴高附加值海洋高新技术产业。

为将传统海洋产业培育成高附加值型国家战略产业，积极发掘和援助海洋水产高新产业，通过扶持高新技术企业创业孵化中心，培育海洋和水产高新技术企业。培育深层海水养殖业，推动海洋生物工程技术等尖端海洋科学技术产业化，实现新医药、新品种海洋生物开发等海洋生物工程技术实用化，到2010年开发出每年创造2兆韩元产值的新海洋产业。开发新一代新概念船舶和深海勘探设备，实现尖端深海勘探设备和海洋休闲设施国产化，开发高技术海洋工业设备，建造大型集装箱船舶、高附加值型巡航船、无人深海潜水艇和水下机器人，将海洋科学技术能力提高到发达国家水平。发展海洋水产信息产业，建立海洋水产综合网络和高速信息网。将海洋和水产的研究开发投资预算增加到国家总研究开发预算的10%，达到发达国家水平，设立并推动《海洋韩国发展计划》（Korea Sea Grant Program），提高韩国海洋资源开发能力。

表4—1　《海洋韩国21》

```
〈7大促进战略〉

1. 创造生活、生产、生活的海洋国土
2. 打造洁净安全的海洋环境
3. 振兴高附加值海洋高新技术产业
4. 开创引领世界的海洋服务产业
5. 建设可持续的渔业生产基础
6. 实现海洋矿物、能源、空间资源的商用化
7. 强化全方位海洋水产外交和韩朝合作
```

↑

```
〈促进计划〉
·海洋水产发展21个政策课题
·海洋水产发展100个促进计划
```

↑

```
〈实现基础〉
·组织改编与法律制度完善    ·专门人才培养
·吸引投资  扩大财源        ·培养国民海洋意识
```

第四，开创引领世界的海洋服务产业。

强化海运港口产业的竞争力，将进出口海上物流量的世界占有率从2000年的4.4%增加到2010年的6.2%，总船舶拥有量从2400百万DWT增加到2010年的3600百万DWT。推动水产品流通、加工业产业化。将海洋旅游产业培育成为战略产业，将全国海岸划分为10个海洋旅游开发区域，指定和建设海洋旅游城市，将海洋游客占全部游客的比例从2000年的24%增加到2010年的31%，建设世界一流的海洋服务产业。推动东北亚物流中心基地建设，将釜山港和

光阳港建成高效的国际物流中心和东北亚集装箱枢纽港口,并使其成为能创造高附加值的集海港、空港、通讯港、商港、休闲港于一体的多功能综合港口(Pentaport)。建设关税自由区域,培育高附加值港口物流产业(Value – added Logistics),建设港口综合物流园区,开发具有地域特色的中心港湾。引入港务局制度(Port Authority),实施码头运营商制度(TOC),改编港口管理体制。改善港口劳务供给体制,港口集散地自动化、装卸设备的出口产业化,建设以普适技术为基础的沿岸海运物流快速通道,开发绿色尖端港口建设技术,努力增强海运、港口产业的竞争力。

第五,建设可持续的渔业生产基础。

建立渔业资源管理体制,确立渔业发展结构,将"捕捞型渔业"向"资源管理和养殖型"转变,推动鱼类养殖业的发展,建设海洋牧场,扩大陆地与海上综合养殖生产基地,成立水产资源培育中心,推进渔场净化工作,建立科学管理渔场所需的渔业综合信息系统,搞好资源管理与渔业养殖。将水产品生产量从1998年的295.5万吨增加到2003年的348万吨,2010年增加到390万吨,实现水产品的稳定供给。突出渔村的特色,促进渔村文化发展、民俗建设,挖掘渔村发展的潜力,建设人类、海洋、环境、技术协调发展的新渔村。到2010年把全国1700个渔村划分为225个区域,重点开发15个渔村,引入应对灾害与事故的水产保险制度,将渔村建设成为具有休闲、休养功能,舒适、充满活力的现代化渔村。

第六,实现海洋矿物、能源、空间资源的商业化。

为了摆脱陆地资源贫乏的状况,成为21世纪资源富有国家,积极推动海洋矿物资源和无公害、清洁海洋能源资源商业化,积极开发海洋矿物资源,将不足1%的金属自给率提高到30%以上,2010年后实现15亿美元的进口替代效果。推动沿岸蕴藏的潮汐能源、潮流能源、波浪能源、温度差能源等无公害海洋能源开发技术的实用化,到2010年开发出87万千瓦的海洋能源。加紧对大陆架的勘探工作，推动石油和天然气的商业化开采。开发专属经济区矿物资源，开采太平洋深海底锰结核和海底热液矿床。实现海水淡化技术的应用。建设人工海洋空间，开发超大型海上建筑浮游技术、海底空间利用技术，推进海洋空间利用技术多元化，扩大相关产业的波及效应。

第七，强化全方位海洋水产外交和韩朝合作。

强化海洋水产领域的交流与合作，实现韩朝均衡发展，分阶段扩大韩朝海洋港口合作，建立韩朝海洋科学共同研究基础，确立韩朝海洋水产领域统一计划，为韩朝统一时代做事前准备。主导全球海洋水产外交，通过多边水产外交，增进东北亚共同利益，构建先进海洋科学技术交流合作的基础。通过全球海洋水产合作提高海洋科学技术水平，确保对海洋资源的开发利用，强化应对国际规则的能力，增进国家利益。积极参加亚太经济合作组织（APEC）海洋部长级会议，加强与美国、加拿大等国家的海洋合作。积极加入与海洋相关的国际机构，建立东北亚海洋合作机构，设立 APEC 海洋环境培训与教育中心，开展全球海洋外交。

《海洋韩国21》的实现基础主要体现在组织改编、法律制度完善，吸引投资、扩大财源，专门人才培养，培养国民海洋意识等四个方面。

第一，组织改编与法律制度完善。

构建以知识为中心的海洋行政基础。以往指令型的海洋行政体制向以市场为中心的辅助型、援助型海洋行政体制转变；推进海洋行政的信息化，创新工作方法，提高工作效率；以需求者为中心提供综合海洋行政服务。

依据民营化、地方化的发展趋势，重新确定海洋行政职能。韩国将市场经济原理和民间经营的效率性引入海洋行政，在釜山和仁川等港口设立港务局（Port Authority）。随着地方管理权力的扩大，地方经营团体的作用日益突出。海洋水产部执行业务中的一部分转移给地方经营团体，地方经营团体主导制订和实行地区海洋产业发展计划。

强化职能以承担新的行政需要。加强培育海洋高新技术产业，开发海洋资源、振兴海洋旅游等新行政需要的组织建设。加强对海洋环境、沿岸管理、海洋安全、直辖海洋管理、国际合作、海洋资源管理等保护国民生命和系统管理海洋资源的组织机构的建设。特别是强化直辖水域警备力量的政策职能。海洋水产执行机关的职能从以港口为中心向以环境、沿岸、安全为中心转变。对海洋执行机关以港口为中心的自治经营团体管理体制向直辖管理体制的转变进行讨论。

建立海洋行政管理部门间有机合作体制。推动海洋开发委员会和海洋开发实务委员会活跃地开展工作。为有效推进国家海洋政策和海洋管理部门间信息交流，召开定期会议和临时会议。

调整海洋水产管理机关的组织结构和部门职能。分别设立负责深海矿物资源商业性生产、水产品供需调整和价格稳定、渔港和渔村基础设施开发与管理的专门机构。为了有效开展海洋环境保护工作，讨论韩国海洋环境管理工团的设立方案。为促进海洋文化产业，讨论韩国海洋文化财团的设立和特别法人化方案。

完善国家法律制度。2000年，韩国颁布《港务局法》，设立港口开发、管理及运营业务的港口局。2001年在《海洋开发基本法》的基础上制定并颁布《海洋水产发展基本法》，包括海洋产业、海洋国土、海洋资源、海洋文化和旅游、海洋外交等领域，设立国家海洋发展项目，发行海洋彩票，将韩国海洋文化财团设定为特殊法人。同年还制定《水产物流特别法》《韩国海洋开发公社法》《水产品品质管理法》等法律。2002年，颁布《深海底矿物资源开发法》《渔港渔村开发法》《船舶安全法》。2003年，颁布《海洋污染防治法》，设立韩国海洋污染防治工团。同年颁布《水产业共济组合法》，援助共济产业，设立专门组织。2004年，颁布《海运法》，将对外开放的外港海运与封闭的内港海运分开管理。

第二，吸引投资，扩大财源。

实现投资来源的多样化，改善援助体制。海洋水产部门政府投资比重持续增加，每年约7%—8%。加大对海洋产业的投资力度，海洋产业的投资比重（直接效果）2000—2005年占GDP的4%—5%，2006—2010年占GDP的5%—6.5%。海洋先进技术投资增加至发达国家占全部研究预算10%的水平。

发掘新投资来源，保证资金来源的稳定。为改善海洋环境，设立海洋环境改善分摊费制度。废弃物海洋排放行为、公共水域填埋行为、公共水域占用行为、危险货物处理行为、海洋设施利用行为等需缴纳分摊费。利用分摊费，积极改善海洋环境。强化水产发展基金转入方案。

积极吸引民间资本，缓解国家财政负担。允许民间资本投资渔港、交通运输站、海洋旅游设施、养殖渔业等特殊目的产业可以吸引国外低息贷款，港口建设等投资收益产业可发行特别国债，积极利用项目融资，筹措长期资金。

投资援助体制从单纯辅助体制向自律竞争体制转变。依据受益者负担原则，限制国库援助的政策性项目，扩大地方援助项目，减少单纯的援助项目，渐次向融资项目转化，强化对投资产业的审核，实行有选择的援助竞争体制。

第三，专门人才培养。

为发展海洋知识产业和海洋服务产业急需知识集约型人才，海洋水产部将研发投资费用的一定比例向海洋大学倾斜，从2000年的3%提高到2010年的10%。将大学作为知识产出的核心机构，并与其他机构和企业共享研究成果。扩大与美国、俄罗斯、日本等海洋发达国家专门人才交流，设立向发达国家海洋机关派遣年轻科学家的"青年科学家项目"以及"公务员相互派遣项目"。建立大学和研究所为企业提供人才的密切合作体制。减免企业或个人设立人才培养机构的税收。

为强化海洋和水产业的竞争力,政府积极培育优秀船员。设立专门培养船员的机构和大学,设立乘船实习训练综合中心,设立国际网络海事大学,为出海船员提供通过网络接受大学教育的机会,为提高船员职业的自豪感给予奖励待遇,在木浦等地设立船员福祉中心。

政府在中心水产城市设立水产重点大学,培育渔业经营专门人才,将水产技术管理所改为最新水产技术普及和区域信息化教育中心。积极利用海外人才,培养国际谈判专家,培养新海洋产业所需要的专门人才。

第四,培养国民海洋意识。强化海洋宣传教育,增强国民对海洋的关心,确定海洋指向型国家发展方向,并与国民达成共识。将"海洋日"活动提升为全国性的海洋文化庆祝活动。将统营的村神祭、江陵的端午祭等各海岸的丰渔祭开发成为文化旅游产品。支助海洋纪录片、反映海洋进取心的电视剧制作,建立与大众传媒的合作体制。开设海洋文化讲座,发行图书、视频等海洋教育资料。在小学、中学、高中教材中增加海洋相关内容,培养青少年的海洋进取精神。与非政府组织共同开发海洋教育项目,支助自发组织海洋宣传教育活动的与海洋相关的民间团体,成立海洋水产总联合会,将会员发展至100万名。

政府积极向国民宣传海上王张保皋的海洋开拓精神,举办"国际贸易海上王张保皋展览",设立张保皋研究会,进行系统调查和研究,发掘国内外遗物、遗址,定期召开学术会议,出版研究成果。打造海洋历史教育空间,复原清海镇遗址,设立民俗村,在遗址地建立张保皋纪念馆,再现新罗坊、新罗村的综合民俗馆,将之建成海洋旅游基地。创造与国民生活密切相关的新海洋文化,设立网络海洋大学、海洋展览馆、海洋水族馆。建立与海洋文化、海洋旅游、海洋休闲、海洋运动、海洋科学等相关的综合海洋文化信息网，综合、系统地介绍海洋。建设专门的海洋光纤电视，迅速传播海洋信息和海洋节目，促进海洋休闲和旅游等相关产业。发掘海洋文化遗产，指定海洋文化村，将全国沿岸划分为五个地区，并对其进行调查，将其结果整理成海洋文化遗产丛书出版发行。设置海洋文化奖，奖励海洋文化创作。设立海洋文化研究会，支助民俗、文化、艺术等海洋文化领域的专家组织学术研究活动，扩大相互信息交流。

此外，《海洋韩国21》对2030年韩国海洋前景进行展望，提出五大发展方向，即要将韩国建设成为开发五大洋的海洋强国，保证生活质量的优良海洋环境国家，拥有先进的海洋高新技术和知识产业的国家，东北亚物流中心国家，安全的水产品生产国家。

（三）第二个OK21：第二次海洋水产发展基本计划（2011—2020）

随着《海洋韩国21》具体实施计划的结束，依据海洋水产开发环境的变化，韩国及时制订了《第二次海洋水产发展基本计划（2011—2020）》。该计划是依据《海洋水产发展基本法》第6条相关规定制定的，是2011年至2020年10年间政府层面的最高海洋水产发展计划。该计划的长远规划是到2020年成为主导世界的海洋强国，为此提出3大目标、5大重点促进战略和26个重点课题。3大目标即可持续的海洋环境管理与保护；新海洋产业的培育和传统海洋产业的升级；积极适应新海洋秩序，扩大海洋发展领域。[①]

[①] 这里所指海洋领域包括海外海洋资源确保，海洋利用空间增大（海上、海中、海底），海洋领土扩大，通过提高海洋科学技术实现的新海洋资源利用等等。

表4—2　五大重点促进战略和26个重点课题

五大重点促进战略	26个重点课题
实现健康安全的海洋利用与管理	确立海洋污染源的综合管理体制
	制定提高海洋生态系统服务质量的方案
	构建综合的沿岸、海洋空间管理基础
	构建沿岸地区气候变化适应复原体制
	海上安全管理体制的先进化和高端化
	海上安全领域国际化
开发海洋科学技术，创造新增长动力	开发未来海洋资源
	开发海洋产业核心技术
	开发海洋环境保护、勘探核心技术，实现绿色增长
	强化开发海洋科学的技术力量
培育未来高品质海洋文化旅游产业	发掘和扶持丰富多样的海洋休息活动
	保护和利用旅游资源
	创造和完善海洋旅游空间
	构建海洋旅游政策的综合促进体制
	海洋文化内容的多样化
东亚经济崛起推动海运、港口产业的先进化	主导世界海运市场和强化国际合作
	培育有竞争力的海运港口物流企业
	实现绿色海运和港口
	打造世界超一流枢纽港口
	开发绿色休闲都市型附加价值港口
	随着港口管理地方化，建立港口开发管理体系
	港口运营的效率化
	培养海事人才
强化海洋管辖权，确保全球海洋领土	强化海洋领土管理能力，应对国际海洋环境变化
	开拓海洋领土，强化全球海洋经营
	为强化韩朝海洋合作打造基础

五大重点促进战略为实现健康安全的海洋利用与管理，开发海洋科学技术、创造新增长动力，培育未来高品质海洋文化旅游产业，东亚经济崛起推动海运、港口产业的先进化，强化海洋管辖权和确

保全球海洋领土。

第一，实现健康安全的海洋利用与管理。

促进海洋水质和海底沉积物环境改善，引入科学标准和以解决问题为中心的政策决定援助体制，综合治理对海洋环境和生态系统造成污染的污染源。确立人类和生态系统的友好型关系，2007年，韩国沿岸和海洋保护区域面积占国土面积的10%，到2020年达到13%。促进积极的修复政策，保护自然海岸和栖息地，减少外来入侵生物物种中有害物种对海洋生态系统地破坏面积和频度，建立沿岸和海洋保护区域管理体制，持续扩大保护区域面积。完善法律制度和基础设施，实现对海洋生物资源的系统化管理。为强化对沿岸和海洋综合管理，制订新沿岸管理制度，加强部门内部和各部门间的政策合作，建立冲突调解机制，确立沿岸空间管理体制，积极应对与沿岸和海洋相关的国际协定和国际社会变化。构建先进海洋安全网，以实现安全海洋，建立以科技为基础的先进海洋安全管理体制，摆脱消极接受IMO规范的被动姿态，积极参与IMO活动，大力宣传韩国的技术力量。引进绿色船舶，引导韩国向强化海洋环境保护标准等绿色规范体制转变。

第二，开发海洋科学技术，创造新增长动力。

开发未来海洋资源，确保国家生长动力。通过深海锰结核、海底热液矿床、专属经济区海洋矿物资源开发，将不到1%的金属自给率提高到30%以上。开发国内沿岸海域的矿产资源，到2020年，达到年均5120GWh（石油750万桶的规模）的发电量，开辟年均7500亿韩元的新电力市场。开发海洋生物基因资源，到2014年占BT产业创造的附加价值10%，达到发达国家技术水平的80%。开发海上产业核心技术，扩充国家经济增长基础。将韩国世界级的造船技术与海上建筑物技术结合并不断提升，开发无人潜水艇、机器人、5000吨级的海洋科学考察船、海洋观测塔、水中通信设施等尖端海洋装备技术。掌握领先的未来绿色船舶技术，开发休闲船舶和高品质游轮技术，提高国民的娱乐休闲生活品质。培育未来型以知识为基础的尖端物流和港口产业，提供绿色港口基础设施，建成东北亚物流中心国家。通过海上交通系统、海上事故预防和评价技术，减少海上事故发生率。

利用和保护海洋环境，实现持续绿色增长。开发事前和事后海洋污染管理技术，建设自然和人类共存共生的海洋环境。开发系统地管理和保护海洋生态环境的技术，保护海洋生物种类的多样性，建设可持续发展的国家管理体制。开发预测气候变化和环境变化的事前应对技术，以减少海洋污染的社会和经济损失、减少自然灾害。开发尖端海洋环境无人探测和实时监控技术，建立事前感知气候和海洋环境变化的观测和预报系统。强化基础建设，推动海洋科学发展。加强对近海、大洋和极地的研究，在朝鲜半岛周边建设三维实时国家海洋观测网，培养优秀人才，通过人才交流建立全球网络，促进国际共同研究，在海洋科学技术领域发挥主导作用。

第三，培育未来高品质海洋文化旅游产业。

培育世界水平的海洋观光产业，培育海洋休闲运动市场，制定游轮旅游方案，设立专门机构，培养专业人才，提高海水浴场和海钓活动的环境，保护海洋旅游资源，促进海洋生态旅游和岛屿旅游，创造和完善海洋旅游空间，改善沿岸空间，形成亲水空间，建设东北亚海洋旅游中心城市。制定海洋旅游政策的综合促进体制，通过海洋旅游教育、俱乐部制、召开各种活动等强化海洋认识教育，积极创造各种体验机会。制定海洋旅游开发战略，对国民的旅游需要和世界旅游市场环境的变化提出相应对策。摸索保护与开发相互协调的利用海洋旅游资源的方案，制定海洋旅游开发政策指南和海洋环境保护开发构想，实现对海洋生态和海洋空间的可持续利用，探讨改善沿岸空间环境和提高国民生活质量的方案。培育和宣传海洋文化，推动海洋历史和海洋文化的普及工作，建立多种多样的教育基础设施，提高国民海洋意识。提高国民对海洋重要性和新开拓领域的认识，通过丽水世界博览会的成功召开强化国民的海洋意识。

第四，东亚经济崛起推动海运、港口产业的先进化。

主导世界海运市场，强化国际合作。通过建设枢纽港口将韩国建成东北亚物流中心国家，为建成东北亚中心港口，持续增加投资，将促进各地区的港口开发与地区发展战略相结合，最大限度发挥港口的运营效率，提供充足的人力资源，建立航海技术人员稳定的供给体制，改善船员工作环境，提高海运竞争力。通过建设战略性海上物流网络扩大对东北亚市场占有率，加大对东北亚海上物流基础设施建设的投入。主导东亚海运合作，加强经济和投资合作的同时加入对海运合作的讨论，通过政府开发援助项目扩大对发展中国家港口及物流网络等贸易物流基础设施的开发。制定培养发展中国家物流人才的教育项目，邀请海外人才到韩国研修，进行先进物流的现场教育，同时将韩国先进物流技术出口到发展中国家。培育有竞争力的海运和港口物流企业，通过海运、港口物流企业的大型化、专门化建设强化竞争力，开发新海运模式，设立物流投资专门机构。通过实现绿色物流促进海运、港口物流产业的先进化，实现绿色海运，开发和普及绿色船舶，强化船舶的废气排放标准和使用燃料标准，引入绿色船舶认证制度。在港口地区建设防波堤和水利设施，引入新再生能源技术，建设绿色港口。开发石油港口、谷物港口、游轮港口等特色港口，建立中央政府与地方政府间的港口开发协调管理体制。

第五，强化海洋管辖权，确保全球海洋领土。

积极适应国际环境的变化，强化海洋管理能力。为了适应《联合国海洋法公约》的体制变化，将分散在个别部门的海洋政策集中，形成综合的国家政策，建立平时监控体制，以应对联合国海洋法的中长期修订，制定保证韩国国家利益最大化的方案。针对不同的海洋热点问题制定有针对性的战略，海洋主权守护、海洋管辖权强化、海洋安全和海上运输道路确保等是与国家利益相关的优先课题，海洋环境问题、海洋共同科学调查、共同资源开发等则是需要与周边

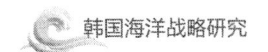

表 4—3　第二次海洋水产发展基本计划（2011—2020）[1]

〈5 大促进战略〉
(1) 实现健康安全的海洋利用与管理
(2) 开发海洋科学技术，创造新增长动力
(3) 培育未来高品质海洋文化旅游产业
(4) 东亚经济崛起推动海运、港口产业的先进化
(5) 强化海洋管辖权，确保全球海洋领土

⇑

〈促进计划〉
· 海洋水产发展 26 个重点课题
· 海洋水产发展 222 个实践课题

⇑

〈实现基础〉
· 强化综合海洋行政体系　　　· 增强国民海洋意识
· 培养海洋产业专门人才　　　· 确保投资财源，改善授助体制

国家合作处理的课题。确定持续控制"独岛"的方案，加强对无人岛屿特别是领海基线无人岛屿的综合管理，利用最新远距离探测技术进行岛屿地区海岸线调查，将地形信息数字化，以便对岛屿地区进行数字化管理，针对有争议的岛屿，尽可能收集有科学依据的资料。根据各海域的特点制定综合海洋空间管理方案，在整个朝鲜半岛海域建立海洋科学基地。通过海洋领土开拓强化全球海洋经营，在全球设立海洋资源开发基地，积极推进海外海洋资源开发战略。为了应对全球气候变化，推动极地研究工作，加强与北极周边国家和东北亚国家间的合作。确保海上运输线路畅通，强化海洋国际合

---

[1] 韩国国土海洋部：《第二次海洋水产发展基本计划》，2010 年 12 月，第 52 页。

作网络，构建全球海洋研究和海洋合作基地，制定韩朝邻近区域海洋共同调查和利用方案。

为推进上述战略的具体实施，韩国主要从强化综合海洋行政体系、培养海洋产业专门人才、确保投资财源和改善援助体制、增强国民海洋意识等四个方面夯实战略实现基础。

第一，强化综合海洋行政体系。

制定方案调整各部门间关于海洋领土争端、气候和环境变化、海洋研究与开发促进、国家海洋政策协调等具体海洋政策。讨论在国务总理室下设立综合海洋政策协商机构，增强专门负责海洋政策的组织机构，对按职能分散的各项海洋业务进行综合管理，强化各部门职能以系统管理沿岸生态系统和环境，加强海洋灾难等沿岸管理。

扩大组织机构和职能的民营化和地方化。向民间组织和地方自治团体转让职能，扩大港口开发和运营的民营化。随着港口运营和管理的民营化，海洋安全、海洋环境和沿岸灾害管理、无人岛管理、海洋旅游振兴等综合管理职能也向地方部门职能下放，提高海洋管理效率，加强政策执行力度。

第二，培养海洋产业专门人才。

培养海洋产业技术开发人才，培养解决各海域特有问题的专门人才，例如庆南、湖南地区需要开发休闲游艇的人才，江原、庆北地区需要沿岸安全和与深层水相关的人才等等。将海洋技术开发资金的一部分（约10%）分配给地方大学，支持地方大学开展地方特色研究和人才培养。

加强韩国海洋大学、木浦海洋大学、韩国海洋水产开发院、韩国海技进修院等海洋大学和研究机构对海洋产业人才的培养。通过韩国国际合作机构（KOICA：Korea International Cooperation Agency）培养海外海洋人才，特别是积极增加邀请东南亚、南太平洋等海外人才到韩国研修项目，引进海洋产业技术，大力培养海外亲韩国人才。设立培养海洋专门人才的国际机构，考虑给予国内海上3D（即"脏Dirty、累 Difficult、险 Dangerous"的工种）工作者免除服兵役等优惠政策。

培养海洋文化旅游人才，为扩大海洋休闲运动文化，培养各种海洋休闲运动专家，加强对帆船管理师、海洋休闲运动管理师、旅游潜水教练、水族馆海洋动物养育师、休闲船舶教练等等新产业人才培养。

培养国际海洋专家，在现有专家基础上建立国际海洋专家库，持续吸引和培育新专家，支持在培养学员到国际机构访学，积累实际经验。加强现职海洋领域公务员国际交流，培养其掌握国际动向的能力。

第三，确保投资财源和改善援助体制。

积极吸引公共基金和民间资本参与石油、天然气等海洋资源开发，建立海洋能源基金、石油开发基金、旅游振兴基金等等，鼓励民间资本开发潮汐、潮流、波浪、海上风力、太阳能等海洋相关的新再生能源，投资港口、渔港等沿岸基础设施和水族馆等旅游场所建设。

发掘新投资财源，确保资金来源的稳定。为改善海洋环境，设立海洋环境改善分摊费制度。开采海洋沙石行为、公共水域填埋行为、公共水域占用行为、危险货物处理行为、海洋设施利用行为等需缴纳分摊费。

第四，增强国民海洋意识。

政府针对不同的政策对象采取相应的沟通政策。积极向一般国民宣传海洋的价值和重要性，向产业界重点宣传海洋的产业价值和经济效果，向学者和舆论界重点宣传海洋领域的战略价值和前景展望。持续发掘与国民生活密切相关的或引发国民兴趣的宣传项目，开发有关海洋的故事话题。在分发报道材料等宣传手段之外，与主要舆论媒体积极合作，实现宣传手段的多元化。加强对国民的海洋意识教育，克服轻视海洋的传统，将建设海洋强国的目标深深根植于国民海洋意识之中。在国立研究机构和相关机构开展海洋意识教育工作，持续援助教师培养和教材出版。加强游泳馆等多种多样水上娱乐设施建设，利用这些设施从小加强对国民的海洋教育。在开发港口和渔港的同时一定要同时建设游泳池等水上娱乐设施，在海洋日向国民开放与海洋相关的行政机关，提高国民对海洋机关的亲近感。组织灯塔访问和港口宣传馆访问、海洋游泳大会、海洋运动庆典等活动，引导国民形成亲近海洋的意识。

（四）韩国海洋开发政策的多样化

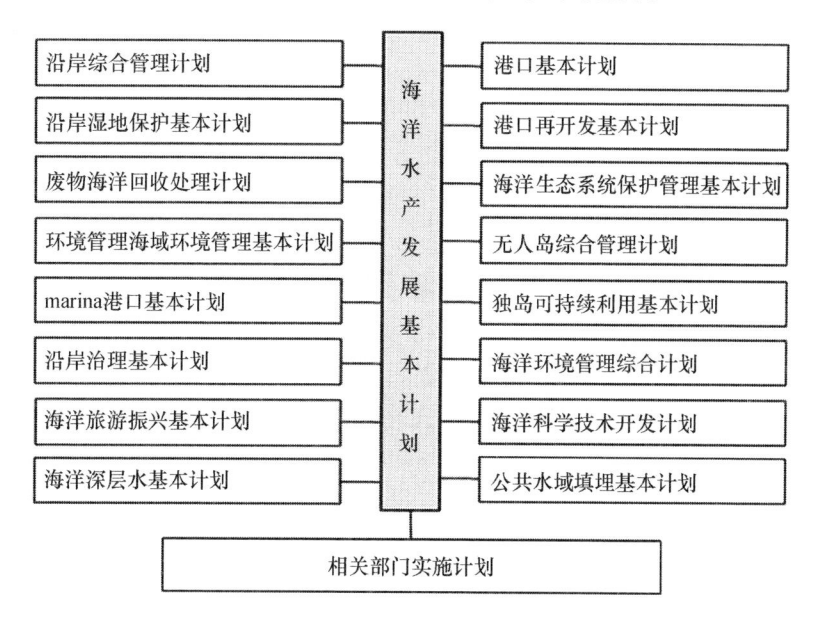

表4—4　海洋水产发展基本计划与其他计划的关系[①]

海洋水产发展基本计划相关联项目
沿岸综合管理计划 ／ 港口基本计划
沿岸湿地保护基本计划 ／ 港口再开发基本计划
废物海洋回收处理计划 ／ 海洋生态系统保护管理基本计划
环境管理海域环境管理基本计划 ／ 无人岛综合管理计划
marina港口基本计划 ／ 独岛可持续利用基本计划
沿岸治理基本计划 ／ 海洋环境管理综合计划
海洋旅游振兴基本计划 ／ 海洋科学技术开发计划
海洋深层水基本计划 ／ 公共水域填埋基本计划
相关部门实施计划

韩国是海洋国家中较早确定国家综合海洋政策的国家。2000年，韩国制定了海洋领域国家政策——海洋开发基本计划，即《海洋韩国21》，《海洋韩国21》制定了2000—2030年的长期计划，同时也制定了2000—2010年的具体实施计划。为了使《海洋韩国21》符合不同阶段韩国海洋开发现状，韩国还规定每年制定一部《海洋水产发展实

---

① 韩国国土海洋部：《第二次海洋水产发展基本计划》，2010年12月，第6页。

施计划》，每三年制定一部滚动计划（Rolling Plan），有效推动海洋事业的发展。2004年5月，韩国根据《海洋水产发展基本法》第6条，在《海洋韩国21》的基础上，根据国内外条件的变化制定了滚动计划——《海洋水产开发基本计划》，旨在制定2004年至2010年海洋水产领域具体计划。2010年，《海洋韩国21》结束，韩国连续制定了《第二次海洋水产发展基本计划2011—2020》，规定在今后十年中，该计划与国土综合计划、国家环境综合计划、国家物流基本计划、科学技术基本计划等其他国家计划相互协调，有效促进，实现协同效应。

表4—5 各机关主要促进计划汇总（单位：百万韩元）

分类	2014年业绩 件数	2014年业绩 投资规模（A）	2015年计划 件数	2015年计划 投资规模（B）	B/A
合计	188	3662575	180	4231011	115.5
海洋水产部	163	2611140	157	3185098	122.0
环境部	5	535914	5	492479	91.9
国民安全处	7	234446	5	281622	120.1
行政自治部	1	192769	1	176867	91.8
文化体育观光部	3	62446	3	67036	107.4
气象厅	2	10100	2	13464	133.3
国防部	2	6842	2	6842	100.0
未来创造科学部	2	6898	2	5703	82.7
国土交通部	2	1720	2	1600	93.0
雇佣劳动部	1	300	1	300	100.0

注：投资规模包括国家、地方、民间三方资本总和。

表4—6 各机关主要推进具体计划（单位：百万韩元）

海洋水产部

促进项目	推进时间	2014年投资情况	2015年投资计划	备注
总计（148项）		2611140	3185098	
转基因生物体的安全管理体制建立	2003—	700	700	

续表

促进项目	推进时间	2014年投资情况	2015年投资计划	备注
水产环境调查研究	2006—	2042	1869	
为保护海洋环境的标准设定和管理强化	2012—2014	383	380	
海洋环境综合监控和海洋环境保护的系统管理	2012—	3394	3200	
国家海洋环境信息综合系统建立和运营项目	2006—	210	220	
特别管理海域海洋环境管理强化	2000—	3291	3800	
始华湖海洋环境改善项目	2003—	962	800	
环保垃圾向海洋排放管理制度执行	1999—	1796	1701	
海洋垃圾回收与处理	1999—	18080	72320	
国家海洋生态系统综合调查	2006—	2600	4620	
海洋保护区域管理体制建立	1999—	277	135	
沿岸湿地（滩涂）调查	2008—			项目合并
滩涂生态系统修复项目	2010—	1350	1283	
海洋生态图绘制	2012—			项目合并
汽水域综合管理系统开发研究	2011—2013	1907	2000	
水产生物资源的基因银行建立和信息管理	2004—	2477	2898	
海洋生态系统入侵生物管理对策	2007—	1500	1500	
海洋生物多样性保护研究	2006—	300		完成
海洋珍惜生物保护研究	2006—	100	100	
资源调查、评价和变动预测技术	1976—	4618	5054	
沿岸综合管理的实效性保证	2000—	470	460	
沿岸管理信息系统建立	1999—2013	520	453	
沿岸海域调查和DB建立	2003—2024	12500	13500	
沿岸景观宏观设计引进及应用	2012—	0	0	
开发海洋技术应对气候变化	2000—2015	120	0	
海面上升监控和预测	2011—2015	200	300	
海岸沉降预想图绘制和沿岸灾害脆弱性评价	2011—2014	5600	1700	
建立专家库为海洋调查提供政策援助	2011—	0	0	
为建立先进海事安全管理体制制定综合计划	2011—	100	100	
海洋事故减少30%对策	2013—2017	0	0	完成
沿岸客船安全管理体制改善	2014—	0	0	新定

续表

促进项目	推进时间	2014 年投资情况	2015 年投资计划	备注
远洋渔船安全感了改善	2015—	0	0	新定
民官合作海洋安全文化扩散	2013—	500	2493	
进口危险品集装箱检查制度（CIP）的执行和实效性最大化	2003—	183	183	
船舶检查登记工作体制建立	2011—2014	0	–	完成
小型船舶专用导航应用开发	2014—2015	10	–	完成
试运行船舶航海安全提高	2014	50	–	完成
为主要港口和航路管理开展高级别海洋调查	2008—	1500	–	完成
海上交通基础设施持续建设	1999—	51650	54801	
尖端地面导航系统（eLoran）建立	2012—2014	15000	–	
海洋交通专门人才培养工作促进	2012—2016	500	500	
海上交通安全检查制度的客观性和公正性强化	2014—	52	52	
电子海图绘制和开发	2000—	3000	4250	
船舶引起的环境污染防治技术开发和产业化	2005—	1500	1500	
船舶再利用协定对应系统建立	2011—2017	0	0	
船舶平衡术世界市场抢占	2013—2017	3500	3500	
IMO 战略议题发掘基础形成	2011—	483	600	
海事安全领域国际合作强化	2011—	1436	2486	
菲律宾海洋交通设施总体规划制定的 ODA 项目促进	2014—2016	8	–	完成
打击海盗国际合作强化	2011—	220	260	
海洋港口危机应对能力强化	2011—	0	0	
海盗行为的预防和应对法律制定	2014—2015	0	0	
太平洋深海底矿物资源开发	1994—2015	12724	15128	
西南太平洋和印度洋海洋矿物资源开发	1999—2016	3600	3600	
海洋溶存资源获取技术开发	2000—2014	4900	2100	
海洋深层水能源和产业援助技术开发	2000—2015	5000	4500	
海洋深层水应用新产业技术开发			500	新定
利用天然气水合物形成原理海水淡化技术开发	2011—2015	3700	2660	
海洋能源实用化技术开发	2000—	10500	10310	

续表

促进项目	推进时间	2014年投资情况	2015年投资计划	备注
国家海洋能源资源图开发	2011—2016	0	0	
海洋能源专门人才培养	2009—2013	1500	1500	
海洋生物工程技术开发	2004—	21353	22866	
后遗传多基因组项目	2014—2021	5500	4500	
海洋生物资源调查	2014—	550	300	
水产生物工程产业化技术	2012—	1538	707	
种子产业培育和战略品种开发技术	2013—	3985	4329	
绿色高附加值养殖技术	2013—	3903	4157	
环保尖端港口技术开发	1998—	10750	12750	
海洋CCS技术开发项目	2005—	8575	9569	
未来海洋产业技术开发	2008—	7500	10768	
多关节复合式移动海底机器人开发	2010—2015	2000	7200	
水中广阔区域移动通信系统开发	2012—2020	1000	1000	
环保高效渔具和自动化技术	2007—	1337	1445	
多目标技能型无人船国产化开发	2011—2015	2656	2763	
高信任性多体无人移动平台综合运动系统开发			800	新定
e-Navigation实现技术开发	2015—2019	0	—	
尖端航路标志管理系统技术开发	2014—2017	11	—	完成
DMB基础DGPS信息移动终端实现	2014—2015	10	—	完成
废物排向海洋信息管理系统建立和运营	2006—	57	60	
水产海洋灾害应对技术	1997—	2333	2343	
异常海洋现象监视体系建立	2005—2016	200	300	
沿岸事故地区海洋异常现象监视体系建立	2012—2017	140	80	
韩国沿岸海流调查	2000—	87	87	
运用海洋（海洋预报）系统建立	2009—2013	1906	2500	
海洋预报服务基础设施建立			6000	新定
西海沿岸地质危险要素研究	2011—2017	1715	1700	
东海时间序列观测和生态环境检测（EAST-1）	2011—2016	2477	2500	
海洋调查船建造和运营	1998—	2000	2010	
南极第2基地建设	2006—2013	26146	—	完成

续表

促进项目	推进时间	2014年投资情况	2015年投资计划	备注
大型海洋科学考察船建造	2010—2015	23760	31368	
极地和海洋科学研究	1994—2014	8500	-	
海洋调查装备检查认定中心运营	2011—	742	482	
水产研究设施、船舶和研究装备运营	1921—	24952	23601	
海洋韩国发展计划（KSGP）运营	2000—	4037	3717	
潮流、观测和实时海水运动信息提供系统建立	2003—2015	2100	2100	
定期轨道海洋卫星开发和利用研究	2003—2013	12582	27510	
国家海洋观测网建立和运营	2011—	3543	5000	
韩国海洋资料中心和实时沿岸信息系统运营	1981—	639	682	
综合海洋信息系统建立	2011—	1000	644	
海洋科学调查资料管理机关运营	2011—	50	50	
全球实时海洋观测信息中心建立	2011—2015	386	200	
水产科学信息服务和综合情况信息建立和运营	1982—	3104	3060	
西北太平洋保护实践计划（NOWPAP）促进	1995—	640	840	
东亚海洋环境管理合作机构（PEMSEA）联接强化	2000—	200	200	
韩中黄海环境共同调查	1997—	0	200	
黄海广阔海域生态系统保护计划	2000—	400	250	
气候变化对水产业的影响研究和应对战略制定	2010—	895	1548	
海洋科学国际研究计划	2008—	1648	1766	
国际海底地壳钻探计划（IODP）	2011—2018	2096	2200	
UN世界海洋环境评价（RP）积极应对			250	新定
海洋休闲运动市场培育	2000—	7230	7444	
海洋休闲运动促进基础建立和制度改善	2014—	20	20	
油轮产业推动计划	2012—	1200	800	
海水浴场利用环境先进化	2005—	-	300	
海洋旅游、休闲信息基础建立	2014—	100	200	
岛屿地区海上交通援助	持续	39317	49572	
为促进海洋旅游、休闲基础设施普及	2011—	24676	24040	
游轮港口等游轮基础设施建设	2012—2020	225879	258823	

续表

促进项目	推进时间	2014年投资情况	2015年投资计划	备注
沿岸装备产业促进	2000—	104389	99360	
美丽舒适港口亲水空间开发	2008—2021	11622	13858	
海洋闲置空间疗养地开发	2011—	12297	10954	
为增进海洋旅游活动的法律完善	持续	0	0	
海上王张保皋的重新审视和评价计划	2000—2020	402	333	
海洋教育文化培育	1999—	3384	1758	
国立海洋科学教育馆建立	2015—2019		4829	新定
东北亚海洋旅游休闲特区建立	2013—	8855	7500	
东亚贸易物流的市场信息DB建立和利用	2012—2013	150	200	
韩—ASEAN港口开发合作计划	2012—	600	1222	
韩中航路的稳定发展	2003—	—	—	
多者、两者间海洋合作强化	持续	100	120	
海外港口开发合作计划	2010—	4247	6247	
沿岸海运竞争力强化	持续	23500	25450	
沿岸船舶现代化金融援助	2013—2028	728	3993	
物流企业海外进军援助	持续	1219	1430	
船舶用油蒸汽回收设备技术开发	2010—2015	2170	—	
沿岸海运温室气体、能源目标管理制实行	2011—	299	200	
环保船舶开发和普及	2011—	6191	3138	
绿色港口建立	2011—2016	11977	9500	
港口腹地园区（自由贸易地区）促进	1990—		—	项目合并
Pentaport型大型集装箱中心港口建设（釜山港新港、光阳港开发）	1987—2020	235194	333434	
各圈域特色中心港开发	2000—2020	977125	1137282	
转口贸易中心港培育	2005—	0	0	
港口综合物流工业园区建设	2000—2020	66543	84573	
高附加价值港口腹地工业园区培育	持续	500	600	
东北亚石油中心计划援助（蔚山新港）	2011—2014	40158	72452	
韩中日交通物流部长会议	2012—	289	289	
港口和周边空间的有效开发和利用	2007—2020	300353	479085	

续表

促进项目	推进时间	2014年投资情况	2015年投资计划	备注
海洋休闲、运动码头基础设施建设	2010—2019	15048	13500	
港口触发规则扩大和需要监控系统建立	2012—2020	800	800	
港口劳务供需体系的商业化	2006—	377	205	
码头运营公司（TOC）成果评价促进	2011—	0	0	
新一代物流驳岸技术开发和产业培育	2008—	6400	8000	
港口与内陆联动运输网建立	2005—2016	1579	1500	
海运港口物流综合信息网建立			5000	新定
海洋技术人才供给稳定化	1978—	29927	35886	
船员福祉增加和工作条件改善	2012—	7665	4503	
独岛政策国民共识形成和独岛可持续利用基础建立	1997—	8178	11278	
无人岛的系统管理	2002—	850	850	
领海基点调查和管理系统建立	2009—2014	5250	5250	
韩国旅游海域地质构造和海洋地质调查	2007—2016	4288	4500	
国际海洋基本图绘制	1996—2017	11980	10980	
综合科学海洋基地建立和利用研究	1995—2013	16935	2500	
离於岛海洋科学基地加固	2011—	1500	1000	
海洋综合管理政策开发和国际海洋秩序应对体制建立	2002—	530	429	
为确保国际海上航路安全国家间合作强化	2012—	250	250	
与国家利益相关的海外海洋领土和水域守护能力强化	2012—	100	140	
海洋地名调查和宣传	持续	571	771	
韩美海洋科学技术强化	2000—2020	565	515	
海洋调查国家合作网络强化	2011—	1617	1817	
韩朝海洋港口合作的阶段性扩大	2002—	0	0	

环境部

促进项目	推进时间	2014年投资情况	2015年投资计划	备注
总计（5项）		535914	492479	
沿岸地区废水终端处理设施建设计划	1998—	76522	72084	
沿岸地区粪尿处理设施	1992—	15939	9126	
沿岸地区家畜粪尿公共处理设施扩建	2001—	52785	30417	
为减少陆地污染源扩建下水终端处理设施	1992—	361090	369504	
沿岸垃圾填埋焚毁设施安置	1988—	29578	11348	

国民安全处

促进项目	推进时间	2014年投资情况	2015年投资计划	备注
总计（7项）		234446	281622	
石油污染事故应对防治能力提高	2006—	2703	5803	
海上船舶交通管制系统（VTS）覆盖区域扩大	2014	37	－	完成
为系统管理广阔海域海洋警察力量强化	1999—2018	90665	122366	
通过落后舰艇换代强化海洋治安力量	2003—2019	134300	143866	
沿岸海域搜索救助力量提高（Blue Guard）	2007—2030	3818	5212	
海上船舶交通管制（VTS）系统国产化促进	2010—2016	2500	4375	
民间参与海洋环境保护项目开发和运营	2009—	423	－	完成

行政自治部

促进项目	推进时间	2014年投资情况	2015年投资计划	备注
总计（1项）		192769	176867	
岛屿综合开发	2008—2017	192769	176867	

文化体育观光部

促进项目	推进时间	2014年投资情况	2015年投资计划	备注
总计（3项）		62446	67036	
东海岸广域旅游开发计划	2009—2018	11064	8744	
西海岸广域旅游开发计划	2008—2017	14212	16964	
南海岸旅游产业集群形成	2010—2017	37170	41328	

气象厅

促进项目	推进时间	2014年投资情况	2015年投资计划	备注
总计（2项）		10100	13464	
东海洋气象资料收集和预报体系改善	2009—	1193	1132	
海洋气象观测网扩建	1996—	8907	12332	

国防部

促进项目	推进时间	2014年投资情况	2015年投资计划	备注
总计（2项）		6842	6842	
朝鲜半岛周边海域海洋特性调查	1990—	6842	6842	
周边国家海洋安全合作强化	持续	0	0	

未来创造科学部

促进项目	推进时间	2014年投资情况	2015年投资计划	备注
总计（2项）		6898	5703	
天然气水合物探测和开发研究	2005—	5700	4400	
海底地质图绘制	1980—	1198	1303	

国土交通部

促进项目	推进时间	2014年投资情况	2015年投资计划	备注
总计（2项）		1720	1600	
海洋骨料资源调查	1993—2020	1700	1580	
韩中海陆复合货物汽车运输	2012—	20	20	

雇佣劳动部

促进项目	推进时间	2014年投资情况	2015年投资计划	备注
总计（1项）		300	300	
海洋休闲运动专门人才培养	2012—	300	300	

二、韩国海洋科学技术开发

（一）未来海洋资源开发技术

近年来，在对鱼类和石油等传统海洋资源进行开发的同时，为了获取丰富多样的海洋资源，韩国政府着重加强以科技为基础的未来海洋资源的开发。

1. 未来海洋矿物资源利用技术开发

韩国政府为解决资源短缺问题，确保主要金属资源长期稳定供给，从20世纪90年代中期开始对深海锰结核进行勘探与技术开发。2014年6—9月，韩国对东北太平洋C-C海域的锰结核矿区进行探测，获取精密地形资料和环境资料。10月，完成冶炼综合系统地连续启动。2015年，在已获取资料基础上，绘制采矿图，建立数据库，连续启动冶炼综合系统，实施年 300 万吨规模的冶炼工程基本计划。韩国积极对西南太平洋和印度洋海洋矿物资源进行开发，2014 年 6 月，韩国与国际海底管理局（ISA）缔结《印度洋公海海底热水矿床开发探测条约》，获得印度洋公海上 10000 平方千米的海底热液矿床独家勘探权。

韩国政府加强对天然气水合物的勘探和开发，2015 年，在地球物理领域，韩国将对郁陵盆地地球物理和地质现场调查资料进行综合整理，对地球物理和地质研究结果进行综合评价，出版成果报告书。在环境影响分析领域，对基础环境调查和环境模拟进行综合分析，依据基础天然气水合物钻探进行环境影响现场调查和分析，设计环境监控系统，制订推进计划。在开发生产领域，进行天然气水合物生产技术现场模拟准备，对基础工程设计、计算机模拟结果以及天然气水合物开发综合技术做出评价。

在国际合作方面，韩国持续促进美韩共同研究。从 20 世纪 90 年代中期开始，韩国政府制订海洋骨材资源调查计划。2004 年 12 月 31 日，韩国政府修订《骨材开采法》，实现国土交通部骨材资源调查一元化管理。2014 年，韩国政府对陆地 9 个市、郡和仁川、忠南沿岸海域（108 矿区约 291 平方千米）的骨材资源进行调查。2015 年，韩国政府对陆地 7 个市、郡进行调查，为确保品质优良的海洋骨材资源，韩国政府对仁川仙甲、白鹅海域（100 矿区约 270 平方千米）的骨材资源进行调查。

2. 海洋水资源利用技术开发

韩国政府加大对海洋深层水利用新产业技术的开发。海水中富含锂、镁、铀、硼等大量溶存资源，为缓解陆地矿物资源的短缺，韩国政府从 2000 年开始制订《海洋溶存资源提取技术开发计划》，2014 年，韩国政府开发海洋锂开采成套设备和陆地碳酸锂制造系统相连接的集成工程系统，建立每年 30 吨以上高纯度碳酸锂（99.5% 以上）制造工艺系统，开发海洋溶存矿物质提取和环保原材料制造集成工程系统,并不断加以改善以实现系统最优化。2015年,韩国政府继续开发提高海洋溶存锂提取吸附剂性能的技术,设计高效率锂吸附和脱附系统,研究能源低耗型高纯度碳酸锂制造技术。

韩国政府从2011年起利用天然气水合物形成原理开发海水淡化技术,2014年,韩国政府利用天然气水合物形成和分离原理设计和制作每天1吨规模的海水淡化集成工程系统,开发海水淡化前处理和后处理工程。2015年,韩国政府继续对每天1吨规模的海水淡水化集成系统进行试运转和性能改善研究,通过试运转监控其性能,形成数据库。韩国政府通过技术研发提高天然气水合物生成速度,设计高效天然气水合物脱水装置和分离装置,争取开发出每日2吨的海水淡水化集成工程系统。2015年,韩国政府投入5亿韩元,开发海洋深层水矿物质提取技术,包括开发海洋深层水浓缩技术和有用物质精制技术,设计水质安全性监控系统。研究海洋深层水处理技术和对人体的有效成分,开发海洋深层水产业适用技术和浓缩矿物质供给技术,研究海洋深层水处理技术的安全性,并开发认证体系。

3. 海洋生物工程技术开发

为了扩大能源来源,韩国政府于2004年开始加强海洋生物工程技术的开发和产业培育,2014年韩国与印度马德拉斯大学签订备忘录,利用网络平台扩大国际合作研究,开展基础设施扩建,运用海洋生物资源综合信息系统实现生物资源信息化,开发海洋水产生物新材料制造技术,持续推动建立海洋生物资源保护和利用的基础。为了建立海洋水产生物基因组研究基础,韩国解读海洋生物基因组,选定生物种类目录,分析研究对象群落,对其在韩国分布地区和栖息地进行调查,收集分类群落基因组的大小和特定信息,设立国家海洋水产生物基因组信息中心。2015年,韩国政府计划对海洋生物基因组复杂程度进行调查,发掘和解读海洋水产生物基因组,建立海洋水产生物基因组信息数据库系统,召开国际讨论会,提高基因组研究力量，促进国际合作研究。韩国推进对海洋生物进行调查的计划，2014年12月，韩国确定海洋生物资源保护计划和调查方针，组成专家委员会，制定《关于海洋生物资源的保护、管理和利用的法律》试行方案。2015年，韩国确立海洋生物资源分阶段保护计划和战略。

韩国政府从2012年开始制订《开发水产生物工程产业化技术的计划》，2014年，韩国政府建立基因组解读研究和利用系统，开发主要水产生物原产地识别标志。2015年，韩国利用水产生物资源开发酶制剂和天然抗菌剂，开发转基因鱼类安全管理技术。韩国政府于2012年开始制订《种子产业培育和战略品种开发技术的计划》，扩大优良种子的普及，运营各类品目种子普及中心，开发优秀种子以应对未来对种子的需要。2015年韩国计划研究鲶鱼、香鱼的品种改良，开发鳗鱼人工种苗培育技术，开发鳗鱼综合饲料，监控综合管理示范渔场，实现养殖场的科学化管理。韩国积极开发环保高附加值养殖技术，2014年，韩国重点关注生态综合养殖（IMTA）技术，利用微生物净化养殖场水中污染物质，研究将污染物质转化为食用氨基酸的养殖技术等等。2015年，韩国加强特定海域生态综合养殖系统技术开发，开发海水循环过滤养殖系统，开展海产虾类和淡水生物养殖技术多样化研究。

4. 绿色海洋能源资源技术开发

韩国政府为了提高能源自给程度，根据《联合国气候变化框架公约》全面控制二氧化碳等温室气体排放的规定，从2000年开始积极利用潮流、波浪等海洋清洁能源，加大投入开发海洋能源实用化技术，以应对全球气候变暖给人类经济和社会带来的不利影响。2014年11月，500KW级的济州实验发电站竣工，当初计划在2014年8月竣工，但是由于气象恶化（台风、梅雨等）使工程延期3个月。2014年韩国还完成了主动控制型潮流发电系统模型试验和浮游式波浪——海上风力综合发电系统的概念设计。2015年，500KW级的济州实验发电站投入试运转,韩国完成了200KW主动控制型潮流发电系统(涡轮机、电力转换器、发动机等)计划,制订了潮流发电地质构造物设计和施工计划,设计了10MW级浮游式波浪—海上风力综合发电系统标准模型。

2010年韩国政府就制订了《开发海洋深层水能源和产业援助技术计划》,2014年已进行20KW低温度差指示发电设备试运转和性能改善研究、200KW高温度差发电设备设计和安装、1MW海水温度差发电设备概念设计。2015年,韩国政府开展了200KW高温度差发电设备试运转和性能改善研究,完成1MW海水温度差发电设备详细设计。从2011年开始,韩国政府制订并推动《国家海洋能源资源丰裕度研发计划》,2014年,韩国制作了西南海岸(群山—新安—丽水)高分辨率二维潮流模型,测算西海岸(京畿湾—全北沿岸)潜在潮流能源数量。2015年测算西南海岸(群山—新安—丽水)潜在潮流能源数量,制作东南海岸(丽水—釜山)高分辨率二维潮流模型。韩国还加强海洋能源专门人才培养,于2009年制订人才培养计划,通过执行海洋能源领域的产、学、研型教育计划,培养海洋能源产业界和研究界所急需的综合人才。政府推动支助海洋能源领域硕士、博士研究生的研发计划,通过产、学、研实习为主的教育和训练,培养海洋设备服务产业所必要的专门人才。

(二)海洋产业核心技术开发

1. 尖端造船技术开发

韩国海洋水产部从2011年开始推进《多目标功能型无人船国产化项目》,2014年,韩国在世界上最早成功完成三个障碍物同时接近时冲突回避试验,制作海洋调查系统(雷达、热成像摄像机)试验装置和三维航运控制软件。10月,韩国在第一次国际自由无人船竞赛中获得亚军。2015年,韩国计划推动无人船平台性能高端化

（改善流体性能等），开发无人船以执行任务（例如，海洋监控等）为基础的自由航行技术，开发海洋调查和监控（雷达、热成像远距离监控）系统，开发多重传感器障碍物探测和追踪技术。

2015年，韩国海洋水产部投入8亿韩元积极支持无人机、自律行走车辆、无人水上艇、无人潜水艇等多种无人移动体综合利用系统的开发。2015年，开发无人系统分工合作利用技术，研究无人船、无人机分工合作利用最优化技术，研究无人船、无人机实时信息交换与综合技术。为了利用海洋无人系统，韩国开展基础设施建设技术的研究，包括对无人船认证标准和航运规定的研究、以及对通信基础设施的基本研究。

2. 海洋工程产业技术开发

韩国政府开发未来海洋产业技术。为了创造未来海洋新产业，开发高附加价值实用化产业技术，韩国海洋水产部从2008年开始以项目的形式援助海洋水产中小企业和中间企业。2014年韩国政府新受理87个项目申请（未来海洋54个，中小风险33个），其中15个（未来海洋7个，中小风险8个）项目获得援助。2014年，政府对在研的16个项目（未来海洋4个，中小风险12个）一年的成果和下一年度计划进行评估，决定是否继续进行援助。评估结果是继续对16个项目进行援助，对其中2个项目预算进行调整。韩国政府对已经完成的20个（未来海洋9个，中小风险11个）研究成果进行评估，判断项目援助是成功还是失败，其中19个项目成功结项，1个项目失败。2014年，中小企业国内外专利申请和版权登记数量共33件，国内专利申请16件，版权登记12件，国外专利申请4件，版权登记1件。技术实施合同共7件，通过缔结实施合同实现的技术产业化创造了32亿韩元的销售额。2015年1月，韩国海洋水产部发布关于《未来海洋产业技术开发产业促进计划（草案）》制订和新定项目的公告。6月，选定未来海洋产业技术开发产业的在研项目并缔结协定。2015年，韩国政府还将对未来海洋产业技术开发产业的在研项目和完成项目进行评价和管理。

韩国政府开发环保尖端港口技术。为推动港口建设和海运物流产业的发展，确保国家竞争力，韩国政府从1998年开始计划对港口和海运物流进行改进和完善，开发产业升级技术。2014年，韩国设计了可移动墙体主体平台装置用于港口设施检修，设计和建造有缆遥控机器人（ROV）平台，开发水中建筑物损伤的外观识别和损伤探测技法，建立地震海啸和台风海啸等灾害信息系统，在南海岸6个港口绘制浸水预想区域图和灾害信息图，研究港口设计标准改善方案，进行直立式月波浪分析，根据开孔沉箱有水室的水进行波压分析，研究曲面区间包壳的稳定性。为建立以普适技术为基础的海运物流体系，开发海运物流安全检查装置（三维固定式集装箱安检仪），开发具有世界最高性能的4S海上VHF数字通信技术，开发低碳自动化集装箱终端，分析和设计低碳终端物流系统，为开发模拟装置模型提供设计援助。2015年，韩国计划支助港口建设技术升级1件，约5亿韩元，应对气候变化的安全港口建设3件，约20亿韩元，低碳绿色港口2件，约22.5亿韩元，海运物流技术开发1件，约80亿韩元。[①]

韩国政府开发环保高效渔具和自动化技术。韩国政府从2007年开始开发环保高效渔具和自动化技术，2014年，韩国开发2种刺网、2种鱼笼、1种养殖材料等环保渔具材料，建立固定网鱼群信息传输网络系统，并申请了一项热处理工程技术的专利。2015年，韩国政府开发绿色生物可分解性水产材料和渔具渔法（专利申请2件，登记2件），研究LED/IT融合系统，开发固定网渔业远距离监控系统，研究针对西海岸强风的渔具的适航能力，开发拉网渔具的混获消减技术。

[①] 韩国海洋水产部等10个部门：《2015年海洋水产发展实行计划》，2015年5月，第190页。

韩国政府开发海洋碳收集与封存技术。为了减少大量温室气体，韩国政府于2005年开始开发将二氧化碳收集、运输、储存至海洋沉积层的技术。2014年，韩国政府建成将二氧化碳收集与封存至海洋的基础设施，为防止二氧化碳泄漏，实现安全管理，韩国政府发布了环境评价指南。在郁陵盆地周边大陆架确定8个储存结构，并出版海洋封存地地图，完成二氧化碳海洋封存候补地点的钻探计划。韩国还发布了环境评价指南，以防止二氧化碳泄漏，实现安全管理。

韩国政府开发水中广域移动通信系统。韩国政府于2012年开始积极开发水中自由信息交换和陆上可远程控制的高速、长距离水中移动通信网络。2014年，韩国海洋水产部开发建立低频波段模型技术，制作长距离水中通信模型，详细设计长距离网络协议等等。2015年，韩国海洋水产部计划完成长距离水中通信模型性能测定，提高长距离通信模型信号处理性能，力求保持性能稳定。为构建水中通信环境，韩国还设计和开发安全协议、安全模块、密码模块、综合安全模块，开展国内水中音像通信模型/网络技术标准化活动。

韩国政府开发多关节复合移动海底机器人。为对韩国近海环境和大洋深海进行精密近距离探测，韩国政府于2010开始开发多关节复合移动海底机器人。2014年，韩国政府通过水槽实验完成性能测试，验证尖端化步行和姿态控制算法，验证潮流中步行和姿态控制性能，并对"世越"号沉船事故海域进行现场援助（从2014年4月12日至5月20日共30天），总共下水13次，在水中停留15小时36分，在海底停留11小时21分，在海底获得"世越"号船体音像视频。2015年，韩国政府建成多关节机器人复合移动运营体系，制作用于在沉积层步行的脚尖，设计用于行走的腿部形象，制作独立电力供给装置和系统融入，通过实际海洋试验提高技能，包括步行、超音波装置主系统内压试验，水槽试验（水中行走试验和水中复合移动功能试验）。

3. 海洋运输安全援助技术开发

2014年11月,韩国通过关于e-Navigation的研究开发与基础设施建设事前可行性调查,海洋水产部计划从2016年开始进行e-Navigation技术开发。2015年,韩国对e-Navigation中心实现信息共享、系统地对超高速海上无线通信(LTE-M)、数字海上无线通信系统进行研究,实现国家各部门与海上安全管理系统的海洋安全信息共享,建立和运营地区e-Navigation中心,建立海事云计算等信息系统,分析全国沿岸信息传送环境,在此基础上制订基站部署计划、中央网络设置、灾难网络共享计划,研究开发e-Navigation核心技术。例如,开发海事云计算的国际利用标准、e-Navigation信息保护系统技术、电子海图标准(S-100)和事故易发船只使用的e-Navigation核心技术。为建立海上超高速无线通信(LTE-M)技术开发,制订LTE-M基站部署计划,研发海上传送模式,分析通信可能范围,开发试验用船舶中转器(路由器),制订国家灾难安全网(PPDR)示范计划,推动相关的超高速海事无线通信系统(LTE-M)示范运营和系统检验。

韩国政府于2010年5月开始由国民安全处负责推进《海上交通管理系统(VTS)国产化计划》。2014年,韩国推进多重雷达船舶追踪、观察设备中心融合、航海援助、综合信息系统国产化等计划,开发各种VTS系统间的联动、船舶之间避碰分析、运用CCTV影像追踪系统等新技术,并将已开发的产品安置在控制中心,对其安全性和适用性进行测试,改善其性能。2015年,韩国计划开发雷达信号处理和追踪系统、主管机关VTS运用计划系统、航海信息提供系统、多种传感器信息融合处理系统、控制信息记录再生技术系统等五个核心系统,实现相互联接,建立和运行试验网(Test-Bed)。2015年6月,韩国为了验证研究成果开展民官联动试验网的预演和检查,开发船舶追踪处理速度高速化和航路偏离监控、威胁分析功能,还开发CCTV融合功能和储存控制信息高速再生技术。

(三) 海洋环境保护和探测核心技术开发

1. 沿岸环境和生态系统的保护与重建

随着气候变化和人类活动的增加，海洋水产灾害频繁发生，韩国政府于1997年制订减少灾害的应对技术开发计划。2014年，韩国利用人工卫星手段进行赤潮早期探知和预测，研究适合养殖场的赤潮灾害治理方案，评估新的赤潮治理物质（四种）的适用性和生态系统危害性。2015年，韩国通过综合信息部门向国民及时提供信息，开展养殖场减少赤潮灾害的研究，绿色治理物质实用化基础研究，建立赤潮、放射能监控体系，实现韩国沿近海灾害监控。

韩国政府从2006年开始建立废物排向海洋信息管理系统，通过网络加强对废物的产生、运输、排放的确认和管理，以防止废物的非法处理。2014年前，海洋警察厅负责管理废物排放监管业务预算，2015年开始，这一业务预算正式转给海洋水产部。2014年，韩国主要是对废物排放信息管理系统进行定期检查和维护，出现障碍时及时应对和修复。2015年，韩国政府继续对系统进行定期检修，维护的对象主要是硬件2种12处，开发软件6种21处。

2. 气候变化预测和应对技术

韩国政府从2005年开始建立异常海洋现象监测系统，建立同时对主要海水浴场的波高、海流、气象进行监控的观测系统，以及对离岸流事前监控、预测、警报的系统。为了在海水浴时期（6月—9月）保证游客的安全，韩国政府在海云台和大川等海水浴场实时对离岸流进行监控，在中文海水浴场设置了观测浮标以观测离岸流。韩国政府于2012年开始建立沿岸事故多发地区海洋异常现象的监测系统，以及资料传送和分析系统，有效率地提供分析结果，制定减少沿岸灾害的方案。2014年，韩国政府为了掌握东海岸异常高波特性，对实时传送资料和数据模型进行分析，改善运算方法以提高正确度。

韩国政府从2010年加大气候变化对水产业影响研究，并制定应对方案。2014年，韩国政府开发气候变化对水中生态系统结构的影响和预测技术，掌握台湾暖流影响下的水中生态系统结构和变化图，建立朝鲜半岛周边海域短期海况变动再现和预测系统，开展朝鲜半岛周边海域长期海况变动再现和预测系统研究，2014年完成90%，分析伴随气候变化异常海况发生的原因以及对生物的影响，掌握冷水带海域生态环境变动。2015年，韩国政府对对马暖流朝鲜半岛沿岸地区水中生态系统结构的影响及变化图进行分析，对主要洄游性鱼类影响产卵特性和体长依存性进行分析，再现和预测朝鲜半岛周边海域长、短期海况变动，通过分析IPCC AR5气候预测模型资料，掌握朝鲜半岛周边海域渔场环境变动状况，研究气候变化对水产领域的影响和脆弱性评估。

3. 海洋观测资料的综合管理和预报

韩国政府从20世纪90年代起对朝鲜半岛周边海域海洋特性进行调查。2014年3至12月，韩国启动沿岸海洋物理特性调查、进行三维地形信息分析系统、航空和海洋气象预报模型等十五项开发与研究，2015年韩国继续推进沿岸海洋物理特性调查、进行航空和海洋气象预报模型等十二项开发与研究。

韩国政府从2000年开始进行沿岸海流调查，2014年，对釜山—济州、蔚山—东海港等沿岸地区按季节（3月、8月、11月）进行海洋观测，还开展海流观测和定点观测（33个横贯线，214个定点），进行"独岛"周边海流观测。由于"世越"号事故的紧急搜救援助5月未对海洋进行观测。2015年，韩国继续对沿岸地区（朝鲜海峡、济州海峡、蔚山—东海港）按季节（3月、5月、8月、11月）进行海洋观测，继续进行"独岛"周边海流观测。

韩国政府从20世纪80年代开启绘制海底地质图的计划，2014年，韩国完成"独岛"南部海域第二次年度调查（物理探测1353L-km，地质标本74份），绘制海底地质图第22辑的7个图，即海底地形图、表层沉积物平均粒度分布图、表层沉积物类型分布图、海底声速分布图、沉积层等层厚图、磁力异常图、重力异常图。完成海底地质图第7辑和第8辑原版图的数字化。2015年计划出版"独岛"南部海域调查完成后海底地质图第22辑，海底地质图第9辑和第10辑原版图数字化。

韩国气象厅从2009年开始实施海洋气象资料收集和预报系统改善计划，建立实时全球海洋监测网，开发和改善海洋领域数值预报模型，提高气象和海洋预测技术。2014年，韩国开展全球和地区海洋环境监视、观测和变动性研究，通过参与国际共同研究实时传递全球海洋观测材料，建立东北亚海洋循环预测系统验证体系，利用数值模型资料分析朝鲜半岛周边海洋气象特征，为开发新一代海洋循环预测系统奠定基础，分析海洋与大气相互作用效果对全球海洋循环预测的影响，开发对全球海洋预测资料的分析和监测系统。2015年，韩国仍重点对全球和地区海洋环境监测和变动性进行研究，研究气象厅的海洋气象预测改善方案。

韩国政府从2013年10月开始着手建立海洋预报系统，2014年，建立精密格子海上气象和海洋预报模型资料输入运营系统，建立精密格子沿岸海上状况和三维海洋循环预测系统，建立海洋信息传递系统。2015年，韩国政府继续建立精密格子海上气象和海洋预报模型资料输入运用系统，建立精密格子沿岸海上状况和三维海洋循环预测系统，综合利用系统的运营和改善，为地方相关业务机关提供援助。

韩国从2015年至2019年计划制订建立海洋预报服务基础设施。2015年扩建仁川港、大山港、釜山新港等港口安全海洋信息提供系统，开发生活海洋预报指数（海水浴指数、滩涂体验指数、钓鱼指数、潜水指数）、船舶航运指数、港口海洋威胁指数，制作表示海洋预报指数的海洋预报图，提供海洋预报服务。

韩国政府于2011年5月起对西部海域沿岸地质威胁要素进行研究，2014年，掌握忠南保宁沿岸地质威胁要素，绘制成地图，建立数据库，分析忠南保宁周边的地质构造。2015年，韩国政府计划掌握忠南泰安沿岸地质威胁要素，制成地图，建立数据库，掌握忠南泰安地震特性、海底地质和地球物理特性。

为了预测未来环境变化，为海洋领土管理提供科学依据，2011年6月，韩国政府计划进行"东海"（朝鲜半岛东部海域）时间序列观测和生态环境判断。2014年，韩国政府运用"东海"全域综合时间序列观察网研究海洋生态系统结构，实现"东海"全域国际共同观测（韩—俄、韩—日），开展韩国与保加利亚国际共同研究（"东海"、黑海比较研究，IOC合作计划）。2015年，韩国政府继续运用"东海"时间序列观测网，建立国际合作网络，跨学科开展海洋问题研究。

（四）强化海洋科学技术开发力量

1. 扩充海洋科学技术研究基础

韩国政府从1998年开始进行海洋调查船建造和运营计划，渐次替换船龄超过20年的中小型落后船舶（6艘），1998年到2009年，韩国完成对"大海"1号、"东海"号、"黄海"号、"大海"2号的替代建造，2009年完成"大海"5号（180吨级）的替代建造设计。2014年，韩国完成"大海"5号替代建造，推进"南海"号（50吨级）建造。2015年5月，韩国完成"南海"号替代建造。根据海洋科学基地管理需要，韩国积极建造新的专用船，2010年至2011年，建造完成海洋观测基地管理专用船"海洋世界"号，通过建造最尖端的海洋调查船（5000吨级）强化管辖海域海洋调查力量。为改变"海洋2000"号（1995年建造，2500吨）的落后现状，韩国计划于2016年开始推进大型海洋调查船的替代建造。

韩国政府计划从2010年至2015年建成一艘5000吨级大型海洋科学调查船，2014年4月，进行钢材切割，2014年4月至12月，完成切块加工、组装、装饰等程序，2014年10月，铺设龙骨。2015年1月至4月，调查船建造完成，5月，调查船下水，进行船舶命名仪式和进水仪式，6月至11月，进行海上试运行和船速、转弯能力等项目的测试，12月，调查船在印度海洋（水深6000米以上）试运行，之后计划到达菲律宾海域进行试运行，2016年7月，调查船开始正式投入工作。

韩国政府从1994年开始推进极地和大洋科学研究，2011年11月至2015年11月，开展《两极海环境变化认知和利用研究计划》和《两极海未来资源勘探和利用技术开发计划》。2014年开始，韩国政府开展《张保皋基地周边冰圈变化判断、原因分析、预测研究》和《南极冰圈维多利亚陆地地壳变化和行星形成研究》，还开展了北极楚科奇海1-3、东西伯利亚海1-1、白令海1-1、波弗特海1-2等海域环境调查（总共32个定点地区）和海底环境调查，建立南极罗斯海海洋生物共同研究基地合作体系，对张保皋基地周边冰下变动进行观测，在北维多利亚陆地NVL1地区建设基地营，获取基础地质信息。2015年，韩国主要任务是调查南极罗斯海1-2海域海洋环境特性，并绘制环境图，探查南、北两极海洋生物的由来和代谢产物利用价值，扩大张保皋基地北部陆上和罗斯海观测范围，查明冰圈变化原因，收集维多利亚陆地地质信息，确保分析地壳和宇宙物质的技术基础。

韩国为确保国家海洋调查资料的可信性，从2011年开始，运营海洋调查装备检查认定中心，2014年，韩国建立牵引电车自动加减速、位置控制和实验资料存储系统，2015年，海洋调查装备检查认定中心计划增强水槽设施功能，建造人造波浪生成器。

韩国政府还加强对水产研究设施、船舶和研究装备管理。2014年12月，养殖生物研究设施扩建工程竣工，投入82亿韩元，建设面积2550平方米。韩国政府还推动加固办公大楼和研究室等的工程，投入2.9亿韩元改善水产科学馆环境，计划运行船舶1808天，实际运行1870天，增加63天。2015年，韩国投入87亿韩元促进史料研究中心增建工程，加强对办公大楼和研究室的维修，打造安全愉快的工作环境，有效管理和运营11艘实验调查船，提高调查效率，2015年4月，韩国探索21号（990吨级）竣工，6月下水，正式开始投入调查工作。

2. 实施海洋韩国发展计划

韩国从2000年开始实施《海洋韩国发展计划（KSGP）》，2014年，韩国在庆南、湖南、京畿、庆北、济州、忠清6个地区新设中心，推进《Sea Grant 计划》，将政府出资的10%以上投入到研究生为主的项目，开展共同研究、人才交流、召开研讨会等地区产、学、研活动49次。2015年，韩国以7个地区中心为主发掘各地区海洋和水产项目，为培养海洋专门人才将研究生主导的项目经费增加至12%，《海洋韩国发展计划》每周组织活动，强化产、学、研、NGO合作网络化，发行《海洋韩国发展计划》成果白皮书，确立中长期发展方向。

3. 建立国家海洋观测网

为了观测朝鲜半岛周边海洋气候变化和海洋环境平时观测，韩国海洋水产部从2007年至2019年开展同步海洋卫星开发和利用研究。2014年，通过卫星影像分析，发现赤潮、海洋投弃等海洋异常现象，并提供解决问题的援助，开发千里眼海洋观测卫星资料处理系统VER.1.3，完成同步复合卫星海洋搭载体初步设计讨论。2015年，韩国政府完成同步复合卫星海洋搭载体详细设计讨论，着手开发海洋搭载体综合资料处理系统，通过改善卫星资料的品质提高正确度，开展同步卫星资料利用研究。

韩国海洋水产部从2003年开始建立潮流观测和实时海水流动信息提供系统，以保障船舶的安全行使，预防海洋污染，促进旅游和休闲活动，在海难事故发生时为开展搜索和救助工作提供准确的实时海水流动信息。2014年，韩国政府建立光阳港和京畿湾海平面观测系统（HF-Radar），对木浦、珍岛、济州岛等附近海域进行潮流观测（21处）。2015年，韩国政府建立仁川港和大山港等海平面观测系统（HF-Radar），持续运营巨济—釜山等海平面观测系统。

为了强化海洋气象观测服务，韩国海洋气象厅从1996年开始建立并扩充海洋气象观测网。2014年，韩国气象厅扩充海洋气象观测网，9月，引进10台漂流浮标，12月，设立2处波高浮标，1处沿岸防灾观测装备，替换2处船舶气象观测装备。运营气象观测船"气象1号"，对台风、暴雨、暴雪、大浪等危险天气现象进行事前观测和集中观测，提高海洋气象观测能力，强化服务，扩大海洋水产部、国立海洋调查院、国立公园管理工团等有关机构观测资料的共享（2013年105处扩大至2014年137处），扩大离岸流预测服务（从1处扩大至3处），为进行管理渔场和应对赤潮，提供海洋环境预测信息（国立水产科学院），海洋气象播送从以文字为主向图像形态转化，播送次数从每日69回扩大至85回。2015年，韩国将海洋气象浮标从11台扩大至17台，波高浮标从43台扩大至47台，船舶气象观测装备从10台扩大至12台。为有效监测海水雾气建立相关机构的合议机构，强化观测资料共同利用系统，2月，开展相关机构现状调查，9月，建立合议机构，12月，实现系统联接。强化对海洋危险气象的监视和预测服务，提供区分风浪和大浪的预测信息，扩大离岸流预报的对象海域。

韩国政府从2011年开始建立和运营国家海洋观测网，2014年，增设京畿湾海域和光阳港海洋观测浮标、广域海水流动观测所，管理和运营95处国家海洋观测网。2015年，增设仁川港和大山港等海水流动观测所和釜山港等海洋观测浮标，管理和运营110处国家海洋观测网。

4. 建立海洋科学信息网络

韩国政府从20世纪80年代开始建立和运营韩国海洋资料中心和实时渔场信息系统。2014年，韩国政府运营韩国海洋资料中心和实时渔场信息系统。2015年，韩国政府计划设立和运营海洋水产科学资料中心，为统计厅提供韩国近海海洋调查资料，充实国家统计资料，引进 IOC/IODE 海洋数据门户，运营国家信息网数据节点，完善韩国海洋资料中心首页，促进原数据标准化，出版海洋调查年报和期刊"KODC NewsLetter"，通过实时资料综合分析海洋生物大量死亡的原因，分析实时渔场环境系统观测资料，准备异常海域状况应对资料等等。

韩国政府从2001年起建立综合海洋信息系统，2014年，韩国政府建立海洋空间信息空间数据库，开发海洋调查信息流通平台，实现服务窗口一元化，开发海洋空间信息专用查看器，示范开发海洋调查船调查资料实时传送系统。2015年，韩国政府计划实现海洋信息查看器高端化，建立调查船测量资料在线传送系统，为实现海洋信息服务一元化，建立流通平台。

2009年7月22日，韩国政府根据海洋科学调查法第22条，指定国立海洋调查院为海洋科学调查资料管理机关，综合搜集国家海洋资料，进行储存管理，利用新技术加工处理，建立为相关机构和国内外提供服务的国家海洋信息中心。2014年，韩国搜集2013年度海洋科学调查资料目录，升级国家海洋信息中心网页，实现海洋相关调查、研究动向、资料的分析结果和研究成果共享，出版海洋观测 News Letter，2014年3月，加入西太平洋地区海洋资料和信息网络。2015年，搜集2014年度海洋科学调查资料，改善国家海洋信息中心网页，2015年6月17日—26日，参加政府间海洋学委员会（IOC）第28次大会和第48次执行理事会。

韩国政府从2011年开始建立全球实时海洋观测信息中心，2014年，韩国政府改善海洋观测资料数据库的储存空间，改善国家海洋观测网资料服务系统，研究地球观测组织（GEO）门户和地区综合观测系统公共基础设施（GCI）的利用方案，分析蓝色星球计划，制作用于对外宣传和教育的资料。2015年，韩国政府强化了实时海洋观测信息系统信息的综合性，改善其功能，随着信息流通环境的变化探索海洋观测信息服务的战略方案。

韩国国立水产科学院提供水产科学信息和综合情况信息服务，2014年，韩国政府改善了水产研究统计系统，实现生物资源和GIS信息系统高端化。2015年，韩国政府运营水产研究信息系统，支持行政信息化，推进海洋调查资料GIS综合分析系统、新一代卫星（NPP）、赤潮资料监测等水产研究信息系统高端化，推动沿近海和远洋渔业资源管理高端化、水产生物资源信息系统高端化、开发复合肥、复合饲料项目等水产研究行政援助体制高端化，实现水产用、动物用医药品管理信息化。

5. 促进国际共同研究

为了谋求与西北太平洋海域邻近国家（中、韩、日、俄）在海洋和沿岸的环境保护与可持续开发方面进行合作，韩国从20世纪90年代中期开始参与《西北太平洋海洋和沿岸地区环境保护、管理和开发的行动计划》，简称《西北太平洋行动计划（NOWPAP）》。2014年4月8日—9日，西北太平洋行动计划临时政府间会议在首尔召开，9月25—26日，韩国开展《西北太平洋海洋垃圾行动计划（RAP MALI）》《国际海滩清洁活动（ICC：International Coastal Cleanup）》，10月20日—22日，西北太平洋行动计划在莫斯科召开第19次政府间会议和20周年纪念研讨会。2015年4月，秘书局为了讨论结构调整问题召开第二次临时政府间会议，3月—9月，召开地区活动中心（RACs）联络官和专家会议，10月，在中国召开第20次政府间会议。

为了保护东亚海域的生态系统，可持续利用沿岸和海洋资源，韩国从20世纪90年代中期开始加强与东亚海洋环境管理合作机构

(PEMSEA)的联系。2014年12月，韩国海洋水产部与东亚海洋环境管理合作机构直接签订费用分摊协议（CSA）。2014年3月和6月，韩国参加东亚海洋环境管理合作机构执行委员会特别大会，讨论东亚海洋环境管理合作机构的体制转换问题。2015年11月，韩国参加在越南岘港市举行的第五次东亚海洋会议。韩国还与东亚海洋环境管理合作机构讨论韩国公务员进入秘书局的问题。

从1997年开始，韩国政府计划通过中韩两国对黄海环境的共同调查建立中韩海洋环境合作的基础，1997年对15处开展19个项目的调查，2008年对40处开展43个项目的调查。2014年4月，韩国政府为了开展中韩黄海海洋环境共同调查，召开工作人员会议，就重新开启调查进行协商。中韩黄海合作共同委员会为开展调查与联络机构实现信息共享。2015年11月，为开展共同调查和共同分析加强科学家之间的交流。

韩国政府为了禁止资源滥采、过度沿岸开发、防治污染、保护黄海广域生态系统，从2000年开始制订了《黄海广域海洋生态系统（YSLME）保护计划》。2014年6月，韩国出台《第二期黄海广域海洋生态系统计划书》。2014年8月，为促进《黄海广域海洋生态系统保护计划》第二期工作，韩国政府召开国内相关人员工作会议，10月，韩国政府召开国内专家工作会议。11月，为促进第二期工作召开相关国际机构会议。2015年3月，为促进第二期工作在韩国建立秘书局，韩国政府全年推动国家项目协调员和国家专家小组的产生，全年促使相关人员增加对黄海海洋环境保护重要性的认识。

韩国政府重视海洋科学的国际合作。从2008年开始推动海洋科学国际研究计划，2014年，韩国与政府间海洋学委员会（IOC）开展海洋碳调整项目，分别与中国和秘鲁合作完成4个共同合作研究项目。2014年，中韩国家机构间的合作也非常频繁，韩国海洋科学技术研究院与中国海洋环境预报中心、首尔大学与中国国家海洋局第一海洋研究所共开展了十项合作。韩国还积极召开国际论坛和国际研讨会，提供海洋科学技术政策信息。为了促进国家间合作，2014年，韩国召开和参与北太平洋海洋科学组织（2014年10月）等6次国际会议。2015年，韩国为解决国际海洋问题继续强化与国际机构的合作，促进与政府间海洋学委员会等国际机构的共同研究计划，援助新一代海洋科学研究者参与国际活动。通过网络促进中韩海洋沿岸问题的解决和共同研究，建设韩国与中南美地区的海洋科学技术合作基础。韩国还通过自由招募的形式促进国际合作研究，为解决国际争端或为获得国外先进技术和资源，与存在海洋争端国家、海洋科学技术发达国家和海洋资源保有国开展共同研究。

韩国政府为了获得海洋、地球科学领域的核心技术，制订从2011年11月至2018年6月的《国际海底地壳钻探计划（IODP）》。2014年，韩国在新定物理探测和地质灾害研究基础上，制定和提出钻探计划书。通过IODP Exp. 346钻探取样开展乘船后续研究和持续进行其他Exp. 乘船研究。韩国为复原古海洋和古气候记录，研究和探寻古海洋和古气候的指示者。2015年，对IODP Exp. 346钻探取样进行核心研究和钻探船乘船研究，采用新古海洋、古气候环境标准，比较分析古气候模型和地球化学资料。

韩国政府为了实现利益最大化，主动应对联合国世界海洋环境评价（UNRP），2015年3月，韩国提出联合国世界海洋环境评价第一周期报告书讨论意见，6月、9月、12月，韩国分别参加联合国世界海洋环境评价主席团会议、联合国世界海洋环境评价全体工作组会议和联合国大会。

三、韩国海洋文化旅游与海运港口发展

(一) 海洋文化旅游的发展

1. 发掘和培育海洋休闲活动

随着收入水平的提高和业余时间的增多,国民对海洋休闲活动的需求逐渐增加。为满足国民日益增长的需要,韩国政府从2006年开始积极促进海洋休闲运动和相关产业的培育。2014年,韩国政府在全国江、海建设50多处海洋休闲运动体验教室,计划从2012年至2015年援助建立4个海洋水上休闲运动中心,2014年投入15.2亿韩元,在4—11月期间吸引73万人。2014年8月,韩国在蔚山蔚州召开第9次全国海洋运动大会,参加及观览人数达到26万人。2014年,韩国共举办国际海洋休闲周、国际帆船大会等各种活动16次。2015年,韩国为海洋水上休闲运动中心提供11.5亿韩元的援助,计划在4—11月期间吸引游客74万人,开展帆船航海技术和小艇操控技术等多种体验项目,培养各种海洋休闲运动的爱好者。2015年8月,韩国在全南丽水举办第10次全国海洋运动大会,计划援助国际海洋休闲周和海洋运动大会等各种活动共18次。[1]

为促进海洋休闲运动的发展,韩国政府在2014年制订了《建设海洋休闲运动基础和制度改善计划》,2014年和2015年分别投入2000万韩元。2014年10月,韩国政府指定江原道襄阳等地为海上体验村示范项目指定地点。12月,韩国政府修订了《关于综合娱乐

---

[1] 韩国海洋水产部等10个部门:《2015年海洋水产发展实行计划》,2015年5月,第290页。

设施港口（Marina 港口）的建设和管理法》，规定新增综合娱乐船舶出租行业和保管、系留业务；规定综合娱乐船舶和设施的转让、会员招募标准；赋予休闲船舶制造者固有识别代码等等。2015 年，韩国政府出台《关于综合娱乐设施港口（Marina 港口）的建设和管理法实行令》，规定上述事项的具体标准和程序。2015 年 7 月，韩国政府制作和发行《关于驾驶执照获取、船舶登记、综合娱乐设施（Marina）登记方法和程序等创业指南》，计划 2015 年下半年打造海上体验村，2016 年上半年，推动水中休闲体验项目的运营。韩国政府还加快制定《关于水中休闲活动的安全和促进法律》，以促进水中休闲设施出租行业、水中休闲运动行业的发展。

韩国政府积极促进游轮旅游产业的发展，2013 年 9 月，相关部门联合成立"游轮培育合议机构"，改善外国游轮在韩国临时停泊不够便利的问题（检疫标准一元化）。在基础设施方面，2014 年 11 月，釜山北港游轮专用码头竣工，济州江汀港、仁川南港等地游轮客运站的建设也在持续推进之中。2014 年 12 月，釜山国际游轮客运站竣工。在国际合作方面，韩国积极通过国家间合作促进游轮产业发展，2014 年 8 月 27 日，韩国在济州岛主持召开济州国际游轮论坛，9 月 2—3 日，中韩海运会议在首尔召开，10 月 10 日，韩美签订海运协议，11 月 3—4 日，韩日召开海运会议。2015 年，韩国制订游轮产业培育基本计划，通过出航时申请旅游振兴基金贷款、船上赌博许可、外国从业人员多次有效签证等方式强化国际船舶公司的竞争力，对培育海外市场和培养专门人才（100 多名）提供援助。2015 年 3 月，韩国政府召开民官联合招商说明会，强化中、韩、日游轮商品共同开发等海运合作，8 月，召开济州国际游轮论坛，持续扩建釜山北港等游轮到港专用码头基础设施建设。

韩国政府努力提高海水浴场和海钓活动的品质。为将海水浴场建设成为国民安全而愉快的休养空间，韩国政府于 2015 年投入 3 亿韩元优化海水浴场环境。2015 年 3 月，韩国政府出台优秀海水浴场评价标准，7月，修订《海水浴场法》，8月，召开海水浴场评价委员会，9月，选定优秀海水浴场，11月，进行海水浴场实态调查，制订海水浴场长期发展计划。

2. 利用海洋旅游资源

为促进海洋旅游和休闲活动的发展，韩国政府计划向游客提供各种相关政策资料和统计资料等海洋旅游信息。2014年，韩国政府建立了关于海洋旅游相关政策资料393卷、沿岸地区海洋旅游资源资料29卷、海洋综合娱乐和游轮产业相关资料7卷等共429卷原文数据库。2015年，韩国政府继续推动知识信息数据库的建设，为满足游客的不同需要，按照地区、旅游资源、住宿种类、饮食种类等提供分类信息服务，根据游客提供的信息为其推荐旅游景点和旅行日程等等。

韩国政府从2008年开始计划通过岛屿地区生产和生活基础设施建设，改善岛屿地区居民的生活环境，促进岛屿旅游，增加岛屿地区居民的收入。截至2013年，共投入9266亿韩元，其中地方投入2703亿韩元，2014年投入1928亿韩元，其中地方投入426亿韩元，2015年投入1769亿韩元，其中地方投入393亿韩元。韩国第3次岛屿综合发展计划预计开发372个岛屿，其中安全行政部负责186个，国土交通部负责186个。①

韩国政府对岛屿地区居民的海上交通提供补助，截至2013年，用于孤岛的交通补助资金共2012亿韩元，用于内航客轮的交通补助资金1143亿韩元。2014年，用于孤岛的交通补助资金112亿韩元，用于内航客轮的交通补助资金201亿韩元。2015年，用于孤岛的交通补助资金114亿韩元，用于内航客轮的交通补助资金229亿韩元。2014年，韩国为360万岛民提供交通费和生活必需品运输补助，推

---

① 韩国海洋水产部等10个部门：《2015年海洋水产发展实行计划》，2015年5月，第301页。

动客轮现代化和航路多样化。已完成运行于群山地区孤岛辅助航路（群山—开也岛）落后船舶（开也卉利号）的替代建造工作，开始运行于统营地区孤岛辅助航路（统营—头尾）落后船舶（海浪号）的替代建造工作。

2014年，韩国政府提供61亿韩元的运营资金和7.09亿韩元的客轮海运管理费用，建设12个客轮客运站，其中国际2个，沿岸10个，以方便乘客安全出行。还利用港口设施维护预算，改善掘业岛、广岛、莲花岛、格浦、猬岛、观梅岛、沃岛、苎洞等8处客轮临时停泊靠岸设施。2015年，韩国政府继续向岛民提供交通援助，计划完成统营至头尾航路的船舶替代建造，开始木浦地区（木浦—栗木/凤里—在远）落后船舶（新海5号/10号）替代建造工作。2015年，韩国政府提供61亿韩元的运营资金和10亿韩元的客轮海运管理费用，计划新建客轮客运站16个，其中国际2个，沿岸14个，投入港口设施维护预算31亿韩元，以建设客轮临时停泊靠岸设施。[①]

3. 形成和完善海洋旅游空间

为了促进海洋旅游、海洋休闲运动的发展，韩国政府从2011年开始制定《普及海洋旅游、海洋休闲运动基础设施的建设计划》。2014年，韩国推进北汉江和丽水两处水上休闲运动体验场、釜山、长林浦口等两处海洋旅游主题公园的建设，在始兴滩沟地区等七处沿岸闲置土地建设休养设施。2015年，韩国持续促进海洋钓鱼公园、海洋亲水公园、海洋综合体验设施等海洋旅游、休闲基础设施建设，预计完成北汉江亲水公园休闲运动城、釜山和长林浦口海洋旅游主题公园的建设，持续推进七处沿岸闲置土地休养设施的建设。

韩国政府从2014年开始每年投入3亿韩元推进《海洋休闲运动专门人才培养计划》。2014年2月，韩国政府选定两所海洋综合娱

[①] 韩国海洋水产部等10个部门：《2015年海洋水产发展实行计划》，2015年5月，第304—305页。

乐专门人才培养机构，4—11月期间进行授课教育，在海洋综合娱乐港口运营、休闲船舶航运、休闲船舶整修等三个领域培养了238名专门人才。2015年，韩国政府将海洋娱乐专门人才培育项目移交给雇佣部，在原有计划基础上每年持续促进200名专门人才的培养。

为了将沿岸地区建设成舒适的亲水空间，2014年，韩国政府持续推进釜山海云台海水浴场等10处沿岸设施建设，新设江源凤浦地区、庆北萝井地区、忠南花地海水浴场、釜山东三地区等4个项目，促进地方自治团体（公费50%—70%，地方费50%—30%）加大对釜山多大浦海水浴场等47个沿岸设施项目的投入，对250处沿岸地区开展沿岸侵袭监测工作。2015年，韩国地方水产厅计划促进庆尚北道蔚珍三浦地区等3处沿岸设施建设，持续推进海云台海水浴场等13处沿岸设施建设和自治团体开展的沿岸设施建设，继续对250处沿岸地区开展沿岸侵袭监测工作。

韩国政府积极开发美丽舒适的港口亲水空间，2014年，韩国政府将完成光阳港亲水设施建设的用地设计，推动城山浦港靠岸设施及其他工程建设。6月，马山港架浦B地区港口亲水环境设施建设完工，8月，木浦港港口亲水设施建设完工。2015年1月，韩国政府完成光阳港亲水设施建设，2月，城山浦港靠岸设施及其他工程建设完工。

韩国自2011开始利用闲置用地大力建设休闲疗养设施，2014年，韩国政府开始高兴龙洞、咸平石头两处休闲疗养设施的建设，推动始兴滩沟、浦项龟项、蔚山大王岩、釜山松岛、巨济宫农等5处工程建设。2015年6月，釜山松岛地区第3期工程、浦项龟项第2期工程完工，始兴滩沟地区第3期工程（湿地生态观察地区）开工。12月，高兴龙洞地区第1期、咸平石头地区第1期工程、巨济宫农第2期工程完工，继续推进蔚山大王岩第2期工程。

4. 制定促进海洋旅游的政策

韩国政府针对东、西、南三个海岸地区制订了利用当地旅游资源促进经济发展和提高地区居民生活质量的发展计划。韩国政府制订《东海岸旅游开发计划2009—2018》，对4个道13个市、郡的旅游资源进行开发。韩国政府计划将江源、江陵打造成端午城市，建设江源高城海水浴场，开发江源三陟竹西楼景观、漂流项目和江口港雪蟹一条街景观项目，促进江源襄阳海洋休闲活动和庆北蔚珍茶马古道体验活动。

韩国政府计划将西海岸打造成为东北亚旅游中心，为此制订《西海岸广域旅游开发计划2008—2017》，对4个道20个市、郡的旅游资源进行开发。韩国政府计划在西海岸建设京畿安山檀园纪念馆、京畿始兴和全北扶安自驾游、忠南唐津插桥湖水公园、忠南泰安万里浦海水浴场、全北高敞覆盆子主题体验场、全北高敞盘索里主题公园、全北高敞云谷湿地生态体验地区、全北扶安边山海水浴场、全北金堤小说阿里郎文化探访路线、全北金堤阿里郎主题纪行等等旅游项目。

韩国南海岸自然旅游资源和李舜臣、张保皋等历史文化资源都非常丰富，韩国政府积极在此打造旅游产业集群，对3个道27个市、郡、区进行开发。目前，韩国政府在南海岸开发东釜山旅游园区、全南宝城飞凤恐龙公园、全南珍岛鸟岛展望之岛、全南珍岛李舜臣鸣梁大捷胜战广场、全南丽水女子沿岸生态疗养村、庆南统营闲山大捷船院、庆南统营统制营街、庆南河东大道旅游资源、庆南南海李忠武公殉国公园、庆南南海橹岛文化之岛、庆南昌原李舜臣国际领导中心、庆南固城唐项浦旅游区等等旅游项目。

韩国政府为促进海洋休闲旅游活动的发展和培育相关产业，积极完善法律制度。2014年上半年，韩国政府向国会提出《水中休闲活动的安全和促进等法律》的提案。2月，韩国政府制定《游轮产业培育和援助法》。6月，制定《海水浴场利用和管理法》。12月，修订《marina港口的建设和管理法》。2015年1月，韩国政府修订《海水浴场利用和管理法》及其下位法令，制定《游轮产业培育和援助法》的下位法。2月，促进《marina港口的建设和管理法》下位法的制定。

5. 促进海洋文化产品多样化

韩国政府重视发掘海洋历史文化资源和培养国民海洋意识。1994年11月，《联合国海洋法公约》正式生效后，世界各国在新海洋秩序形成过程中为争夺海洋主导权展开激烈竞争。韩国政府努力提高国民海洋意识，积极打造提升国家海洋力的精神基础。韩国海洋财团在2000年至2020年的21年间为《海上王张保皋重新审视和评价计划》提供444亿韩元的援助，其中国家投入242亿韩元，民间投入202亿韩元。第一期计划时间是2000年至2010年，共投入350亿韩元，其中国家投入168亿韩元，民间投入182亿韩元，完成4个领域的23个项目。第二期计划时间是2011年至2020年，共投入94亿韩元，其中国家投入74亿韩元，民间投入20亿韩元，计划完成4个领域的11个项目。2014年，韩国援助256名教师和42名主流媒体领导层赴张保皋中国遗址进行实地考察，在中学设立2个张保皋海洋学习室等等。2015年，韩国政府援助250名左右教师赴张保皋中国遗址进行实地考察，在全国小学、中学、高中设立1个张保皋海洋学习室。[1]

韩国政府从1999年开始制订并持续推进《海洋文化教育培育计划》，2014年，韩国政府援助20个海洋教育示范学校，召开2次海洋教育相关者工作会议，促成14个机构的海洋体验计划，扶持43个海洋教育社团，出版2本海洋教育教材，设立海洋教育门户网站。2014年11月14日，韩国政府举办第9次海洋摄影大赛颁奖活动，获奖作品在首尔、世宗市、釜山、大邱、济州等地巡回展出。11月26日，韩国政府举办第8次海洋文化奖颁奖活动。2014年，韩国政

---

[1] 韩国海洋水产部等10个部门：《2015年海洋水产发展实行计划》，2015年5月，第335—336页。

府还举办"西海"(朝鲜半岛西部海域)、"南海"(朝鲜半岛南部海域)、"东海"(朝鲜半岛东部海域)3个大队总共340人参加的第6次海洋领土大长征运动,援助海上丝绸之路全球长征计划,开办海洋讲座等等。2015年,韩国政府继续促进青少年海洋教育,预计投入1.9亿韩元援助19个海洋教育示范学校,投入4.55亿运营海洋体验项目,继续举办海洋讲座。海洋财团出资16亿韩元培育海洋文化民间团体,对海洋教育社团、编制教材、海洋教育门户网站、海洋领土大长征、海洋法咨询、海洋文化活动等提供支助。

韩国政府还计划2015年至2019年在庆尚北道蔚珍郡竹边面后亭里建设集海洋教育、展示、体验为一体的综合性国立海洋科学教育馆。2014年8月,韩国政府完成国立海洋科学教育馆建设的可行性调查,2015年1—6月,开展劳务招标和制定基本计划,7—12月,完成基本调查设计。2015年,韩国已投入48.29亿韩元,预计整体投入为1166亿韩元,计划将国立海洋科学教育馆建设成为21世纪海洋科学教育基地。

韩国政府积极建设海洋博览会特区。在2012年丽水世界博览会后的2013年,韩国制订《将丽水世界博览会会场一带建设成东北亚海洋旅游休闲特区的计划》。为了减少事后项目使用者的投资负担,韩国政府修订《公共水域法》,减免了事后项目使用者公共水域占用和利用费用。2014年,韩国政府在丽水世界博览会会场一带建设咖啡馆、自助服务机、便利店等便利设施和海洋休闲运动体验设施。2014年6月30日至9月15日,韩国政府招募事后项目使用者,7月15日和9月29日,举办企业投资说明会。2014年,韩国政府继续开展与海洋和沿岸相关的教育、训练、展示、学术等活动,10月20至31日,举办丽水国际学术会议,10月23至24日,召开丽水国际海洋论坛,10月23至25日,组织海洋水产科学技术大赛等等,共107项活动,参与者达55万人次。2015年3月,韩国政府在现有研究基础上讨论计划变更事项,并与相关机构签订协议,4月,事后使用援助委员会对计划进行审议，5月，依据变更计划出售设施和用地或制订长期租赁计划。

（二）韩国海运和港口的发展

韩国政府积极促进海运和港口的发展，旨在建立国家间畅通无阻的物流体系，实现韩国物流先进化，强化韩国物流竞争力，提供高附加值物流服务，将韩国港口打造成为东北亚物流中心。

1. 强化国际合作

（1）构建海上物流网络

韩国政府为向进出口物流企业提供全球物流服务，从2012年开始计划建立东亚物流信息服务网（NEAL-Net：Northeast Asia Logistics Information Network）。2014年2月（中国）、6月（韩国）、11月（中国），中、韩、日召开三次专家会议，8月，在日本召开第3次共同运营委员会。2014年9月至12月，建立中、韩、日物流信息共享体系，扩大中、韩、日集装箱位置信息的共享范围，从4个港口增加至10港口，研究NEAL-Net的适用性和S/W分析。努力实现NEAL-Net物流信息共享管理体制高端化，为NEAL-Net使用者提供高端服务。2015年3月（日本）、6月（韩国）、9月（中国），中、韩、日召开3次专家会议。2015年4至12月，根据NEAL-Net会议协议事项建立中、韩、日扩大船舶进出港和货物信息（集装箱、危险品、统计等）系统地联接，为系统使用者提供高端服务。

韩国政府重视与东盟制订港口开发合作计划，2014年3月和4月，韩国政府分别开始菲律宾和缅甸的港口开发可行性调查。8月，韩国政府参加第28次东盟海上交通工作小组会议，签订援助湄公河开发的协议。2015年2月，韩国政府为湄公河周边5国的湄公河内陆水路运输研究提供援助。2015年，韩国政府投入7200万韩元开展缅甸港口开发可行性调查，投入4亿韩元实施印度尼西亚港口开发可行性调查。

韩国政府计划通过中、韩、日三国间的物流信息交换和相互交流，强化东北亚物流网络，减少物流费用，提高物流效率，提供运输便利性。为此韩国政府积极支持中、韩、日交通物流部长级会议，2006年第1次中、韩、日交通物流部长级会议在韩国召开，2008年第2次在日本召开，2010年第3次在中国召开，2012年第4次在韩国召开，2014年第5次在日本召开。2013年以来，韩国政府每年为中、韩、日交通物流部长级会议投入2.89亿韩元。2015年，韩国政府召开工作会议，积极为第6次中、韩、日交通物流部长级会议的召开做准备，讨论三国复合运输和北极航路领域的合作、建立三国物流信息网络和物流领域与东盟合作可能性等实践课题的促进方案。

中韩两国积极加强物流网络建设，从2003年开始中韩每年召开海运磋商会议，讨论和解决两国间悬而未决的问题，依据民间自律管理体制促进船舶投入和航道开设。2010年9月7日，中韩签订复合运输协定和第1阶段议定书，11月25日，颁布协议书。12月21日，开通仁川—威海复合运输。2011年8月31日，仁川—青岛开通。10月13日，平泽—日照开通。11月30日，群山—荣成—石岛开通。2014年7月1日，烟台开通，7月30日，连云港开通。2014年共开通9个复合运输适用航路：仁川—烟台、仁川—青岛、仁川—石岛、平泽—日照、平泽—荣成、平泽—威海、平泽—烟台、平泽—连云港、群山—石岛。2014年9月2至3日，中韩第22次海运会谈在首尔召开，讨论2015年开设新集装箱航路和限制泊位数量增加问题，规定25年以上船龄的客船必须每6个月进行一次特别检查等等。2015年8月，中韩第23次海运会谈在中国召开，讨论中韩集装箱和汽车轮渡航路运营等问题。2015年，中韩召开第5次海陆复合货物汽车运输合作委员会，讨论复合运输第2阶段计划实行方案，提出追加开通适用港口提案。

韩国政府积极建立多边和双边海洋合作网络，支持韩国企业进军海外市场。韩国政府加强与黑海和里海沿岸国家海运物流合作网建设，为韩国企业进入这一地区奠定基础。2014年1月，韩国与格鲁吉亚签订海运协定，10月，韩国与阿塞拜疆签订合作协议。11月，韩国与挪威、芬兰等北极附近国家召开海运物流合作会议，与挪威、俄罗斯等北极沿岸国家和远东国家为促进北极航路召开国际会议，强化对韩国企业进军北极资源市场和北极航路的援助。2014年9月和11月，韩国分别与中国和日本等东亚国家召开定期海洋合作协议，促进两国间海洋政策信息交流，讨论游轮等新增长产业合作方案。韩国政府还积极参与航运顾问组（CSG：Consultative Shipping Group）、APEC交通工作组等多边国际会议，掌握海运市场开发动向，强化合作网络，通过WTO服务贸易协定和FTA等积极参与海运服务开放协商，促进海洋市场开放化。2015年1月，韩国与土耳其在首尔召开经济共同委员会，双方达成召开海运合作会议的协议。2015年上半年，韩国与台湾召开海运合作会议，计划2015年下半年与土耳其签订海运协定、与阿塞拜疆签订海运合作谅解备忘录、与蒙古召开海运合作会议并签订海洋合作谅解备忘录，与俄罗斯、丹麦、挪威等北极周边国家召开合作会议，与中国、日本等东亚国家召开海运合作会议，主动参与WTO、FTA、APEC、CSG等国际会议的讨论，掌握海运市场开放动向，谋求增进海上运输自由化。

为开拓海外市场，满足发展中国家港口开发的需要，韩国政府积极推动与海外港口开发合作，促进双方和多边合作计划。2009年，韩国政府完成与ASEAN、非洲、中南美等10个合作计划的港口开发可行性调查，积极发掘和开拓新兴市场。2014年1月和12月，韩国分别与俄罗斯和哥伦比亚缔结签订港口开发合作谅解备忘录，完成秘鲁、赤道几内亚、利比亚的港口开发可行性调查，对菲律宾、缅甸、俄罗斯、危地马拉、罗马尼亚的港口开发可行性调查正在进行中，向中南美、非洲派出两个海外港口建设合作团。2015年，韩国研究与柬埔寨、缅甸、印度尼西亚等东南亚国家合作的可能性，向缅甸的修船厂建设、柬埔寨谷物运输站建设、越南湄公河船运水路开发、印度尼西亚海洋成套设备拆卸等4个项目提供18亿韩元,并为阿尔及利亚、斐济等5个项目提供22亿韩元的援助。2015年韩国政府投入5亿韩元成立由工程师、施工单位、海运企业、金融单位、运营商等参与的海外港口工程委托管理组织,保证项目发掘、管理、人际关系网构建的专门性。通过强化与产业银行、进出口银行、亚洲开发银行、美洲开发银行等国内外金融机构合作促进海外港口开发合作的产业化,向合作意向较高的国家派遣政府合作团或邀请研修,强化合作经营,帮助国内企业获得订单。

2. 培育有竞争力的海运和港口物流企业

为了减少运输费用和环境费用,韩国政府推进《将道路运输向绿色高效的沿岸航运转换的计划》,预计2020年,沿岸航路的运输分担率将提高到21.2%。截至2013年,韩国共投入2446.6亿韩元,2014年投入235亿韩元,2015年投入254.5亿韩元。2014年,韩国为转换运输方式的货物提供补助金,对沿岸船舶公司提供财政、税制援助。2014年实行运输方式转换计划之后,截至到12月,有175万吨道路运输货物转换为沿岸海运。韩国政府为沿岸货物船社使用柴油提供210亿韩元的油价补助金。2015年,韩国政府继续为陆上运输转为海上运输提供补助金援助,为沿岸货船柴油价格上涨部分提供补助。

韩国政府通过落后沿岸船舶现代化,提高客轮等船舶的安全性和服务质量。2013年,韩国投入2.01亿韩元,2014年,投入7.28亿韩元,2015年,投入39.93亿韩元。2014年,韩国建造6艘客轮和货轮,投入到内航客运及货物运输领域,为内航客运及货物运输领域的16个企业的19艘船舶提供了援助。2015年,韩国政府修订《沿岸船舶现代化利差补贴计划实行方针》,选定利差补贴援助对象(援助银行贷款利息的3%),为扩大援助对象修订《海运法》,将现行法律要求对新建船舶提供援助,修改为在国内新船建造存在困难时进口海外低船龄的二手船也可以获得援助。

尽管韩国贸易额已突破1万亿美元，出口在世界上排位第七，但韩国物流企业的世界市场占有率却很低。2013年，韩国海上贸易数量是世界海上贸易总量的11.4%。2012年，韩国国内物流市场规模占世界市场的2.7%。此外，韩国物流市场正呈现慢性饱和状态，存在开拓海外市场的必要性和迫切性。目前，韩国国内企业进军海外的范围集中在中国、东南亚，韩国计划将面向全球拓展市场。2014年，韩国政府通过运营国际物流投资分析中心发行52期国际物流周刊，召开两次海外投资说明会，搜集海外物流市场信息提供给企业。为9个企业提供4亿韩元开展物流企业海外进军可行性调查，为货主、物流企业共同进军海外市场提供5.2亿韩元支助。2015年，韩国投入4.6亿韩元运营国际物流投资分析中心，投入4.5亿韩元援助物流企业海外进军可行性调查，投入5.2亿韩元援助货主、物流企业共同进军海外市场。

3. 建设绿色海运和港口

为了实现绿色海运的目标，依据《低碳绿色增长基本法实行令》第29条和第32条，韩国政府加强对温室气体排出量大、能源消耗多的企业的管理，实行沿岸海运温室气体和能源目标管理制。2014年3至8月，韩国对790家沿岸海运船社的1429艘船舶的能源消费量实行日制调查。2014年6月，指定2个船社为沿岸海运温室气体能源目标管理企业。10月，发行温室气体排出量和能源消费量检查验证报告书。2015年6月，召开温室气体的国际动向和目标管理制等政策说明会。2015年3至6月，沿岸海运温室气体排出量和能源消费量日制调查。2015年5月，组成和运营应对温室气体民官合议机构。

韩国政府制定出渐进的碳排出标准，2015—2019年达到10%，2020—2024年达到20%，2025年之后达到30%。计划建立绿色船舶实验、认证、标准化（TCS）系统，开发新一代绿色能源（NGH）

海上运输技术。截至2013年，韩国为绿色船舶开发和普及共投入84.66亿韩元，其中建立绿色船舶TCS系统投入78.75亿韩元，新一代绿色能源（NGH）海上运输技术开发投入5.91亿韩元。2014年，为绿色船舶开发和普及共投入61.91亿韩元，其中建立绿色船舶TCS系统投入60亿韩元，新一代绿色能源（NGH）海上运输技术开发投入1.91亿韩元。2015年，为绿色船舶开发和普及共投入31.38亿韩元，其中建立绿色船舶TCS系统投入29.47亿韩元，新一代绿色能源（NGH）海上运输技术开发投入1.91亿韩元。2014年2月，韩国完成天然气水合物运输船舶装船、卸货、货仓系统的概念设计，9月，向集装箱专门委员会提出议题文件。2014年6月，绿色船舶实验和认证中心完工。11月，召开绿色船舶论坛。2015年5月，韩国开始建设废热回收发电系统和船舶综合动力源实验设备。6月，韩国对利用绿色船舶技术实验和分析系统进行产、学、研提供援助，开发新一代绿色能源海上运输技术。8月，天然气水合物运输船舶经济性分析和标准开发。10月，完成天然气水合物运输船舶装船、卸货系统指南等等。

韩国政府积极开展船舶油蒸汽回收设备技术开发。2014年韩国投入21.7亿韩元完成$5000Nm^3/h$级油蒸汽处理设备的设计技术和样品开发。2015年1至10月，$5000Nm^3/h$级船舶用油蒸汽处理复合系统样品设计、开发和制作，开发自动控制程序和监控系统技术，开发提高设备耐久性技术等等。

韩国政府不断促进绿色港口的建设。为了预防台风、地震海啸、海平面上升等大规模自然灾害，韩国计划建设马山旧港防灾堤。2013年5月，马山港防灾堤港口基本计划变更，完成总工程费用协议。6月，工程招标。11月，1、2期工程开工。2014年1月，第3期工程开工。2015年2月，第4期工程开工，预计12月完工。

4. 开发高附加值港口

为建设世界超一流中心港口，韩国政府加大基础设施投资，在釜山新港和光阳港建设大型集装箱港口。釜山新港将建设集装箱码头45泊位，公路44.5千米，铁路53.1千米，防波堤3.89千米，腹地工业园944万平方千米。光阳港建设集装箱码头25泊位，一般码头4泊位，道路30.3千米，铁路9.6千米，腹地工业园区527万平方千米。

到2020年，韩国政府计划按各郡特点建设地区中心港口，建设31个贸易港，29个沿岸港。2014年4月，马山港进入航道疏浚工程开工，仁川新港A客运站开工。7月，束草港公务船客运码头建设工程开工。10月，"东海"港北码头Port-Renewal工程开工。11月，釜山北港再开发（1-2阶段）国际客运码头等修筑工程竣工。12月，丽水港游轮码头功能改善工程竣工，三陟港地震海啸浸水防治设施工程开工。2015年1月，马山港进入航道疏浚工程竣工。2月，釜山港朝岛防波堤加固工程开工。4月，丽水新北港外围设施建造工程开工。6月，仁川新港中心疏浚工程开工。7月，釜山北港再开发（1-1阶段）外围设施建造工程竣工，仁川新港B客运站竣工，蔚山新港第5号港疏浚工程开工。8月，丽水新北港系留设施建造工程开工。10月，仁川新港A客运站竣工，蔚山新港南港和北港防波护岸开工，郁陵港2阶段靠岸设施开工。11月，多大浦港外围防波堤建造工程竣工。12月，大山港国际客运码头和客运站竣工。

韩国政府计划开发港口腹地工业园区，建立高附加价值集群，根据各个港口的特色，建立最优商业模型，吸引跨国物流企业，创造港口附加价值。2014年9月，釜山新港熊东腹地工业园区3、4工区建设完工。2015年6月，浦项迎日湾港腹地工业园区建设工程开工。8月，釜山新港南集装箱港口腹地工业园区开工。12月，浦项迎日湾港腹地工业园区护岸工程竣工。

船舶大型化和货物集装箱化等海运和物流环境变化使传统港口的落后成为周边城市环境和成长发展的障碍。为改变这一状况，韩国积极推动传统港口的再开发计划，将传统港口发展成为绿色休闲都市型高附加价值港口。韩国预计对仁川、大川、群山、木浦、济州、西归浦、光阳、丽水、釜山、浦项、墨湖、古县等12个港口推行再开发计划，预计总投入超过6万亿韩元。随着收入的增加、一周五天工作日及交通条件的改善，韩国海洋休闲运动的参与人数持续增加。为适应这一趋势，韩国大力扩充海洋休闲相关基础设施建设，为防止毫无计划的乱开发，韩国制订系统开发港口综合娱乐设施计划，预计投入1956亿韩元在全国10个郡开发46个综合娱乐设施港口。

韩国政府还计划投入1万亿韩元在釜山、丽水、仁川、济州等地建设游轮码头和国际客轮客运站。2014年6月18日，济州港游轮客运站（第2阶段）建设工程开工。10月30日，济州港游轮客运站（第1阶段）建设工程竣工。11月3日，釜山北港国际客轮码头建设工程竣工。12月1日，仁川港国际客轮码头（第1阶段）竣工。2015年3月，仁川南港国际客轮客运站开工。7月，釜山北港国际客轮客运站投入使用。12月，济州江汀港游轮码头竣工。

5. 实现港口运营效率化

韩国政府改革港口劳务供给体制。为有效利用港口劳动力，提升港口装卸能力，减少物流费用，提高国家竞争力，韩国政府计划投入1357亿韩元对港口劳务供给体制进行改革，从海运工会垄断劳务人员的供给向港口装卸公司直接雇佣方式转变。2014年至2015年，韩国对《港口运送事业法》及其实行令进行修订，为建立良好的港口劳务供需体制奠定法律基础。

韩国政府促进码头运营评价体制的建立。韩国每年通过对码头运营公司（TOC）运营成果的评价，促使码头运营公司提升码头运营的效率，强化港口产业的竞争力。2014年5月21日，韩国政府制订了《2013年码头运营公司的成果评价计划》，规定了物流量吸引能力、生产性提高、投资数量、安全性和信任度、利用者满意度、政府政策顺应度等6个评价标准，对9个贸易港、36个企业、34个码头进行评价。2014年7月10日,韩国完成书面评价和综合评价,结果选定6个企业为优秀企业,5个企业被认定为落后企业。优秀企业将获得减免10%租赁费的奖励,落后企业(连续3年)将获得2年复出时间,国家根据其最后评价结果决定是否取消租赁合同。2015年3至5月,韩国政府对2014年码头运营公司成果进行评价,并于12月对优秀企业减免租金,海洋水产部部长对优秀企业进行表彰。

为开发新一代港口安全技术、培育产业,韩国计划从2008年至2017年投入1500亿韩元,利用普适技术(Ubiquitous Technologies)通过开发海运物流信息综合、联动和运营服务,实现透明、连续的物流流程,积极应对物流安全规定,开发三维集装箱安检仪、海洋IP-RFID、Ad-hoc网络等等。

韩国计划从2005年至2015年投入153亿韩元,将集装箱货运站与内陆物流基地连接起来,建立港陆连接运输网,提供一体化物流服务。2014年11月至2015年4月,推进釜山、光阳等13个集装箱货运站第1阶段工程。2014年1至9月,在全球导航卫星基础上,为了利用集装箱追踪装置(CSD),开发未来模型,确立适用方案。2014年4至10月,韩国强化丽水、光阳等港口无线网络安全,改善无线网络服务。2015年5至8月,韩国推进仁川等10个集装箱货运站第2阶段工程。

韩国政府为给港口使用者提供便利,计划从2015年至2017年投入293.2亿韩元,将分散在7个机构的(釜山、仁川、丽水港口厅和釜山、仁川、蔚山、丽水光阳港口事务管理局)的海港运营信息系统(Port-MIS)合并至单一中心,改善港口设施使用费用的缴纳方式。2015年的第一阶段,韩国政府计划建立基础服务平台和合并海港运营信息系统(Port-MIS),开发出口危险品申告和危险品集装箱检查服务,引进开发和测试基础设施。2016年的第二阶段,为运营合并中心建设基础设施,建立非典型统计分析服务,建设灾后恢复中心基础设施（第 1 阶段）。2017 年的第三阶段，合并海运综合信息等海运港口物流相关信息服务，开发公共信息，建立分工合作平台，实现统计分析服务高端化，完成合并中心基础设施和灾后恢复中心搬迁等等。

6. 海事人才培养

韩国政府积极培养海洋技术人才，实现海洋技术人才的稳定供给。2014 年，韩国海洋水产研修院航海工程师培训结业学生 210 名，其中外港 3 级 126 名，内港 5 级 20 名，远洋 3 级 24 名。2015 年，韩国海洋水产研修院航海工程师培训结业学生 210 名，其中外港 3 级 150 名，内港 5 级 30 名，远洋 3 级 30 名。韩国水产研究院进行落后实习船替代建造，2014 年至 2016 年，开工建造 4300 吨商船实习船，2015 年至 2017 年，开始 3800 吨渔船实习船设计。

韩国政府努力提高船员福祉，改善船员工作条件。为增加船员福祉，韩国运营休养公寓式酒店，为船员家属提供奖学金、结婚仪式费用补助、殉职船员葬礼费补助、免费法律救助、残障船员康复援助等等。2014 年 8 月 13 日，韩国扩建釜山远洋船员会馆，12 月 29 日，新建群山飞鹰港船员福祉会馆，为船员打造休息空间，提供便利设施。

四、韩国海洋管理与保护

（一）建立海洋污染源的综合管理体制

1. 减少海洋污染对生态、社会经济的影响

韩国政府积极建立转基因生物体的安全管理体制。根据《转基因生物体（LMO）越境转移相关法律》第 7 条，韩国政府为了事前

预防转基因生物体对水产环境和海洋生态系统产生的危害，改善评估、审查、检查等制度，对转基因生物体的危害性进行评估，对进口生产进行审批，建立和运营专家审查委员会和转基因生物体生物安全性信息中心，收集相关信息，对主要国家的转基因生物体动向进行分析，培养对国内进出口生物动向的监控和搜查能力，开发大型安全封闭隔离设施和精密检测方法，检测意外混入的转基因鱼类，绘制安全管理路线图。

韩国政府注重研究水产环境。调查沿岸渔场水质、沉积物、养殖生物的环境实态，有效地保护渔场环境，制定管理政策，保证水产生物可持续的生产性和安全性。2014年，韩国政府对渔场环境进行监控，包括定点监控268处养殖渔场的水质和沉积物，定点调查60处有害物质，制订《渔场管理中长期研究计划》，监控渔场中的有害物质，评估其危害性，研究和设定贝类养殖场的环境标准，综合评估和管理沿岸渔场的生态系统，精密评估牡蛎养殖场环境变化和物质循环，利用生物反应评估有害物质对海洋环境的危害性。2015年，韩国政府建立全国沿岸渔场环境资料的综合管理系统，监控沿岸渔场环境和水产资源保护区域的水质变动情况，检验贝类养殖渔场的环境标准，并提出政策建议。对牡蛎养殖场的大气—海洋—养殖生物—沉积层相连的有机碳循环或无机碳循环进行评估，对沿岸3种有机污染物质的综合毒性进行评估。开发沿岸生态系统评价技术，系统建立渔场监控管理系统，持续提高滩涂渔场的生产能力。

韩国政府制定海洋环境保护标准并强化管理。根据各个海域海洋的不同特点制定相应环境标准，建立综合海洋管理系统。2014年以来，韩国积极制定海域划分标准，即通过分析各个海域的物理和地形特性，设定管理海域的范围，建立各管理海域的社会经济和环境特性的数据库，根据各海域水质状况、污染压力、开发现状和管理条件，设定各海域管理目标和发展方向。

韩国政府综合监控海洋环境和系统管理海洋环境信息。通过定期监控海域状况，建立数据库，制定海洋环境管理政策。2012年以来，韩国计划每年对全国417个定点海域进行2至4次海水水质、海底沉积物、海洋生物调查，完成对32个基地5个项目的海洋放射性物质进行调查。根据对海洋环境的正确监控结果，对被污染海域实施海洋环境改善工程。

韩国政府建立和运营国家海洋环境信息综合系统。计划对分散于各机构的海洋环境相关信息进行集中管理，提高信息共享的效率性，以网络为基础为国民提供海洋环境综合信息服务。2014年，韩国建立海洋环境资料综合数据库，搜集国立水产科学院、国立海洋调查院等机关提供的海洋环境资料，更新国家海洋环境信息综合数据库。为了便于使用，韩国重新设计网址首页，提供符合使用者需要的快捷服务。2015年，韩国海洋水产部计划制订内部信息系统综合计划，为实现海洋环境信息综合管理，召开2次海洋环境信息管理机构工作会议。在特别管理海域中选定一个海域，将其生物信息、滩涂信息、模型建立现状等详细信息与地理信息相连接，提供服务示范运营。

2. 强化各沿岸和海域的特色管理体制

韩国强化特别管理海域的海洋环境管理。韩国指定环境管理海域，根据不同海域的特性制定沿岸污染总量管理制度等海洋环境改善对策。2014年6月，韩国修订《马山湾沿岸污染总量管理执行评价指南》，7月，完成马山湾和始华湖沿岸污染总量管理执行评价，12月，制订《第2次（2014—2018）环境管理海域各海域管理计划》。2015年3月，始华湖海洋环境改善工程开工，5月、7月，分别完成2014年蔚山沿岸、釜山沿岸污染总量管理研究最终报告，3月、8月、9月，开始2015年马山湾、蔚山沿岸、釜山沿岸污染总量管理研究，2015年计划各召开2次光阳湾、蔚山沿岸民官产学协议会。

为改善始华湖水质，保护始华流域环境，实现可持续发展，韩国政府制订《始华湖综合管理计划》，监控始华湖流域环境，制定非点源污染管理方案和沿岸资源管理方案，强化始华湖流域沿岸综合管理力量和教育宣传，开展相关国际合作，运营始华湖管理委员会、工作协议会和专门委员会。2015年，韩国政府计划对始华湖综合管理计划。2014年促进实际业绩进行检验和评价，对始华湖及周边海域水质和生态环境进行监控，开发第2次始华湖沿岸污染总量管理目标水质，为了执行第2次始华湖沿岸污染总量管理制定基本方针和技术指南，援助和运营始华湖沿岸污染总量管理技术评审团。

韩国政府执行环保废物排入海洋制度。通过对排出海域科学合理的监控，确保排出海域的绿色管理和水产生物的安全性，改善《海洋环境管理法》（伦敦议定书陆上处理原则和决议事项韩国国内适用等），遵守伦敦议定书当事国义务，根据排出海域综合管理方案，缩小排出海域的面积，制定修复方案。

3. 加强陆源污染物的管理

韩国政府兴建沿岸地区污水处理设施。为防止沿岸地区水质污染，韩国积极处理沿岸地区的产业园等工厂密集地区产生的高浓度工业废水。沿岸地区污水处理设施的安装费一部分由韩国政府援助，政府对产业园区提供70%的援助（但首都圈50%），对农工园区提供（50%—100%）的援助。2014年，韩国投入765.22亿韩元，援助25处新设和增设的污水处理设施，其中11处是产业园区，14处是农工园区。2015年，韩国投入720.84亿韩元，援助23处新设和增设的污水处理设施，其中17处是产业园区，6处是农工园区。

韩国政府兴建沿岸地区粪尿处理设施。韩国政府重视安装城市地区的粪尿处理设施，及时更换沿岸地区基本粪尿处理设施，消除赤潮发生的原因，保护海洋环境。截至2014年末，韩国政府安置粪尿处理设施共192处，其中沿岸地区共80处。2015年，韩国政府计划扩建江原、京畿、庆南、庆北、仁川、全南、济州、忠南等地的

16处粪尿处理设施。

韩国政府扩建沿岸地区家畜粪尿公共处理设施。根据《家畜粪尿管理和利用相关法律》第3条和第24条、2004年11月制定的《家畜粪尿管理和利用对策》和《第3次海洋环境保护计划》，韩国政府为适当处理家畜粪尿、改善水质环境、减少陆源污染物，不断增设沿岸地区家畜粪尿公共处理设施，改善原有设施。韩国政府规定市、郡承担费用的80%，直辖市承担60%，地区综合管理中心承担70%。2014年，韩国运营基础设施29处，年处理家畜粪尿59万吨，新设公共处理设施8处，改善公共处理设施2处。2015年，增设公共处理设施6处，瑞山市130吨/日（2014—2016）、庆州市200吨/日（2014—2016）、济州市200吨/日（2014—2016）、唐津市150吨/日（2014—2016）、保宁市180吨/日（2012—2017）、金堤市120吨/日（2015—2018），改善洪城郡家畜粪尿公共处理设施1处（2014—2015）。

韩国政府扩建下水处理设施。韩国政府从1992年开始加强下水处理设施建设，通过安装下水处理设施，保护沿岸地区水资源质量。截至2013年，韩国已投入15.6万亿韩元，下水道普及率达到92.1%。2014年，韩国投入3611亿韩元，2015年投入3695亿韩元，继续加强下水道增设和改良建设。

韩国政府建设沿岸垃圾填埋和焚烧设施。为防止沿岸地区的污染，政府于1988年和1995年持续推进《安装垃圾填埋设施和垃圾焚烧设施的计划》。截至2013年，韩国对沿岸垃圾填埋和焚烧设施投入2.5万亿韩元。2014年，韩国预计向釜山、昌原、光阳等3个地方自治团体援助39亿韩元，但由于昌原发生居民抱怨事件导致工程延期，有13亿韩元的工程援助款未到账，2014年实际援助款为26亿韩元。2015年，韩国向釜山、昌原、光阳等3个地方自治团体援助32.08亿韩元，其中釜山10.1亿韩元，昌原17亿韩元，光阳

4.98亿韩元。[①]

4. 强化海洋污染源管理体制

韩国政府提高石油污染事故应对和预防能力，配备应对大型海洋污染事故防除艇、油回收器等基本防治设施，污染事故发生时迅速采取防治措施使污染造成的损失最小化。2014年，韩国投入3.25亿韩元进行1艘落后防除艇的替代建造，投入6亿韩元建造1艘小型防除作业船，投入11.48亿韩元购买油回收器和海岸防除装备，投入6.3亿韩元，确保应对大型海洋污染事故需要使用的储备物资。2015年，韩国政府投入22.75亿韩元进行1艘落后防除艇的替代建造，投入11.5亿韩元新建1艘危险有害物质（HNS）防除艇和2艘油类防除艇，投入6亿韩元建造1艘小型防除作业船，投入11.48亿韩元购买油回收器和海岸防除装备，投入6.3亿韩元，确保应对大型海洋污染事故需要使用的储备物资。

韩国政府**强化海洋垃圾收集处理力量**，通过主要港口和沿近海海域的海洋垃圾搜集和处理，保护海洋生物的栖息地和产卵地，重建海洋生态系统。通过对国民的宣传教育，提高国民对改善海洋环境的意识，减少海洋垃圾的产生。2014年，韩国对海域、渔港、港口等25处的海洋垃圾分布和实态进行调查。搜集和处理甘川港和南外港等17个港口和海域的水中浸泡垃圾3380吨。增加海洋垃圾的监控地点，从20个增加至40个，运营海洋垃圾综合信息系统。开展海洋环境摄影、手记征集作品展和全国海洋净化日活动，在KBS1台、2台播放减少海洋垃圾的公益广告等等。2015年，韩国对主要港口和海域的水中浸泡垃圾进行搜集和处理，为选定2016年的净化作业场所进行海洋垃圾的分布和实态调查，强化全国40个沿岸垃圾监控设施等海洋垃圾管理基础，为减少海洋垃圾对国民进行宣传教

[①] 韩国海洋水产部等10个部门：《2015年海洋水产发展实行计划》，2015年5月，第47—52页。

育等等。

（二）提高海洋生态系统管理质量

1. 建立海洋保护地区管理体制

韩国政府将滩涂为主的海洋生物栖息地等具有生态价值的地区指定为海洋保护区域。强化地区居民的自律环境管理力量，增进参与意识，建立地区自律型海洋保护区域管理体制。通过海洋生态系统保护相关的对外合作，强化全球海洋保护网络。2014 年 12 月 29 日，郁陵岛周边海域被指定为海洋保护区域。2014 年 7 月 10 日，松岛滩涂被纳入《拉姆撒尔湿地公约》。2015 年韩国召开第 8 次海洋保护区域大会，进行海洋保护区域年度管理评价（21 处）和中长期管理效果性评价（3 处），支持自律型管理体制。依据海洋保护区域管理和运营相关指南，执行运营咨询委员会和市民监控综合管理事务局等后续措施。韩国政府还继续强化与《拉姆撒尔湿地公约》、滩涂中心网络等海洋保护区域相关的对外合作。

2. 建立国家海洋生态系统综合调查体制

韩国海洋生态系统综合调查分为基本调查和核心空间调查，政府每年确定实施核心空间调查的地区。依据栖息现状可将海洋生态系统分为滩涂生态系统、沿岸生态系统、水中生态系统，在此基础上开展调查，建立海域和滩涂生态等级体制和海洋环境标准相关的海洋生态系统综合评价体制。2014 年，韩国政府对海洋生态系统进行基本调查，确定郁陵岛和"独岛"周边海域海洋生物的多样性，郁陵岛周边海域总共有 1233 种，"独岛"周边海域总共有 526 种。2014 年 12 月，在东海岸，郁陵岛周边海域被最早指定为海洋保护区域。对西部海域北部、西部海域中部、南部海域西部、南部海域东部、济州岛、"离於岛"（即苏岩礁）、东部海域南部、东部海域北部等 8 个区域的海洋生态系统基本调查结果进行综合整理。韩国开展沿岸湿地调查，研究东部海域沿岸湿地滩涂生物多样性和滩涂健康度等特性，提高东部海洋沿岸湿地和仁川松岛滩涂的社会、经济价值。在充分调查的基础上，绘制海洋生态图。2015年，韩国政府重点建立国家海洋生态系统综合调查体制。以往韩国对海洋生态系统进行海洋生态系统基本调查、沿岸湿地基础调查、海洋保护区域调查、海洋生物多样性调查等4项调查。这种调查体制缺乏系统的综合计划，各自实施的结果导致重复性和非连接性等问题的产生。因此，2015年开始，韩国政府计划将4项调查体制统一为能够对海洋生态系统现状和变化迅速做出判断和评价的"国家海洋生态系统综合调查体制"。

韩国政府重建滩涂生态系统。韩国政府计划在81处废弃的盐田和养殖场中首先选择17处重新建设成为滩涂，改善生态系统机能，恢复海洋生物多样性。2014年，韩国在高兴投入3亿韩元开展滩涂生态系统复原项目，在江华东检岛投入10.5亿韩元修复水渠。2015年，韩国投入12.83亿韩元，继续推进江华东检岛滩涂自净能力的复原项目。

3. 开发汽水域综合管理系统

为了可持续地利用河口汽水域地区，韩国积极开发汽水域综合管理系统。建立汽水域水质和生态监控系统，进行汽水域的社会经济现状调查和政策问题分析，开发健康性评价指标，推测生态价值。2014年，韩国投入19.07亿韩元开发汽水域地区，设定河口的地理界限，进行环境、水产生物、资源现状调查和监控，开发汽水域价值评价和健康性、可持续性评价的方法，制定汽水域调查研究指南和数据库资料收集和分析指南，分析锦江汽水域环境生态和资源管理存在的问题，为管理汽水域进行模型结构设计和第1阶段系统及基础信息系统设计，制定选定锦江汽水域综合管理系统运营单位的方案。2015年，韩国将投入20亿韩元继续推进上述计划，完成汽水域健康性、可持续性评价指标的开发，分析完善法律制度的需求，并提出完善方向。

4. 完善海洋生物资源管理体制

韩国政府建立水产生物资源的基因银行，进行信息化管理。搜集国内水产海洋生物种类，研究基因资源特性。实现水产海洋基因资源信息电算化，确立信息服务管理体制。2014年，韩国投入24.77亿韩元用于水产生物资源的基因信息化管理。完成627种水产生物条形码遗传基因数据建立，其中海产鱼类238种，海产贝类23种，淡水鱼贝类54种，鲸鱼20种，海外采集54种，连体动物和贝壳类199种等等。利用比目鱼基因组进行性别决定系统研究，开发11种判断雌雄的单核苷酸多态性标记。2015年，韩国投入28.98亿韩元进行一系列水产生物资源基因研究。例如，水产基因资源的探索和利用研究，海面水产生物种类保存和复原研究，内水域水产生物种类保存研究，利用比目鱼基因组进行性别决定系统研究，水产生命资源综合管理研究等等。

韩国政府制定海洋生态系统入侵生物管理对策。韩国为保护海洋生物多样性，确立了国家层面的综合管理对策，掌握外来入侵生物种类的现状，主动应对国际机构制订的外来种类协议。2014年和2015年，韩国分别投入15亿韩元对海洋入侵有害生物的基本特性、防止扩散技术和对生态系统的影响、赤潮、绿潮、水母等入侵有害生物的发生和移动扩散等进行研究。

韩国政府研究海洋保护生物的保护方案。由于地球变暖、环境污染等海洋生态系统变化，韩国政府采取对策保护海洋生物。对海洋保护生物的栖息现状、生态特性、灭种原因等生物种类现状进行调查，制定海洋保护生物的综合管理计划，追加指定海洋保护生物，促进生物种类的繁殖和挽救工作。2014年，韩国投入1亿韩元开展海洋保护生物的保护工作。设立海洋保护生物的物种挽救中心，讨论其可行性。掌握国内各海域海洋生物的威胁因素，提出对策。进行海洋保护生物指定相关宣传，制定管理方案。2015年，韩国投入

1亿韩元继续促进海洋保护生物的保护工作。制订海洋保护生物物种挽救中心基本计划，运营海洋保护生物委员会，进行海洋保护生物的现状和文献调查，提高国民对海洋保护生物的认识和宣传工作等等。

韩国政府组织开发资源调查、评价、变动预测技术。韩国政府计划从2014年至2018年，5年期间投入2.3万亿韩元持续推进资源调查、评价及变动预测技术的开发。具体地说，包括水产资源调查技术开发和技术方法提高、资源评价技术方法提高和资源管理技术开发、远洋水产资源利用和国际水产机构资源管理技术开发、鲸鱼类资源利用和管理技术开发、内水域水产资源利用和管理技术开发等等。

（三）促进沿岸海洋空间综合管理

1. 强化沿岸综合管理

韩国政府确保沿岸综合管理的实效性，对沿岸实态进行基础调查，制订反映沿岸管理条件和环境变化的《第2次沿岸综合管理计划变更计划》，制订《沿岸管理地区计划》，开发《沿岸教育宣传计划》，提高国民对沿岸管理的关心和理解。2014年，韩国共投入4.7亿韩元，持续推动沿岸自治团体制订沿岸管理地区计划，计划推动的74个自治团体当中有50个自治团体正在制定地区计划，15个自治团体已经完成地区计划的制订。2014年12月23日，为强化沿岸管理自治团体地区力量召开1次说明会。通过侵蚀实态评价，指定侵蚀管理区域，制定管理方案。2014年9月26日，召开侵蚀管理区域专家会议，12月5日，选定3处沿岸侵蚀管理区域候补区域，12月12日，召开侵蚀管理区域示范区域候补自治团体协议会。2015年，韩国投入4.6亿韩元，继续支持沿岸自治团体沿岸管理地区计划的制订，完成《第2次沿岸综合管理计划变更计划》，制定沿岸侵蚀管理区域。

韩国政府建立沿岸管理信息系统。依据沿岸实际状态和变化趋势，韩国政府对建立系统、科学的信息体制和有效的沿岸管理业务进行援助。韩国政府为了建立沿岸管理行政业务系统，积极开展业务分析和系统设计，搜集共有水域填埋、占用、使用信息、建立无人岛综合信息体制、管理海边、建立和运营沿岸装备业务数据库、改善行政业务援助系统机能等等。为对沿岸侵蚀进行系统管理，设计和建立沿岸侵蚀综合管理系统，2003年至2013年，韩国政府建立沿岸侵蚀监控实态调查数据库。通过国家信息系统连接，改善行政业务援助系统功能，更新沿岸相关主题，实现相关数据库的时效化，强化系统宣传。

韩国政府开展沿岸海域调查。最近10年不足100吨的船舶事故占72.8%，韩国政府计划利用最先进装备对不足100吨的小型船海上事故发生率较高的沿岸海域进行测量，绘制精确海图，实现海上交通安全。韩国政府为了实现沿岸开发和保护，通过对沿岸地区科学、系统的调查，制定出有效的沿岸管理政策。2014年，韩国对菀道附近、八禽岛附近、泰安附近、东海岸中部等沿岸海域进行精密调查，开展1758平方千米的海底地形测量、障碍物调查、富矿底层勘探、干出岩调查等等。2015年，韩国对珍岛附近、安眠岛附近、巨济岛附近等沿岸海域进行精密调查。

2. 构筑绿色沿岸空间

为了摆脱开发为指向的政策，打造高品质亲水空间，保护沿岸的景观，再创沿岸附加价值，韩国政府计划制定国家层面的沿岸景观管理体制。2014年，由于预算未到位，沿岸景观进程未得到推进。2015年，韩国政府计划通过对《沿岸管理法》的修订完成景观法规的制定。

（四）加强对沿岸地区气候变化的应对

1. 开发气候变化的科学预测模型

韩国政府加快应对气候变化的海洋技术开发。随着1992年《联合国气候变化框架公约》正式开放签字和2005年《京都议定书》正式生效，国际社会不断强化对气候变化的应对。为此，韩国政府加强对温室气体的消减和储存、气候变化预测、气候变化观察等海洋领域核心技术开发。2014年，韩国政府制订《海洋引起的中长期气候变化作用研究和预测技术开发计划》，包括制订《北太平洋韩国周边海域2050年海洋气候变化规划》，预测2050年沿岸地区（蔚山港、光阳港）对外力变化的反应并制定应对政策协议，对主要沿岸地区海洋—大气相互作用进行监控，建立韩国周边海洋和2个沿岸地区2050年气候变化数据库等等。韩国政府还建立和普及气候变化海洋部门适应系统，包括随着气候变化海洋环境（莞岛、道岩湾）特性评价，制定海洋水产领域气候变化适应综合对策。2015年，韩国政府继续推进海洋水产领域气候变化适应综合对策。

韩国政府监控和预测海平面上升。利用潮位观测资料分析和预测韩国周边海域长期海平面变动现状及原因，研究相对海平面（潮位计）和绝对海平面（卫星高度计）资料合并方案，召开海平面上升相关学术会议，制作韩国型海平面变化分析技术的程序，测算沿岸海平面与过去海平面的变动率等等。

2. 绘制海岸浸水预想图

韩国政府相关部门以主要沿岸地区为对象根据暴风海啸频度制作海岸浸水预想图（全国沿岸39个自治团体147个地区），开发符合韩国情况的灾害出现指数、灾害敏感度指数、适应能力指数、灾害脆弱指数。以主要沿岸地区为对象进行沿岸灾害脆弱性评估，建立和升级评估结果利用系统。2014年，韩国29个地区制作了海岸亲水预想图，开发沿岸灾害评价指数，西海岸等38个地区进行了沿岸灾害脆弱性评估，建立沿岸灾害脆弱性评估结果利用系统。2015年，韩国对岛屿地区海岸浸水预想图的使用进行评估，对东海岸26处进行沿岸灾害脆弱性评估，建立信息提供机制。

3. 促进积极的国际合作

随着《联合国海洋法公约》的生效，韩国与周边国家存在海域划界问题，为此韩国政府积极制定系统有效的应对方案。周期性检查与国家间海域划界相关的海洋调查方案，建立专家咨询团和政策决策者间的网络联系，组成有关联合国海洋法、海事、海上划界、海洋环境、气候、灾害、国防等多领域专家库，促进定期交流。2014年，韩国政府为应对海域划界问题组建特别工作小组。2015年，韩国政府计划实现海洋领土专家库的正常运营，就海洋基点和科学的、合法的海域划界问题征集专家意见。

（五）完善和提升海洋安全管理体制

1. 制定总体协调政策

韩国政府制订综合计划建立先进海事安全管理体制。为了确保海事安全，2012年3月12日，韩国政府制订《第1次国家海事安全基本计划2012—2016》。该计划的目标是到2016年海上大型事故发生率为零，主要事故和伤亡人数减少20%。为此韩国政府提出6项促进战略：第一，提高船员力量；第二，强化船舶安全性；第三，提高船舶公司和政府的管理能力；第四，创造安全通航的环境；第五，增进安全文化；第六，建立紧急应对机制。根据这一计划，韩国政府每年制订年度海事安全执行计划。2012年5月4日、2013年2月1日、2014年3月13日，韩国政府分别制订各年度海事安全执行计划。2014年，韩国发生了"武夷山"号、"世越"号、"五龙"号等大型海上事故，国民对海上安全的忧虑和不安达到高潮。事故发生之后，韩国政府在制订2015年海事安全执行计划中提出防止事故再次发生的对策，强化对普通人的海洋安全教育，扶持安全的海洋活动。

韩国政府通过民官分工合作宣传海洋安全文化。为提高从业者和国民的海洋安全意识，韩国计划通过民官分工合作减少人为因素造成的失误，促进海洋安全文化的发展。2013年7月，韩国设立海洋安全实践本部，由民官共同组成的中央本部和地方本部构成，通过现场活动宣传海洋安全。举办关于海洋的海报、标语、体验手记、海洋安全优秀事例等多个领域的作品征集展。召开由产、学、研、官参与的学术论坛，出版会刊，对人为因素造成的失误进行研究，实现信息共享。2014年9月5日至10月17日，韩国举办作品征集展，展出海报417件，标语等200件，体验手记74件，优秀事例25件。召开以"海洋安全文化和人为因素的价值"为主题的学术讨论会，邀请各领域的专家进行主题发表和自由讨论。2015年，韩国计划在每月1日召开海洋安全作品征集展，开展全国安全运动。在6月和11月召开学术讨论会，12月出版会刊。

2. 强化船舶安全管理体制

韩国政府改善沿岸客船安全管理体制。"世越"号事件发生后，韩国政府计划全面改善客船的安全管理体制，实现安全的沿岸客船运输体制。强化航运者的独立性和专门性，引入海事安全监督管理体制，加大处罚力度。强化车辆渡轮的船龄限定，强化旅客身份确认程序，实现货物电脑售票义务化，完善航运管理规定建立体制。2014年9月2日，韩国政府为改善安全管理上的问题，制定了《沿岸客船安全管理革新对策》。2015年1月，为执行《沿岸客船安全管理革新对策》，韩国政府进行后续立法，修订了《海运法》等法律。2015年4月，为实现安全管理指导和监督，韩国政府配备了海事安全监督官，聘请16名海事安全领域专家担任海事安全监督官，在现场指导和监督船舶公司和航运管理者的安全工作。7月，完成

《海运法》等下位法律的修订，实现航运管理者的管辖变动，从海运协会转给船舶安全技术工团。

韩国政府改善远洋渔船安全管理。韩国政府为了建立反映远洋渔船特性的安全管理系统，完善管理法律，制作标准的安全管理指南。船舶公司为了强化自身的安全力量和责任心，指定安全管理责任官，按各渔船特点制定安全管理指南，强化对渔船检查。加强对船舶公司管理人员和船长的安全领导教育，船舶公司在每月1日的"海洋安全日"定期开展海上安全教育活动。2015年6月，韩国政府修订《海事安全法实行令》，9月，计划开发和发行标准安全管理指南，12月，计划修订《船员法》《远洋产业发展法》《渔船法》等等。

韩国政府实行进口危险品集装箱检查制度。韩国政府通过对海上危险品集装箱提供安全管理服务，保护国民的财产、生命和海洋环境。2014年，韩国政府对5380TEU进口危险品集装箱进行检查，并维护进口危险品集装箱检查系统。6月，出版《货物运输工具（集装箱、拖车、车辆等）接收指南》。2015年2月，为给外籍船舶的危险品集装箱检查制度制定明确的法律依据，促进《船舶安全法》的修订。3月，就建立国内外危险品进出口综合安全管理系统达成协议。4月，通过与港口运营信息系统相联接，促进危险品集装箱检查制度系统的高端化。5月，对事故危险较大的危险品集装箱进行集中检查。6月，将危险品国际标准、动向等制成传单式广告发放，加强对货主和运输者的危险品安全运输宣传。

3. 强化海上交通安全检查制度

为从根本上解除船舶安全通航的危险因素，韩国政府制定安全检查技术标准、建立安全检查结果专门验证体制，实现安全检查信息的统一电脑管理，不断强化正在实行的海上交通安全检查制度的客观性和公正性。2014年11月，韩国政府修订《海事安全法》的下位法令，即海上交通安全检查对象计划（实行令）和实行规则。

12月，针对安全检查结果搜集专门意见，订立技术标准。2014年、2015年，韩国政府持续强化和维护海上交通安全检查信息管理系统的功能。

4. 完善海上交通环境和安全设施

韩国政府强化海洋警察力量。为了在与周边国家的海洋争端中占据优势，韩国政府将依靠中小型警备艇以领海为中心的海上警备向大型舰艇、飞机为主的广域海洋警备体制转换，以确保韩国国家应对力量。韩国政府计划至2020年装备1000吨以上大型舰艇43艘，航空机38架（飞机10架，直升机28架），充实海洋警察力量，强化广域海洋海空一体警备力量和搜索救助力量，管制非法外国渔船，保护专属经济区渔业资源。截至2014年，韩国已经拥有1000吨以上大型舰艇33艘，在建的3艘，其中5000吨1艘，2016年4月完工，3000吨2艘，2015年12月完工，计划2016年以后再建3艘。截至2014年，韩国已经拥有航空机24架，正在进口1架大型直升机，计划2015年后追加引进13架。2014年11月18日，韩国政府宣布将海洋警察厅并入新设的"国民安全处"。

韩国政府强化海洋治安力量。韩国政府通过对超过船龄（钢船20年，钢化塑料、铝船15年）的落后舰艇进行替代建造，强化海上治安执行力。截至2014年末，韩国拥有舰艇306艘，其中落后舰艇34艘，有8艘正在替代建造中。2015年，韩国政府计划完成1艘1000吨警备艇的落后替代建造，开始7艘落后小型艇和1艘放除艇的替代建造。

韩国政府强化沿岸海域搜索救助力量。随着海洋休闲活动的增加，韩国国民对沿岸海域海洋安全需求激增。政府将过去海洋事故应对为主的被动的海洋安全管理转变为积极地建立游客为中心的海洋安全网。在沿岸海域安全事故易发场所，加强搜索救助装备的配备。在孤岛和船舶出现急诊病人时，可以利用舰艇和医院间相连接的远距离应急医疗系统，现场专门人员迅速提供应急诊治。2014

年，韩国新增 3 艘高速喷射船（12.64 亿韩元）、30 艘水上摩托（7.11 亿韩元），1 艘 122 救助艇（5.9 亿韩元），投入 12.53 亿韩元建设和维护海洋远距离应急医疗系统。2015 年，韩国投入 36.88 亿韩元加强搜索救助装备，其中沿岸搁浅船救助装备 3.25 亿韩元，水中搜索装备 1 套 1.84 亿韩元，深海潜水装备 1 套 3.49 亿韩元，高速喷射船 4 艘 5.3 亿韩元，水上摩托 30 艘 9 亿韩元，122 救助艇 1 艘 1.4 亿韩元。投入 15.24 亿韩元建设和维护海洋远距离应急医疗系统，其中维护 139 艘舰艇和 6 个医疗中心投入 9.09 亿韩元，直升机 1 台 3 亿韩元，通信网使用费等运营费 3.14 亿韩元。

韩国政府扩建海洋交通基础设施。为了沿岸海域和港口进出航道通行船舶的安全，韩国扩建航标设施，建立和运营差分全球定位系统和全国网络差分全球定位系统，建立海洋交通设施综合管理系统和海洋气象信息提供系统，研发海上交通设施基础技术。2014 年，韩国政府共完成 39 座航标设施的建设安装工作，计划至 2016 年共安装客船航道、养殖场警戒标志 68 座，截至 2014 年安装 18 座。2014 年 10 月，完成航道标志船的替代建造。2015 年，韩国政府计划安装航道标志 34 座，并改良落后航道标志设施，强化其功能，建立 34 个海洋气象信号系统，1 个潮流信号标志，运营国立灯塔博物馆和灯塔海洋文化空间等等。

韩国政府促进海洋交通专门人才培养。随着海上交通量的增加，船舶大型化、高速化、自动化等海洋交通环境的急速变化，韩国政府积极培养能够主动应对上述变化的人才，以及掌握全球导航卫星系统的变化、能够预先应对国际航标协会等国际机构动向的卫星导航专门人才。截至 2016 年，韩国政府计划在海洋交通领域（韩国海洋大学、木浦海洋大学）和全球导航卫星系统领域（仁荷大学、韩国航空大学）培养硕士（2 年）专门人才共 200 名。2014 年，韩国政府共培养海洋交通领域和全球导航卫星系统领域硕士专门人才 76 名。2015 年，韩国政府计划培养海洋交通领域和全球导航卫星系统领域硕士专门人才80名。

5. 建立功能型尖端导航系统

韩国政府推动尖端替代导航系统建立。这是朴槿惠政府140个国情课题的第84个《航空、海洋等交通安全先进化》课题中海洋领域第7项具体课题。为了应对GPS的脆弱性，建立尖端替代导航系统。2014年10月22日，韩国政府签订《尖端替代导航系统购买和安装外资筹措协议》。11月，制订土地补偿计划，正常推进系统购买安装计划。2015年，安装江华送信局的天线，新建送信局办公大楼。

韩国政府组织绘制和开发电子海图。为了防止海难事故发生和提高航运的效率性，韩国政府计划开发新一代电子海图。2014年，韩国政府相关部门根据2013年测量实际数据和航行通报等最新信息制作电子海图。为了提高海图品质，韩国政府相关部门采取海图制作一元化系统，并参与共同开发国际标准。2015年，韩国政府相关部门为了实现纸质海图和电子海图的同时制作，确定一元化系统，制定海图制作程序、管理、服务先进化方案，对电子海图的标准和技术进行研究。

6. 确保海事安全

韩国政府组织开发船舶引起的环境污染防治技术，确保海事安全。韩国从2012年开始计划对船舶排出大气污染源（PM、BC）对气候变化影响进行评估，并开发消减技术。2014年，韩国开展大型发动机（7.6MW级）适用尾气后处理系统概念设计，开发船舶排出BC测量技术和PM产生原理实验。2015年，韩国相关部门开展中小型船舶用发动机尾气后处理装置基础设计和试用装置开发，对不同纬度的黑色碳和棕色碳对气候变化的影响进行评估。

韩国政府建立船舶再利用协议应对方案。随着船舶再利用协议的签订，韩国政府积极制订应对方案。针对船舶有害物质生产、使用、处理等建立船主、造船厂、船舶拆解厂和船舶检查机关等相关当事者有计划的应对方案。2014年1—6月，为使船舶再利用协议适用于韩国国内法，韩国开展了现状调查，为讨论协议的履行方案，韩国参加海上环境保护委员会（MEPC）66/67次国际会议。2015年，韩国参加海上环境保护委员会（MEPC）68/69次国际会议。

韩国政府开展船舶平衡术处理设备技术开发。韩国政府促进国内船舶平衡术技术的国际标准化，开发新一代技术，强化国际竞争力，抢先占领未来约40万亿韩元的世界航运市场。2014年10月，韩国政府组织开发出比现行国际标准强1000倍的新一代船舶平衡术处理设备的试用装置，并向国际海事组织提出认可申请。2015年，新一代船舶平衡术处理设备获得国际海事组织基本认可，为了获得国际海事组织的最终认可，韩国进行1、2阶段试验，通过技术开发确保技术优势，进而抢占世界市场。

（六）推动海上安全领域国际合作

1. 发掘IMO战略议题

韩国政府积极发掘国际海事组织战略的、领先的议题，强化产、学、研、官等专家网络和资料综合管理，开展国际海事组织战略分析研究。2014年，韩国政府为国际海事组织会议提出42件议题文件。2015年，韩国政府计划为国际海事组织会议提出19件议题文件，通过开发国际海事组织教育课程和召开模拟会议等方式培养未来专家，分析国际海事组织会议，制作实用英语指南，为开发下次议题和改善应对方案召开国际海事磋商会议，有效管理国际海事组织统计资料和会议资料等等。

2. 强化海事安全领域国际合作

韩国政府计划对发展中国家进行有偿、无偿援助项目，通过国际海事机构开展海事安全相关技术合作项目，提供世界海事大学奖学金援助，开展与发展中国家的国际合作，增强发展中国家应对海事安全的能力，提高韩国国际形象。韩国与国际合作机构（KOICA）开展无偿开发合作，2013年11月至2015年12月，韩国投入13亿韩元开展《印度尼西亚船舶安全性提高和力量强化计划》，由船舶安全技术工团执行。2014年至2016年，韩国投入24亿韩元开始制订《菲律宾中部地区航标设施总体规划计划》，由航道标志协会执行。2015年至2017年，韩国投入41亿韩元开展《菲律宾船舶检查制度力量强化计划》，由船舶安全技术工团执行。2015年，为改善马六甲海峡的海上交通安全设施，韩国投入1亿韩元开展《马六甲海峡通航安全增进计划》。

3. 构建应对海盗和恐怖活动的国际共助体制

韩国政府强化扫除海盗的国际合作。韩国政府为预防船员和船舶受到海盗侵害，确保主要进出口航道的安全，积极参与打击海盗的国际行动。2014年5月，第16次索马里海盗问题联络组（CG-PCS）全体会议签订协议，以维持和加强包括多国海军作战在内的打击海盗共助体制。7月15—17日，亚洲打击海盗及武装抢劫船只的地区合作协定（ReCAAP）力量强化工作会议在釜山召开，在促进国际共助体制方面发挥积极作用。截至2014年12月，通过船舶监控系统对3982艘船舶进行24小时监控。为了提高船舶公司和船员应对海盗的能力，2014年10月，韩国政府制作分发海盗应对指南，之前韩国政府曾于2012年11月制作视频和漫画教材。2014年，韩国政府进行3次民、官、军联合救援训练。2015年，韩国政府继续参与ReCAAP、CGPCS、IMO等国际会议，积极加强国际共助体制建设，定期召开民、官、军联合对策小组会议（每年2次以上），开展2次以上实战救援训练，每年召开2次船舶公司说明会，邀请海盗相关专家参与，共享和传播最新海盗事故信息，强化船舶公司防御海盗的能力。

韩国政府制定预防和应对海盗行为的法律。为防御海盗行为，韩国政府计划制定相关法律，提供综合、系统的法律依据。2014年

11月，韩国有议员提出《国际航行船舶对海盗行为防御和应对相关法律（草案）》，2015年1月，外交部、行政部等对这一提案进行持续讨论，2015年下半年，韩国政府推动海盗法实行令和实行规则的制定。

  韩国政府强化海洋港口危机应对能力。为了提高发生海盗和恐怖活动的危险海域国际船舶的航运安全性，发生台风等海洋港口灾难时迅速应对使所受损失最小化，韩国政府积极强化海洋港口危机应对能力。2014年4月，韩国政府修订了《暴风洪水灾害工作手册》，8月，制定《海洋船舶事故标准手册》，完善海洋灾难危机管理体制。10月，海洋水产部、11个地方厅、消防厅、海警共同开展海洋船舶事故应对联合训练。2014年9—10月的仁川亚运会和12月的韩国与东盟特别首脑会议上都提出提升港口和船舶安全等级、运营应对恐怖活动的紧急对策小组。2015年1月，为强化海洋灾难危机管理，韩国政府修订了《海洋水产部及其附属机关职务制定实行规则》。4月，为了强化打击海盗工作和海洋灾难初发措施的一元化，韩国政府扩大海洋港口综合情况室的职能，增加人员配备。5月，韩国政府修订《海洋事故处理相关规定》。此外，为提高危机管理能力，韩国政府强化对工作人员的教育和训练。

参考文献

中文资料:

陈炎:《东海丝绸之路和中外文化交流》,《史学月刊》1991年第1期。

高之国:《关于苏岩礁和"冲之岛"礁的思虑和建议》,《国际海洋发展趋势研究》,北京:海军出版社,2007年版。

高之国:《制定我国海洋基本法的必要性与可行性》,《中国海洋报》2010年11月5日9日。

刘新华:《试论中国发展海权的战略》,《复旦学报》2001年第6期。

刘新华、秦仪:《现代海权与国家海洋战略》,《社会科学》2004年第3期。

刘中民、薄国旗:《试论邓小平的海洋政治战略思想》,《中国海洋大学学报》2005年第5期。

刘中民:《理性处理中美海权问题(下)》,《海洋世界》2007年第8期。

刘中民:《地缘政治理论中的海权问题(三)》,《海洋世界》2008年第7期。

吕蕊、赵建明:《韩国对苏岩礁的政策立场析评》,《现代国际关系》2013 年第 9 期。

陆儒德：《实施海洋强国战略的若干问题》，《海洋开发与管理》2002 年第 1 期。

史春林：《20 世纪 90 年代以来关于海权概念与内涵研究述评》，《中国海洋大学学报》2007 年第 2 期。

史春林：《近十年来关于中国海权问题研究述评》，《现代国际关系》2008 年第 4 期。

孙光圻：《8—9 世纪新罗与唐的海上交通》，《海交史研究》1997 第 1 期。

孙泓：《东北亚海上交通道路的形成和发展》，《深圳大学学报》2010 年第 5 期。

孙璐：《中国海权内涵深讨》，《太平洋学报》2005 年第 10 期。

倪乐雄：《从陆权到海权的历史必然》，《世界经济与政治》2007 年第 11 期。

唐世平：《塑造中国的理想安全环境》，北京：中国社会科学出版社，2003 版。

叶自成、慕新海：《对中国海权发展战略的几点思考》，《国际政治研究》2005 年第 3 期。

张文木：《经济全球化与中国海权》，《战略与管理》2003 年第 1 期。

张文木：《论中国海权》，《世界经济与政治》2003 年第 10 期。

韩文资料：

강봉용.「한국해양사의 전환:해양시대부터 해금시대로」,『도서문화』제20집, 2002.

강봉용.「바다에 세겨지 해국해양사」, 한얼미디어, 2005.

강봉용.「고대 동아시아 연안항로와 영산강·낙동강유역」,『동서

연구』제36집 , 2010.

구민교.「지속가능 한 동북아시아 해양질서의 모색: 우리나라의 해양정책과 그 정책적 함의를 중심으로」, 『국제ㆍ지역연구』제20권2호, 여름2011.

김문경.「9-11 세기 신라인과 강남」, 『장보고와 청해진』, 혜안, 1996.

김문겨.「7-10 세기 신라와 강남의 문화교류」,『중국의 강남사회와 한중교류』,집문당,1997.

국방부.『북방한계선에 대한 우리의 입장』, 서울: 국방부 전사편찬위원회, 2002.

권덕영.『고대한중외교사』,일조각,1997.

권덕영.「시라건당사의 나당간 와래 항로 고찰」, 『역사학보』제149권,1996.

김명기.「서해5도서의 법적 지위」,『국제법학회논충』제23권제1-2합병호,1978.

김명기.『백령도와 국제법』,법문사,1980.

김보영.「한국전쟁 휴전회담시 해상분계선 협상과 서해 북방한계선(NLL)」,『사학연구』제106호,2012. 6.

김병렬. 「이어도를 아십니까」,『홍일문화』,1997.

김부찬. 「이어도 및이어도 주변수역의 해양법적 지위」, 강창일 국회의원 주최2007년정책토론회, 2007.

김상훈. 「일본이 숨겨오고 있는 대마도ㆍ독도의 비밀」, 『양서각』,2012.

김성준. 「알프레드 마한의 해양력과 해양사에 관한 인식: 그 의의와 한계를 중심으로」,『한국해운학회지』통권제26호, 1998.

김영구. 「서해해상 경계선과 통항질서에 대한 분석」, 『서울국제법연구』제7권 제1호, 2000.

김영구. 「북방한계선과 서해교전 사태에 관련된 당면문제의 국제법적 분석」, 『Strategy 21』통권5호, 2002.

김영구. 『독도, NLL 문제의 실증적 정책 분석』, 부산: 다솜출판사, 2008.

김영구. 『한국과 바다의 국제법』, 한국해양전략연구소, 부산: 효성출판사, 1999.

김영철. 『현대국제법연구』, 평양: 과학백과사전종합출판사, 1988.

김원모. 「병인・신미 양요와 주선의대응」, 『해양 제 국의 참략과 근대조선의 해양정책』, 한국전략연구소, 2000.

김강녕. 「제2차 남북정상회담과 남북한 관계」, 『통일전략』 제7권제2호. 2007. 12.

김재엽. 『자주국방론』, 서울: 선학사, 2007.

김정건. 「서해5도 주변수역의 법적 지위」, 『국제법학회논총』 제33권제2호, 1988.

김찬규. 「북방한계선과 한반도 휴전체제」, 『국제법평론』 제7호, 1996-II.

김찬규. 「북한의 경제수역에 관한 고찰」, 『북한법률행정논총』 제5집, 1982.

김창현. 「고려시대 서해도 지역의 위상과 사원」, 『한국사학보』 제16호, 2008.

김태영. 「국제법상도서제도와 이어도의법적지위」, 『사회과학연구』 제20집2호, 2011.

김태호. 「21세기 중국의 해양전략: 미래전 구상 및 대만 유사를 중심으로」, 이홍표(편). 『중국의 해양전략과 동아시아 안보』, 한국해양전략연구소, 2003.

김현기. 「북한의 서북도서 군사도발과 우리의 대비」, 『전략논단』, 제20호, 2014.

김현기. 「북한의 NLL 무효화와 우리의 대응책」, 『국제문제』, 1999. 11.

김현. 「NLL의기 합법성과 북한의 억지」, 『북한』, 2002. 8.

김호동. 「독도 영유권 공고화를 위한 조선시대 수토제도의 향후 연구방향 모색」, 『독도연구』 제12권제5호, 영남대학교 독도연구소, 2008.

고선규. 「일본 아베정권의 보수우경화 경향과 향후 전망」, 『독도연구』, 2014. 6. 16.

고성윤, 김수지. 「이어도 문제의 핵심 쟁점분석 및 대응 정책 방향에 대한 소고」, 『주간국방논단』 제1492호, 2013. 12. 9.

니중우. 「홍건적과 왜국」, 『한국사』 제20권, 1994.

리영희. 「북방한계선은 합법적 군사분계선인가」, 『통일시론』 제7권 제3호, 1999.

박관숙. 「독도의 국제법상 지위」, 『한국학』 제32집여름호, 1985.

박양호. 「한반도와 동북아 공동시장 차원에서의 서해평화협력특별지대의 비전과 발전구상」, 『국토정책brief』 제159호, 2007. 11. 26.

박종성. 『한국의 영해』, 서울: 법문사, 1985.

박종형. 「독도 영유권 문제」, 『군사논단』 제55호, 2008.

박진구. 「휴전협정의 체결과정」, 『군사』 제6호, 1983.

박찬호. 『국제해양법·제2판』, 서울: 도서출판 서울경제경영, 2011.

박창권. 「서해NLL과 남북한 관계」, 『Strategy 21』 Vol. 6, No. 2, Winter 2003.

백병선. 「미래 한국의 해상 교통로 보호에 관한 연구」, 『국방정책연구』 제27권제1호, 2011.

백진현. 「국제 분쟁 해결에 있어서 재판의역할」, 『Dokdo Research Journal』 Vol. 7, 2009.

서주석. 「서해평화협력특별지대의 현황과 과제」, 『황해문화』, 2008 봄.

서정경. 「동아시아 지역을 둘러싼 미중관계: 중국의 해양대국화를 중심으로」, 『국제정치논총』 제50집제2호, 2010.

손한별. 「서북도서방위사령부의 역할과 기능」, 『전략논단』 Vol. 16, 2012.

손태현. 「한국해운사」, 『위드스토리』, 2011.

송상일. 「이어도를 찾아서, 시리즈 송상일의 세상읽기」, 『한라일보』, 2008. 8. 13-27.

송휘영. 「일본의 독도에 대한 "17세기 영유권 확립설"의 허구성」, 『민족문화논총』 제44권, 영남대학교 민족문화연구소, 2010.

신용하. 「독도영유권의 역사」, 『독도영유권연구논집』, 독도연구보존협회, 2002.

안광수. 「안보환경의 변화에 따른 해군 기동부대의 필요성」, 『주간국방논단』 제1286호, 2009.

유병화. 『동북아지역과 해양법』, 서울: 진성사, 1991.

유병화. 『국제법Ⅱ』, 서울: 진성사, 1989.

이규창. 「북한의 국제법관」, 한국학술정보(주), 2008.

이문항, 『JSA-판문점: 1953-1994』, 서울: 도서출판 소화, 2001.

이명찬. 「2010년9월 일중간 센카쿠 열도 분쟁과 독도」, 『국제문제연구』, 제11권제2호, 2011.

이문기. 「중국의 해양도서 분쟁 대응전략: 조어도와 남사군도 사례를 중심으로」, 『아시아연구』 제10권제3호, 2008.

유병화. 『국제법 Ⅱ』, 서울: 진성사, 1989.

이삼성. 「21세기 동아시아 지정학:미국의 동아태지역 해양패권과 중미관계」, 『국가전략』 제13권제1호, 2007.

이상태.『사료가 증명하는 독도는 한국 땅』,경세원,2007.

이서항.「중국의 해양전략과21세기 미국의 아태전략: 미중 전략관계의 함의와 동북아 안보질서」,이홍표(편).『중국의 해양전략과 동아시아 안보』,한국해양전략연구소,2003.

이선호.「해상세력과해전무기의발전체계」,『제해』 제35호,1981.

이영희.「북방한계선은 합법적 군사분계선인가」,『반세기의 신화: 리영희저작집 10』,서울:한길사, 2006.

이용중.「서해북방한계선(NLL)에 대한 남북한 주장의 국제법적 비

교 분석」,『법학논고』제32집,2010.

이석용.「우리나라와 중국간 해양경계획정」,『국제법학회논총』제52권2호,2007.

이장희.「6.29 서해교전과 북방한계선에 대한 국제법적 검토」,『외법논집』제12집,2008.8.

이장희.「서해5도의 국제법적 쟁점과 그 대응방안」,『외법논집』제10권제1호,2001.

이장희.「북방한계선의 국제법적 분석과 재해석」,『통일경제』통권제56호,1999.8.

이재민.「북방한계선(NLL)과 관련된 국제법적 문제의 재검토」,『서울국제법연구』,제15권제1호,2008.

이한기.『국제법강의』, 서울: 박영사, 2004.

이해준.「흑산도문화의 배경과 성격」,『도서문화』제6권,1988.

이현희.『정한론이 배경과 영향』, 대왕사, 1986.

이현혜.「4세기 가야사회의 교역체제의 변천」,『한국고대사연구』제1집,1988.

임인수.「해양전략의기본개념연구」,『해양전략』제88호,1995.

윤명철.「바다조건에 고대한일관계사 이해」,『일본학』제14권,1995.

한규철.「발해의 대외관계사」,『한국사』제10권,1994.

윤명철.「발해의 해양활동과 동아시아의 질서재편」,『고구려연구』제16권,1998.

윤명철.『장보고시대의 해양활동과 동아지중해』,서울:학연문화사,2002.

윤명철.『한국해양사』,서울:학연문화사,2008.

윤룡혁.『고려대 몽고 항전사에 관한 연구』, 일지사,1991.

장정규.「서해의 평화적 이용과 공동개발이 NLL 해법이다」,『민족21』, 2013년1월호.

정민정.「한·중간 이어도 문제의 해결방안」,『이슈와 논점』제405호,

2012.3.13.

정삼만.「미국의 신국방전략 대동아시아와 한반도 의미」,『해양전략연구소식집』,제49권,2012.

정수일.『시라서역교류사』,단국대학출판사,1992.

정영태.「서해 북방한계선 관련 쟁점과 대응방안」,『국제문제』, 1999.11.

정영태.「제3차 남북 장성급 군사회담 결렬 배경과 전망」,『통일연구원 Online Series(CO 06-02)』,2006.3.

정진수.「장보고시대의 항해기술과 한중항로에 대한 연구」,『장보고와의 미래대화』,해군사관학교해양연구소,2002.

정진수.「고대의 한·일 항로에 대한 연구」,『STRATEGY 21』제16호,2006.

정진수.『한국해양사(고대편)』,경인문화사,2009.

제성호.「북방한계선(NLL)의 법적 유효성과 한국의 대응방안」,『중앙법학』제7권 제2호,2005.

제성호.「정전협의60년, NLL 과 서북도서」,『STRATEGY 21』제16권제1호,2013.

조성훈.『군사분계선과 남북한 갈등』,국방부군사편찬연구소,2011.

진재관.「바람직한 학교급별 독도교육의 강화방안」,『독도교육강화학술대회논문집』,영남대학교 독도연구소, 2011.4.6.

최종화.「서해5도와 북방한계선」,2004년도 대한국제법학회 제4회 학술발표토론회,2004.6.18.

하도형.「중국해양전략의 인식적 기반」,『국방연구』제55권제3호, 2012.9.

하태영.「서해NLL 의 정당성 및 수호방안 연구」,『해사법 연구』제25권제2호,2013.

함종규.「미국의 공해전투구상」,『합참』제50호,2012.

현대송.『일본 국회에서의 독도논의에 대한 연구』.서울: 한국해양수

산개발원 , 2007.

현대송.「아베 내각의 독도정책과 한일관계」,『독도연구저널』제21권,2013.

현대송.「전후 일보의 독도 정책」,『한국정치학회보』제48권제4호 , 2014.

무하마드 깐수.『신라서역교류사』,단국대학출판사 , 1992.

英文资料：

A. T. Mahan, "The Influence of Sea Power upon History: 1660 – 1783", British Library,

Historical Print Editions, 2011.

Ben Schreer, "Air – Sea Battle – Dr Ben Schreer", ASPI Event, April 15, 2013.

Clive R. Symmons, "The Maritime Zones ofIslands in International Law". Martinus Nijhoff Publishers. 1979.

Douglas Macgregor, Young J. Kim, "Air – Sea Battle: Something's Missing", Armed Forced Journal, April, 2012.

Dyer, Geoff, "Beijing's elevated aspirations", The Financial Times , 2010. 11. 10.

Geoffrey Till, "Korean Maritime Strategy: Issues and Challenges", KIMS, 2011. 09. 14.

George Modelski, William Thompson, "Seapower in Global Polics: 1494 – 1993", Macmillan, 1988.

Glosny, Michael, "Strangulation from the Sea?: A PRC Submarine Blockade of Taiwan",
International Security 28 – 4 , Spring 2004.

Goldstein, Lyle and William Murray, "Undersea Dragons:

China's Maturing Submarine Force", International Security 28-4, Spring 2004.

Jonathan W. Greenert, Mark Welsh, "Breaking the Kill Chain: How to Keep America in the Game when Our Enemies are Trying to Shut Us out", Foreign Policy, May 16, 2013.

Lai, David, "The Coming of Chinese Hawks", Strategic Studies Institute, Oct 2010.

Luc Cuyvers, "Sea Power: A Global Journey", Naval Institute Press; Maryland, 1993.

Michael A. McDevitt, "The Sovereignty Dispute over Dokdo/Takeshima (Liancourt Rocks) and Its Impact on ROK - Japan Relations", Center for Naval Analyses Maritime Asia Project, Workshop Three: Japan's Territorial Disputes, 2013.6.

Norton A. Schowartz, Jonathan W. Greenert, "Air - Sea Battle Doctrine: A Discussion With the Chief of Staff of the Air Force and Chief of Naval Operations", Bookings Institution Event, May 16, 2012.

Norton A. Schowartz, Jonathan W. Greenert, "Air - Sea Battle—Promoting Stability in an Era of Uncertainty", The National Interest, 2012.02.

Office of Naval Intelligence, "A Modern Navy with Chinese Characteristics", Suitland, MD: Office of Naval Intelligence, 2009.

Ross, Robert, "The 1995-96 Taiwan Strait Confrontation: Coercion, Credibility, and the use of Force", International Security 25-2, Fall 2000.

Ross, Robert, "Navigating the Taiwan Strait: Deterrence, Escalation Dominance, and U.S. - China Relations", International Security 27-2, Fall 2002.

R. R. Churchill & A. V. Lowe. The law of the sea, Manchester University Press, 1999.

Scott Snyder, "The US – South Korea alliance: meeting new security challenges", Boulder, CO: Lynne Rienner Publishers, c2012.

Sea Power Centre – Australia, "Australian Maritime Doctrine", Royal Australian Navy, 2010.

S. Gorshkov. The Sea Power of the State, Oxford New York: Pergamon Press, 1979.

Shinoda, Tomohito, "Contemporary Japanese Politics: Institutional Changes and Power Shifts", New York: Columbia University Press, 2013.

Stokes, Mark, "China's Evolving Conventional Strategic Strike Capability: The anti – ship ballistic missile challenge to U. S. maritime operations in the Western Pacific and beyond", Project 2049 Institute, September 14th 2009.

Terence Roehring, "Republic of Korea Navy and China's Rise: Balancing Competing Priorities", Report Chapter of CAN Maritime Asia Project Workshop Two: Naval Developments in Asia, August 2012

United Nations Conference on Trade and Development, "Review of Maritime Transport 2011", 2011.

Victor D. Cha, Katrin Katz, "South Korea in 2010: Navigating New Heights in the Alliance", ASIAN SURVEY Vol. 51 No. 1, 2011.

Air – Sea Battle Office, "Air – Sea Battle", May, 2013.

The U. S. DOD, "Sustaining U. S. Global Leadership: Priorities for 21st Century Defense", January, 2012.

The U. S. DOD, "National Defense Budget Estimates for FY2015", April, 2014.

The U. S. DOD, "Joint Operational Access Concept Version

1.0", January 17, 2012.

"Army Jockeying for Role in Air‐Sea Battle",

http：//www.nationaldefensemagazine.org/blog/lists/posts/post.aspx? ID = 679

Hillary Rodham Clinton, "America's Pacific Century", November 10, 2011.

http//www.state.gov/secretary/rm/2011/11/176999.htm.

The White House, "Remarks by President Obama to the Australian Parliament", November 17, 2011.

http：//www.whitehouse.gov/the‐press‐office/2011/11/17/remarks‐president‐obama‐australian‐parliament.

日文资料：

安藤貴世：「日韓国交正常化交渉における竹島問題——紛争の解決に関する交換公文の成立をめぐって」，『政経研究』47（3），日本大学政経研究所，2010。

保坂祐二：「竹島領有権をめぐる未解決問題考察」，『日本学報』（53），2002。

濱口和久：「竹島を売り渡す"知韓派"学者の怪しい素顔」，『正論』（446），産経新聞社，2009。池内敏：「＜竹島考＞ノート」，『江戸の思想』（9），1998。

池内敏：「前近代竹島の歴史学的研究序説 ‐ 隠州視聴合紀の解釈をめぐって」，『青丘学術論集』25，韓国文化研究振興財団，2005。

池内敏：「竹島/独島論争とは何か——和解へ向けた知恵の創出のために」，『歴史評論』（733），校倉書房校倉書房，2011。

池内敏：「竹島/独島と石島の比定問題ノート」，『HERSETEC4 ‐

2』，名古屋大学大学院文学研究科，2011。

池内敏：『竹島問題とは何か』、名古屋大学出版会，2012 版。

川上健三：「竹岛的历史地理研究」、古今书院，1996 年版。

大西俊輝：『日本海と竹島―日韓領土問題』、東洋出版，2003 版。

飯田敬輔、河野勝、境家史郎：「尖閣・竹島－政府の対応を国民はどう評価しているか」，『中央公論』12月号，2012。

豊下樽彦：『尖閣問題とは何か』、岩波書店，2012 版。

福原裕二：「竹島に見る韓国韓国人イメージ――韓国を見る他者（日本）の視線の省察（シンポジウム特集号地域研究を問い直す――地域研究の総合性という視点から）」，『アジア社会文化研究』（10），アジア社会文化研究会，2009。

吉田茂：『回想 10 年（第 3 巻）』、新潮社，1957 年版。

金西龍：『新羅史研究』、近澤書店，1933 年版。

緑間英士：「竹島の法的地位」，『沖縄法政研究』（6），沖縄国際大学，2004。

高井三郎：「考察：竹島奪回、対馬防衛作戦 竹島砲爆撃作戦は可能か？（特集 自衛隊に不可欠な島嶼防衛 奪還能力とは）」，『軍事研究』44（3），ジャパンミリタリーレビュー，2009。

高藤奈央子：「竹島問題の発端：韓国による竹島占拠の開始時における国会論議を中心に振り返る」，『月立法と調査』（322），参議院事務局，2011。

高野雄一：『日本の領土』、東京大学出版会，1962 年版。

鬼頭誠：「竹島と国際裁判例の動向――先送り無策で領土喪失」，『とならないために読売クオータリー』（7），読売新聞東京本社調査研究本部 2008。

木宮泰彦：『日支交通史（上巻）』、金刺芳流堂，1926 年版。

広瀬善男：「国際法からみた日韓併合と竹島の領有権」，『明

治学院大学法学研究』(81)，明治学院大学法学会，2007。

和田春樹：『領土問題をどう解決するか―対立から対話へ―』、平凡社，2012 版。

黄宰源：「韓国における反日ナショナリズムとメディアの対日報道－2005 年独島/竹島問題をめぐる新聞分析を中心に」，『アジア太平洋研究科論集』(18)，早稲田大学大学院アジア太平洋研究科，2009。

黄宰源：「日韓国交正常化交渉期における両国新聞の独島/竹島問題報道：問題の棚上げに対する論調の比較分析」，『アジア太平洋研究科論集』(24)，早稲田大学大学院アジア太平洋研究科，2012。

李慶勲：「中・高校在日韓国系学校での独島（竹島）授業(1)（歴史教育者協議会第 62 回愛知大会報告集　大会テーマ　現在（いま）を見つめ、歴史に学ぶ平和な世界を)」，『歴史地理教育』(767)，歴史教育者協議会，2010。

名嘉憲夫：『領土問題から国境画定問題へ―紛争解決の視点から考える尖閣・竹島・北方四島』、明石書店，2013 版。

内藤雋輔：『朝鮮史研究』、东洋史研究会，1961 年版。

内藤正中：「竹島（独島）問題の問題点」，『北東アジア文化研究』(20)，鳥取短期大学，2004。

内藤正中：『竹島独島問題入門』，新幹社，2008 年版。

内藤正中：「外務省竹島批判」，『北東アジア文化研究』(28)，鳥取短期大学，2008。朴炳涉：「竹島＝独島漁業の歴史と誤解(2)」，『北東アジア文化研究』(34)，鳥取短期大学，2011。

筿原一男：『日本史研究』、山川出版社，1975 年版。

浅野好春：「李明博政権下で再燃した竹島問題」，『読売クオータリー』(7)，読売新聞東京本社調査研究本部，2008。

芹田健太郎：『日本の国境』、中央公論社，2006 年版。

三鷹聡：「対潜水艦作戦が鍵だ！日韓が選択すべき最良の手段とは？2020年、自衛隊の竹島奪還作戦」，軍事研究47（12），ジャパンミリタリーレビュー，2012。

山本栄一郎：「特別研究坂本龍馬の竹島開拓計画」，『歴史研究』45（5），歴研，2003。

山辺健太郎：「竹島問題の歴史的考察」，『コリア評論』7（2），1965。

申奭镐：「独島の所属について」，『史海』，1948創刊号。

森正孝：「竹島（独島）は日本の領土ではない」，『統一評論』（479），統一評論新社，2005。藤井弘章：「＜隠岐山陰沿岸の民俗＞聞き書き——隠岐竹島のアシカ猟」，『民俗文化』（23），近畿大学民俗学研究所，2011。

藤原弘：「竹島の領土権確立のために（特集海と島の日本（1））」，『しま』53（4），日本離島センター，2008。

王仲殊，桐本东太译：『从中国看古代日本』、学生社，1992年版。

梶村秀樹：「竹島独島問題と日本国家」，『朝鮮研究』（1），日本朝鮮研究所，1978。

下條正男：「特集竹島問題続竹島問題研究の課題－内藤正中氏の竹島研究の問題点」，『現代コリア』（453），現代コリア研究所，2005。

下條正男：「独島呼称考」，『人文・自然・人类科学研究』（19），2008。

小黒純：「"横並び報道"と記者クラブ問題：竹島（独島）問題関連の報道を事例にして」，『龍谷大学国際社会文化研究所』（11），龍谷大学，2009。

小針進：「竹島問題にクールな二十代の政治意識ポスト386世代の意外な保守回帰現象（特集反日に走る韓国社会）」，『中央公

論』120（5），中央公論新社，2005。

玄大松：『領土ナショナリズムの誕生』、ミネルバ書房，2006年版。

伊藤成彦：「竹島は明らかに日本領ではない南北統一と平和、友好への願いを込めて大韓民国と朝鮮民主主義人民共和国に返還すべきだ」，『マスコミ市民』（525），マスコミ市民フォーラム，2012。

永井義人：「島根県の竹島の日条例制定過程：韓国慶尚北道との地方間交流と領土問題」，『広島国際研究』18，広島市立大学国際学部，2012。

魚山秀介：「日韓歴史共通教材（近現代史編）作成の試み——竹島問題を事例として」，『帝京大学文学部教育学科紀要』（36），帝京大学，2011。

植田捷雄：「围绕竹岛主权进行の日韓纷争」，『一桥论丛』54（1），1965。

竹内猛：「竹島外一島の解釈をめぐる問題について」，『郷土石見』87，石見郷土研究懇談會，2011。

塚本孝：「日本の領域確定における近代国際法の適用事例——先占法理と竹島の領土編入を中心に（特集アジアにおける近代国際法）」，『東アジア近代史』（3），ゆまに書房，2000。

塚本孝：「韓国の保護併合と日韓の領土認識——竹島をめぐって（特集韓国併合再考——王朝体制の滅亡と日本）」，『東アジア近代史』（14），ゆまに書房，2011。

中田勋：『古代韩日航路考』、仓文社，1956年版。

中野徹也：「竹島の帰属に関する一考察」，『関西大学法学論集』60（5），関西大学法学会，2011。

島根県歴教協松江支部：「地域日本から世界から（125）竹島問題発生以降の島根県の動向」，『歴史地理教育』（690），歴史教育者協議会，2005。

　　島根県総務部総務課：「竹島は日本の領土です」，『現代コリア』（451），現代コリア研究所，2005。

图书在版编目（CIP）数据

韩国海洋战略研究/上海市美国问题研究所主编；李雪威著.
—北京：时事出版社，2016.10
ISBN 978-7-80232-963-8

Ⅰ.①韩⋯　Ⅱ.①上⋯②李⋯　Ⅲ.①海洋战略—研究—韩国
Ⅳ.①E312.653

中国版本图书馆 CIP 数据核字（2016）第 221211 号

| 出 版 发 行：时事出版社 |
| 地　　　　址：北京市海淀区万寿寺甲2号 |
| 邮　　　　编：100081 |
| 发 行 热 线：（010）88547590　88547591 |
| 读 者 服 务 部：（010）88547595 |
| 传　　　　真：（010）88547592 |
| 电 子 邮 箱：shishichubanshe@sina.com |
| 网　　　　址：www.shishishe.com |
| 印　　　　刷：北京市昌平百善印刷厂 |

开本：787×1092　1/16　印张：23　字数：298 千字
2016 年 10 月第 1 版　2016 年 10 月第 1 次印刷
定价：94.00 元

（如有印装质量问题，请与本社发行部联系调换）